高等职业教育土木建筑类专业新形态教材

市政工程计量与计价

主　编　曹阳艳
副主编　黄　琛　刘文华

北京理工大学出版社
BEIJING INSTITUTE OF TECHNOLOGY PRESS

内 容 提 要

本书主要内容包括工程造价基础知识、定额计价原理、定额计价应用、清单计价原理、清单计价应用及附录等。定额计价应用包括土石方工程、道路工程、桥涵工程、给水工程、排水工程和隧道工程六个项目，通过案例逐步练习采用定额计价方式计算各项目的工程造价。清单计价应用包括土石方工程、道路工程、桥涵工程、管网工程和隧道工程五个项目，通过案例逐步练习采用清单计价方式计算各项目的工程造价。本书教学内容设计以工作过程为导向，把定额计价和清单计价提炼为四个步骤，分步详细讲解市政工程计量与计价过程，在第三章和第五章项目应用中逐步练习每个步骤，引导学习者逐步完成市政工程工程造价的编制。

本书可作为高职高专院校市政工程技术、工程造价等相关专业的教材，也可供市政工程造价人员工作时参考使用。

版权专有　侵权必究

图书在版编目（CIP）数据

市政工程计量与计价 / 曹阳艳主编. —北京：北京理工大学出版社，2022.7重印
ISBN 978-7-5682-4978-2

Ⅰ.①市… Ⅱ.①曹… Ⅲ.①市政工程－工程造价 Ⅳ.①TU723.3

中国版本图书馆CIP数据核字（2017）第280316号

出版发行 /	北京理工大学出版社有限责任公司
社　　址 /	北京市海淀区中关村南大街5号
邮　　编 /	100081
电　　话 /	（010）68914775（总编室）
	（010）82562903（教材售后服务热线）
	（010）68944723（其他图书服务热线）
网　　址 /	http://www.bitpress.com.cn
经　　销 /	全国各地新华书店
印　　刷 /	河北鑫彩博图印刷有限公司
开　　本 /	787毫米×1092毫米　1/16
印　　张 /	18
字　　数 /	437千字
版　　次 /	2022年7月第1版第4次印刷
定　　价 /	55.00元

责任编辑 / 封　雪
文案编辑 / 封　雪
责任校对 / 周瑞红
责任印制 / 边心超

图书出现印装质量问题，请拨打售后服务热线，本社负责调换

前 言

本书定额计价部分根据《广东省市政工程综合定额（2010）》进行编写，清单计价部分根据《市政工程工程量计算规范》（GB 50857—2013）进行编写。清单计价规范全国通用，本书清单计价部分内容各省皆适用。虽然广东省定额在其他省份不适用，但定额计价原理、定额计价步骤等内容全国通用，定额计价应用的内容，其他省份可以使用书中的案例工程，采用本省的定额进行讲解练习。

本书突出实用原则，结合编者多年企业工作经历，以实际岗位工作过程为导向组织教材内容。本书沿袭工程造价理论内涵，结合工作实践和学习理论，开创性地总结提炼出定额计价的四个步骤和清单计价的四个步骤，在定额计价应用和清单计价应用中逐步计算案例工程的工程造价。本书独创"211教学思路"，2种计价方法，1个案例工程，1轮重复计价，采用清单计价和定额计价两种计价方式对同一案例工程重复计价。本书第三章定额计价应用和第五章清单计价应用中各项目选用的是同一案例工程，学习者可以直观地对比定额计价和清单计价的异同，深入理解市政工程计量与计价。

本书由广州番禺职业技术学院曹阳艳担任主编，由广州番禺职业技术学院黄琛、广东华隧建设股份有限公司刘文华担任副主编。具体编写分工为：曹阳艳编写第二章、第三章的第一节～第五节、第四章、第五章的第一节～第四节及附录，黄琛编写第一章，刘文华编写第三章的第六节、第五章的第五节。

本书编写历经两年，几经修改，感谢广州番禺职业技术学院叶雯院长的指导和支持！感谢北京理工大学出版社编辑们的指导帮助！编者虽力求使本书完美，但书中仍难免存在不足，诚请广大读者指正，在此一并感谢！

编 者

目 录

第一章 工程造价基础知识 …… 1
第一节 工程造价概述 …… 1
一、工程造价的定义 …… 1
二、建筑安装工程费的组成内容 … 2
三、建筑安装工程费（工程造价）组成示例 …… 7
第二节 建设项目的划分和建设程序 … 11
一、建设项目的划分 …… 11
二、建设程序和工程造价的多次计价 …… 13
三、固定资产投资费用（工程造价）文件组成示例 …… 14
第三节 工程造价管理及其基本制度 … 18
一、工程造价管理的基本内涵与组织系统 …… 18
二、工程造价专业人员管理制度 … 19

第二章 定额计价原理 …… 24
第一节 工程定额的类别与编制 …… 24
一、工程定额的定义与分类 …… 24
二、施工定额的编制 …… 26
三、预算定额的编制 …… 37
四、市政工程综合定额 …… 44
第二节 定额计价原理 …… 46
一、工程计价的内容 …… 46
二、预算定额计价的确定 …… 46

三、定额计价的步骤 …… 57
四、造价指标分析 …… 65

第三章 定额计价应用 …… 67
第一节 土石方工程定额计量与计价 … 67
一、列项算量 …… 67
二、定额套用 …… 74
三、调整价差 …… 78
四、取费汇总 …… 79
第二节 道路工程定额计量与计价 … 82
一、列项算量 …… 82
二、定额套用 …… 86
三、调整价差 …… 90
四、取费汇总 …… 91
第三节 桥涵工程定额计量与计价 … 96
一、列项算量 …… 99
二、定额套用 …… 111
三、调整价差 …… 116
四、取费汇总 …… 117
第四节 给水工程定额计量与计价 … 120
一、列项算量 …… 122
二、定额套用 …… 123
三、调整价差 …… 130
四、取费汇总 …… 131
第五节 排水工程定额计量与计价 … 137
一、列项算量 …… 138

二、定额套用 …………… 142
　　三、调整价差 …………… 149
　　四、取费汇总 …………… 150
第六节　隧道工程定额计量与计价 … 156
　　一、列项算量 …………… 156
　　二、定额套用 …………… 160
　　三、调整价差 …………… 163
　　四、取费汇总 …………… 164

第四章　清单计价原理 …………… 167
第一节　清单计价基本定义 …… 167
　　一、与计量相关的名词术语 … 167
　　二、与计价相关的名词术语 … 168
第二节　工程量清单编制 ……… 169
　　一、分部分项工程项目清单编制 … 169
　　二、措施项目清单编制 …… 173
　　三、其他项目清单编制 …… 174
第三节　清单计价的步骤 ……… 177
　　一、清单列项 …………… 177
　　二、清单算量 …………… 178
　　三、清单组价 …………… 178
　　四、取费汇总 …………… 181

第五章　清单计价应用 …………… 184
第一节　土石方工程清单计量与计价 … 184
　　一、清单列项 …………… 184
　　二、清单算量 …………… 186
　　三、清单组价 …………… 187
　　四、取费汇总 …………… 190

第二节　道路工程清单计量与计价 … 194
　　一、清单列项 …………… 195
　　二、清单算量 …………… 197
　　三、清单组价 …………… 198
　　四、取费汇总 …………… 203
第三节　桥涵工程清单计量与计价 … 211
　　一、清单列项 …………… 211
　　二、清单算量 …………… 213
　　三、清单组价 …………… 215
　　四、取费汇总 …………… 221
第四节　管网工程清单计量与计价 … 235
　　一、清单列项 …………… 235
　　二、清单算量 …………… 236
　　三、清单组价 …………… 237
　　四、取费汇总 …………… 244
第五节　隧道工程清单计量与计价 … 255
　　一、清单列项 …………… 256
　　二、清单算量 …………… 257
　　三、清单组价 …………… 259
　　四、取费汇总 …………… 263

附录　"营改增"后工程造价计价程序调整案例 ………………………… 274

参考文献 …………………………… 282

第一章 工程造价基础知识

内容提要

本章讲解工程造价的基础知识,明晰工程造价的定义和工程造价管理的含义,剖析我国的工程造价管理制度和工程造价管理体制,阐明造价从业人员和造价咨询企业应遵守的相关规定。

第一节 工程造价概述

一、工程造价的定义

工程造价的直意就是工程的建造价格。广义上工程造价涵盖建设工程造价(土建专业和安装专业)、公路工程造价、市政工程造价、电力工程造价、水利工程造价、通信工程造价等。工程造价有两种含义。第一种含义:工程造价是指建设一项工程预期开支或实际开支的全部固定资产投资费用,也就是一项工程通过建设形成相应的固定资产、无形资产所需用一次性费用的总和。这一含义是从投资者(业主)的角度来定义的。从这种含义来理解,工程造价即为建设投资。第二种含义:工程造价是指工程价格,即为建成一项工程,预计或实际在土地市场、设备市场、技术劳务市场等交易活动中所形成的建筑安装工程的价格和建设工程总价格。显然,工程造价的第二种含义是以社会主义商品经济和市场经济为前提。它以工程这种特定的商品形成作为交换对象,通过招标投标、承发包或其他交易形成,在进行多次性预估的基础上,最终由市场形成的价格。通常是把工程造价的第二种含义认定为工程承发包价格。

所谓工程造价的两种含义是以不同角度把握同一事物的本质。以建设工程的投资者来说,工程造价就是项目投资,是"购买"项目付出的价格;同时,也是投资者在作为市场供给主体时"出售"项目时定价的基础。对于承包商来说,工程造价是他们作为市场供给主体出售商品和劳务的价格的总和,或是特指范围的工程造价,如建筑安装工程造价。工程造价构成见表1-1。

表 1-1 工程造价构成

投资性质			投资组成	费用
建设项目总投资	固定资产投资（工程造价）	建设投资	建筑安装工程费	人工费 材料费 施工机具使用费 企业管理费 利润 规费 税金
			设备及工器具购置费	设备原价及设备运杂费 工器具购置费
			工程建设其他费用	固定资产其他费用 无形资产其他费用 其他资产费用
			预备费	基本预备费 涨价预备费
			建设期贷款利息	
			固定资产投资方向调节税	
	流动资产投资		流动资金	

二、建筑安装工程费的组成内容

根据住房和城乡建设部、财政部下发《建筑安装工程费用项目组成》的通知（简称建标〔2013〕44号文），建筑安装工程费按费用构成要素组成划分为人工费、材料费、施工机具使用费、企业管理费、利润、规费和税金；按工程造价形成顺序划分为分部分项工程费、措施项目费、其他项目费、规费和税金。

(一)建筑安装工程费按照费用构成要素划分

建筑安装工程费按照费用构成要素由人工费、材料（包含工程设备费）费、施工机具使用费、企业管理费、利润、规费和税金组成，如图1-1所示。

1. 人工费

人工费是指按工资总额构成规定，支付给从事建筑安装工程施工的生产工人和附属生产单位工人的各项费用。主要包括如下内容：

(1)计时工资或计件工资：是指按计时工资标准和工作时间或对已做工作按计件单价支付给个人的劳动报酬。

(2)奖金：是指对超额劳动和增收节支支付给个人的劳动报酬。如节约奖、劳动竞赛奖等。

(3)津贴、补贴：是指为了补偿职工特殊或额外的劳动消耗和因其他特殊原因支付给个人的津贴，以及为了保证职工工资水平不受物价影响支付给个人的物价补贴。如流动施工津贴、特殊地区施工津贴、高温(寒)作业临时津贴、高空津贴等。

(4)加班加点工资：是指按规定支付的在法定节假日工作的加班工资和在法定标准工作时间外延时工作的加点工资。

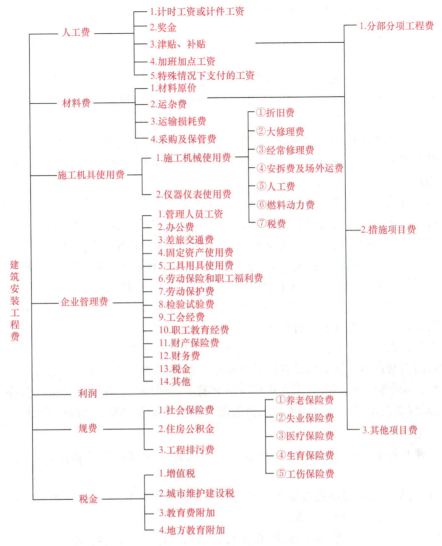

图 1-1　建筑安装工程费用项目组成（按费用构成要素划分）

（5）特殊情况下支付的工资：是指根据国家法律、法规和政策规定，因病、工伤、产假、计划生育假、婚丧假、事假、探亲假、定期休假、停工学习、执行国家或社会义务等原因按计时工资标准或计时工资标准的一定比例支付的工资。

2. 材料费

材料费是指施工过程中耗费的原材料、辅助材料、构配件、零件、半成品或成品、工程设备的费用。主要包括如下内容：

（1）材料原价：是指材料、工程设备的出厂价格或商家供应价格。

（2）运杂费：是指材料、工程设备自来源地运至工地仓库或指定堆放地点所发生的全部费用。

（3）运输损耗费：是指材料在运输装卸过程中不可避免的损耗。

（4）采购及保管费：是指为组织采购、供应和保管材料、工程设备的过程中所需要的各项费用。包括采购费、仓储费、工地保管费、仓储损耗。

工程设备是指构成或计划构成永久工程一部分的机电设备、金属结构设备、仪器装置及其他类似的设备和装置。

3. 施工机具使用费

施工机具使用费是指施工作业所发生的施工机械使用费、仪器仪表使用费或其租赁费。

（1）施工机械使用费：以施工机械台班耗用量乘以施工机械台班单价表示，施工机械台班单价应由下列七项费用组成：

1）折旧费：指施工机械在规定的使用年限内，陆续收回其原值的费用。

2）大修理费：指施工机械按规定的大修理间隔台班进行必要的大修理，以恢复其正常功能所需的费用。

3）经常修理费：指施工机械除大修理以外的各级保养和临时故障排除所需的费用。包括为保障机械正常运转所需替换设备与随机配备工具附具的摊销和维护费用，机械运转中日常保养所需润滑与擦拭的材料费用及机械停滞期间的维护和保养费用等。

4）安拆费及场外运费：安拆费是指施工机械（大型机械除外）在现场进行安装与拆卸所需的人工、材料、机械和试运转费用以及机械辅助设施的折旧、搭设、拆除等费用；场外运费是指施工机械整体或分体自停放地点运至施工现场或由一施工地点运至另一施工地点的运输、装卸、辅助材料及架线等费用。

5）人工费：是指机上司机（司炉）和其他操作人员的人工费。

6）燃料动力费：是指施工机械在运转作业中所消耗的各种燃料及水、电等。

7）税费：是指施工机械按照国家规定应缴纳的车船使用税、保险费及年检费等。

（2）仪器仪表使用费：是指工程施工所需使用的仪器仪表的摊销及维修费用。

4. 企业管理费

企业管理费是指建筑安装企业组织施工生产和经营管理所需的费用。主要包括如下内容：

（1）管理人员工资：是指按规定支付给管理人员的计时工资、奖金、津贴补贴、加班加点工资及特殊情况下支付的工资等。

（2）办公费：是指企业管理办公用的文具、纸张、账表、印刷、邮电、书报、办公软件、现场监控、会议、水电、烧水和集体取暖降温（包括现场临时宿舍取暖降温）等费用。

（3）差旅交通费：是指职工因公出差、调动工作的差旅费、住勤补助费，市内交通费和误餐补助费，职工探亲路费，劳动力招募费，职工退休、退职一次性路费，工伤人员就医路费，工地转移费以及管理部门使用的交通工具的油料、燃料等费用。

（4）固定资产使用费：是指管理和试验部门及附属生产单位使用的属于固定资产的房屋、设备、仪器等的折旧、大修、维修或租赁费。

（5）工具用具使用费：是指企业施工生产和管理使用的不属于固定资产的工具、器具、家具、交通工具和检验、试验、测绘、消防用具等的购置、维修和摊销费。

（6）劳动保险和职工福利费：是指由企业支付的职工退职金、按规定支付给离休干部的经费，集体福利费、夏季防暑降温、冬季取暖补贴、上下班交通补贴等。

（7）劳动保护费：是企业按规定发放的劳动保护用品的支出。如工作服、手套、防暑降温饮料以及在有碍身体健康的环境中施工的保健费用等。

（8）检验试验费：是指施工企业按照有关标准规定，对建筑以及材料、构件和建筑安装物进行一般鉴定、检查所发生的费用，包括自设试验室进行试验所耗用的材料等费用。不包括新结构、新材料的试验费，对构件做破坏性试验及其他特殊要求检验试验的费用和建设单位委托检测机构进行检测的费用，对此类检测发生的费用，由建设单位在工程建设其他费用中列支。但对施工企业提供的具有合格证明的材料进行检测不合格的，该检测费用由施工企业支付。

(9)工会经费：是指企业按《工会法》规定的全部职工工资总额比例计提的工会经费。

(10)职工教育经费：是指按职工工资总额的规定比例计提，企业为职工进行专业技术和职业技能培训，专业技术人员继续教育、职工职业技能鉴定、职业资格认定以及根据需要对职工进行各类文化教育所发生的费用。

(11)财产保险费：是指施工管理用财产、车辆等的保险费用。

(12)财务费：是指企业为施工生产筹集资金或提供预付款担保、履约担保、职工工资支付担保等所发生的各种费用。

(13)税金：是指企业按规定缴纳的房产税、车船使用税、土地使用税、印花税等。

(14)其他：包括技术转让费、技术开发费、投标费、业务招待费、绿化费、广告费、公证费、法律顾问费、审计费、咨询费、保险费等。

5. 利润

利润：是指施工企业完成所承包工程获得的营利。

6. 规费

规费：是指按国家法律、法规规定，由省级政府和省级有关权力部门规定必须缴纳或计取的费用。主要包括如下内容：

(1)社会保险费。

1)养老保险费：是指企业按照规定标准为职工缴纳的基本养老保险费。

2)失业保险费：是指企业按照规定标准为职工缴纳的失业保险费。

3)医疗保险费：是指企业按照规定标准为职工缴纳的基本医疗保险费。

4)生育保险费：是指企业按照规定标准为职工缴纳的生育保险费。

5)工伤保险费：是指企业按照规定标准为职工缴纳的工伤保险费。

(2)住房公积金：是指企业按规定标准为职工缴纳的住房公积金。

(3)工程排污费：是指企业按规定缴纳的施工现场工程排污费。

其他应列而未列入的规费，按实际发生计取。

7. 税金

税金是指国家税法规定的应计入建筑安装工程造价内的增值税、城市维护建设税、教育费附加以及地方教育附加。

(二)建筑安装工程费按照工程造价形成划分

建筑安装工程费按照工程造价形成由分部分项工程费、措施项目费、其他项目费、规费、税金组成，分部分项工程费、措施项目费、其他项目费包含人工费、材料费、施工机具使用费、企业管理费和利润，如图1-2所示。

1. 分部分项工程费

分部分项工程费是指各专业工程的分部分项工程应予列支的各项费用。

(1)专业工程：是指按现行国家计量规范划分的房屋建筑与装饰工程、仿古建筑工程、通用安装工程、市政工程、园林绿化工程、矿山工程、构筑物工程、城市轨道交通工程、爆破工程等各类工程。

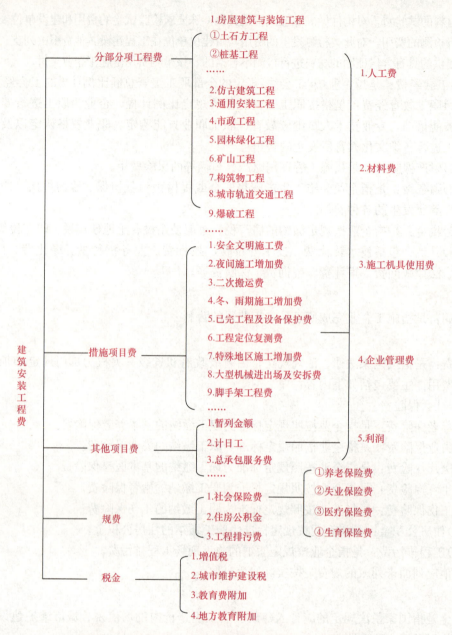

图 1-2　建筑安装工程费用项目组成（按造价形成划分）

(2)分部分项工程：是指按现行国家计量规范对各专业工程划分的项目。如房屋建筑与装饰工程划分的土石方工程、地基处理与桩基工程、砌筑工程、钢筋及钢筋混凝土工程等。各类专业工程的分部分项工程划分见现行国家或行业计量规范。

2. 措施项目费

措施项目费是指为完成建设工程施工，发生于该工程施工前和施工过程中的技术、生活、安全、环境保护等方面的费用。其内容包括：

(1)安全文明施工费。

1)环境保护费：是指施工现场为达到环保部门要求所需要的各项费用。

2)文明施工费：是指施工现场文明施工所需要的各项费用。

3)安全施工费：是指施工现场安全施工所需要的各项费用。

4)临时设施费：是指施工企业为进行建设工程施工所必须搭设的生活和生产用的临时建筑物、构筑物和其他临时设施费用。包括临时设施的搭设、维修、拆除、清理费或摊销费等。

(2)夜间施工增加费：是指因夜间施工所发生的夜班补助费、夜间施工降效、夜间施工照明设备摊销及照明用电等费用。

(3)二次搬运费：是指因施工场地条件限制而发生的材料、构配件、半成品等一次运输不能到达堆放地点，必须进行二次或多次搬运所发生的费用。

(4)冬、雨期施工增加费：是指在冬期或雨期施工需增加的临时设施、防滑、排除雨雪，人工及施工机械效率降低等费用。

(5)已完工程及设备保护费：是指竣工验收前，对已完工程及设备采取的必要保护措施所发生的费用。

(6)工程定位复测费：是指在工程施工过程中进行全部施工测量放线和复测工作的费用。

(7)特殊地区施工增加费：是指工程在沙漠或其边缘地区、高海拔、高寒、原始森林等特殊地区施工增加的费用。

(8)大型机械进出场及安拆费：是指机械整体或分体自停放场地运至施工现场或由一个施工地点运至另一个施工地点，所发生的机械进出场运输及转移费用及机械在施工现场进行安装、拆卸所需的人工费、材料费、机械费、试运转费和安装所需的辅助设施的费用。

(9)脚手架工程费：是指施工需要的各种脚手架搭、拆、运输费用以及脚手架购置费的摊销(或租赁)费用。

措施项目及其包含的内容详见各类专业工程的现行国家或行业计量规范。

3. 其他项目费

(1)暂列金额：是指建设单位在工程量清单中暂定并包括在工程合同价款中的一笔款项。用于施工合同签订时尚未确定或者不可预见的所需材料、工程设备、服务的采购，施工中可能发生的工程变更、合同约定调整因素出现时的工程价款调整以及发生的索赔、现场签证确认等的费用。

(2)计日工：是指在施工过程中，施工企业完成建设单位提出的施工图纸以外的零星项目或工作所需的费用。

(3)总承包服务费：是指总承包人为配合协调建设单位进行的专业工程发包，对建设单位自行采购的材料、工程设备等进行保管以及施工现场管理、竣工资料汇总整理等服务所需费用。

4. 规费、税金

规费、税金的定义同前。

三、建筑安装工程费(工程造价)组成示例

(1)某工程的建筑安装工程费(工程造价)的组成文件示例(定额计价)，见表1-2～表1-5。

表1-2 单位工程预算汇总表

序号	费用名称	计算基础	金额/元
1	分部分项工程费	定额分部分项工程费+价差+利润	24 020.21
1.1	定额分部分项工程费	分部分项人工费+分部分项材料费+分部分项主材费+分部分项设备费+分部分项机械费+分部分项管理费	19 395.26
1.2	价差	分部分项人材机价差	3 555.89
1.3	利润	分部分项人工费+分部分项人工价差	1 069.06
2	措施项目费	安全文明施工费+其他措施项目费	696.59
2.1	安全文明施工费	按定额子目计算的安全文明施工费+按系数计算措施项目费	696.59
2.1.1	按定额子目计算的安全文明施工费	安全防护、文明施工措施项目的技术措施费	
2.1.1.1	定额安全文明施工费	安全防护、文明施工措施项目的技术措施费−价差−利润	
2.1.1.2	价差	安全防护、文明施工措施项目的技术措施人工价差+安全防护、文明施工措施项目的技术措施材料价差+安全防护、文明施工措施项目的技术措施机械价差	
2.1.1.3	利润	安全防护、文明施工措施项目的技术措施人工费+安全防护、文明施工措施项目的技术措施人工价差	
2.1.2	按系数计算措施项目费	分部分项工程费	696.59
2.2	其他措施项目费	按定额子目计算的其他措施项目费+其他措施项目费	
2.2.1	按定额子目计算的其他措施项目费	其他措施项目的技术措施费	
2.2.1.1	定额其他措施项目费	其他措施项目的技术措施费−价差−利润	
2.2.1.2	价差	其他措施项目的技术措施人工价差+其他措施项目的技术措施材料价差+其他措施项目的技术措施机械价差	
2.2.1.3	利润	其他措施项目的技术措施人工费+其他措施项目的技术措施人工价差	
2.2.2	其他措施项目费	夜间施工增加费+交通干扰工程施工增加费+赶工措施费+文明工地增加费+地下管线交叉降效费+其他费用	
2.2.2.1	夜间施工增加费		
2.2.2.2	交通干扰工程施工增加费		
2.2.2.3	赶工措施费	分部分项工程费	
2.2.2.4	文明工地增加费	分部分项工程费	
2.2.2.5	地下管线交叉降效费		
3	其他项目费	暂列金额+暂估价+计日工+总承包服务费+材料检验试验费+预算包干费+工程优质费+其他费用	48.04
3.1	暂列金额	分部分项工程费	

续表

序号	费用名称	计算基础	金额/元
3.2	暂估价	专业工程暂估价	
3.3	计日工	计日工	
3.4	总承包服务费	总承包服务费	
3.5	材料检验试验费	分部分项工程费	48.04
3.6	预算包干费	分部分项工程费	
3.7	工程优质费	分部分项工程费	
4	规费	工程排污费+施工噪声排污费+危险作业意外伤害保险费	24.76
5	不含税工程造价	分部分项工程费+措施项目费+其他项目费+规费	24 789.6
6	堤围防护费与税金	不含税工程造价	861.93
7	含税工程造价	不含税工程造价+堤围防护费与税金	25 651.53

表 1-3　定额发包方项工程预算表

工程名称：

序号	项目编码	项目名称	计量单位	工程数量	定额基价/元	合价/元
1	D1-1-29 换	挖土机挖沟槽、基坑土方一二类土单项工程挖、填、总土方量在 1 000 m³ 以内	1 000 m³	0.041 2	3 801.72	156.63
2	D1-1-125 换	回填土夯实机夯实槽、坑单项工程挖、填、总土方量在 1 000 m³ 以内	100 m³	0.409 84	890.37	364.91
3	D4-1-86	塑料管安装(粘接)管外径(mm 以内)110	10 m	0.6	57.15	34.29
4	D4-1-85	塑料管安装(粘接)管外径(mm 以内)75	10 m	2.4	43.07	103.37
5	D4-1-84	塑料管安装(粘接)管外径(mm 以内)50	10 m	3.2	31.92	102.14
6	D4-2-213	塑料管件粘接管外径(mm 以内)110	个	2	13.53	27.06
7	D4-2-212	塑料管件粘接管外径(mm 以内)75	个	3	9.18	27.54
8	D4-1-194	管道试压公称直径(mm 以内)100	100 m	0.62	160.57	99.55
9	D4-1-212	管道消毒冲洗公称直径(mm 以内)100	100 m	0.62	59.3	36.77
10	D4-3-39	砖砌矩形水表井、井室净空尺寸(m)1.5×1，井室净高 1.9 m	座	1	1 001.02	1 001.02
11	D3-3-12	砂浆制作现场搅拌砌筑砂浆水泥砂浆 M10	m³	0.738	197.6	145.83
12	D4-3-17 换	直筒式井内径 1.2 m、井深 1.5 m，实际深度(m)：2	座	5	945.86	4 729.3
13	D3-3-12	砂浆制作现场搅拌砌筑砂浆水泥砂浆 M10	m³	4.835	197.6	955.4
14	D4-2-348	法兰水表组安装公称直径(mm 以内)100	组	1	117.51	117.51
15	D4-2-290	消火栓安装地上式 100	组	1	77.35	77.35
		合　计				7 978.67

表1-4　措施项目预算表

工程名称：

序号	项目名称	单位	数量	单价/元	合价/元
1	安全文明施工项目费				696.59
1.1	综合脚手架	项	1		
1.2	靠脚手架安全挡板	项	1		
1.3	独立安全防护挡板	项	1		
1.4	围尼龙编织布	项	1		
1.5	现场围挡、围墙	项	1		
1.6	文明施工与环境保护、临时设施、安全施工	项	1	696.59	696.59
1.7	建筑工地视频监控系统项目费用	项	1		
1.8	基坑支护的变形监测、地下作业的安全防护和监测费用	项	1		
2	其他措施费				
2.1	夜间施工增加费	项	1		
2.2	交通干扰工程施工增加费	项	1		
2.3	赶工措施费	项	1		
2.4	文明工地增加费	项	2		
2.5	地下管线交叉降效费	项	1		
2.6	其他费用	项	1		
2.7	围堰工程	项	1		
2.8	大型机械设备进出场及安拆	项	1		
	合计				696.59

表1-5　人工材料机械价差表

工程名称：

序号	名称	等级、规格、产地（厂家）	单位	数量	定额价/元	市场价/元	价差/元	合价/元
1	人工							
1.1	综合工日		工日	58.228	51	102	51	2 969.63
2	材料							
2.1	复合普通硅酸盐水泥	P·C 32.5	t	1.861 4	317.07	413.1	96.03	178.75
2.2	复合普通硅酸盐水泥	P·O 42.5	kg	1.19	0.35	0.485	0.135	0.16
2.3	中砂		m³	6.676 5	49.98	89.76	39.78	265.59
2.4	碎石	10	m³	0.75	65.28	114.2	48.96	36.72
2.5	镀锌钢管	DN50	m	0.632 4	38.74	19.82	−18.92	−11.97
2.6	水		m³	7.969 5	2.8	4.72	1.92	15.3
3	机械							

续表

序号	名称	等级、规格、产地(厂家)	单位	数量	定额价/元	市场价/元	价差/元	合价/元
3.1	柴油	(机械用)0#	kg	9.656 5	5.82	8.74	2.92	28.2
3.2	电	(机械用)	kW·h	68.302 4	0.75	0.86	0.11	7.51
3.3	机上人工		工日	1.295 7	51	102	51	66.08
合计(大写)：叁仟伍佰伍拾伍元玖角柒分								

综上所述，造价文件(定额计价)一般包括工程预算汇总表、定额分部分项工程预算表、措施项目预算表、其他项目预算表、人机材价差表、规费和税金计算表等。

(2)某工程的建筑安装工程费(工程造价)的组成文件示例(清单计价)。

造价文件(清单计价)一般包括工程造价汇总表、分部分项清单计价表、措施项目计价表、其他项目计价表、规费和税金计算表。其他表与定额计价相关表格类似，相关表格见第五章。

第二节　建设项目的划分和建设程序

一、建设项目的划分

建设项目是指按一个总体规划或设计进行建设的，由一个或若干个互有内在联系的单项工程组成的工程总和，也可称为基本建设项目。

(1)建设项目按建设性质可划分为新建项目、扩建项目、改建项目、迁建项目和恢复项目。

1)新建项目：是指从无到有，"平地起家"，新开始建设的项目。有的建设项目原有基础很小，经扩大建设规模后，其新增加的固定资产价值超过原有固定资产价值三倍以上的，也算新建项目。

2)扩建项目：是指原有企业、事业单位，为扩大原有产品生产能力(或效益)或增加新的产品生产能力，而新建主要车间或工程的项目。

3)改建项目：是指原有企业，为提高生产效率，改进产品质量或改变产品方向，对原有设备或工程进行改造的项目。有的企业为了平衡生产能力，增建一些附属、辅助车间或非生产性工程，也算改建项目。

4)迁建项目：是指原有企业、事业单位，由于各种原因经上级批准搬迁到另地建设的项目。迁建项目中符合新建、扩建、改建条件的，应分别作为新建、扩建或改建项目。迁建项目不包括留在原址的部分。

5)恢复项目：是指企业、事业单位由于自然灾害、战争等原因使原有固定资产全部或部分报废，以后又投资按原有规模重新恢复起来的项目。在恢复的同时进行扩建的，应作为扩建项目。

(2)建设项目按计划管理要求可划分为基本建设项目、更新改造项目、商品房建设项目和其他固定资产投资项目。

1)基本建设项目:是指利用国家财政预算内投资、地方财政预算内投资、银行贷款、外资、自筹资金和各种专项资金安排的新建、扩建、迁建、复建项目和扩大再生产性质的改建项目。

2)更新改造项目:是指利用中央、地方政府补助的更新改造资金、企业的折旧基金和生产发展基金、银行贷款和外资安排的企业设备更新或技术改造项目。

3)商品房建设项目:是指由房屋开发公司综合开发,建成后出售或出租的住宅、商业用房以及其他建筑物的建设项目,包括新区开发和危旧房改造项目。

4)其他固定资产投资项目:是指国有单位纳入固定资产投资计划管理,但不属于基本建设、更新改造和商品房屋建设的项目。

(3)根据工程设计要求以及编审建设预算、制订计划、统计、会计核算的需要,建设项目一般进一步划分为单项工程、单位工程、分部工程及分项工程。

1)单项工程:一般是指有独立设计文件,建成后能独立发挥生产能力或效益的工程项目。一个项目在全部建成投产以前,往往陆续建成若干个单项工程,所以,单项工程也是考核投产计划完成情况和计算新增生产能力的基础。例如,广清高速全长约为70.434 km,工程分三期建设,一期庆丰至花都段22.6 km,二期工程花都至银盏段24.3 km。每一期均是一个单项工程。

2)单位工程:是指具有独立的设计文件,具备独立施工条件并能形成独立使用功能,但竣工后不能独立发挥生产能力或工程效益的工程,是单项工程的组成部分。通常按照不同性质的工程内容,根据组织施工和编制工程预算的要求,将一个单项工程划分为若干个单位工程。单项工程"广清高速一期工程",又可分为多个单位工程,如路基工程、路面工程、桥梁工程等。

3)分部工程:是单位工程的组成部分,一般是按单位工程的结构形式、工程部位、构件性质、使用材料、设备种类等的不同而划分的工程项目。例如,单位工程"路基工程"又可分为路基土石方工程、挡土墙、排水工程等分部工程,单位工程"桥梁工程"又可分为桥梁基础及下部构造、桥梁上部构造预制和安装、桥面附属工程、防护工程、引道工程等分部工程。

4)分项工程:是对分部工程的再分解,是指在分部工程中能用较简单的施工过程生产出来,并能适当计量和估价的基本构造。分项工程是施工图预算中最基本的计算单位,它又是概预算定额的基本计量单位,故也称为工程定额子目或工程细目。一般是按不同的施工方法,不同的材料,不同的规划划分的。如砖石工程就可以分解成砖基础、砖内墙、砖外墙等分项工程,路基土石方工程可分解为土方路基、石方路基等分项工程。道路工程分部分项工程划分见表1-6。

表1-6 道路工程分部分项工程划分

单位工程	分部工程	分项工程
路基工程(每10 km或每标段)	路基土石方工程(1~3 km)	土方路基、石方路基等
	小桥涵工程	基础及下部构造、上部构造预制、浇筑和安装等
路面工程(每10 km或每标段)	路面工程(1~3 km)	底基层、基层、面层等

续表

单位工程	分部工程	分项工程
桥梁工程（大中桥）	基础及下部构造	扩大基础、桩基、承台、墩台身等
	上部构造预制和安装	构件预制、梁板安装、悬臂拼装等
	上部构造现场浇筑	钢筋加工安装、预应力筋张拉、浇筑、悬臂浇筑等
隧道工程	洞口工程	开挖、仰坡防护、翼墙浇筑等
	洞身开挖	洞身开挖（分段）
	洞身衬砌	锚杆支护、喷射混凝土支护、混凝土衬砌等

(4)施工过程。施工过程是由不同工种、不同技术等级的建筑安装工人完成的，并且必须有一定的劳动对象——建筑材料、半成品、构件、配件等，使用一定的劳动工具——手动工具、小型机具和机械等。

(5)工序。在组织上不可分割的，在操作过程中技术上属于同类的施工过程。工序的特征是：工作者不变，劳动对象、劳动工具和工作地点不变。在工作中有一项改变就说明已经由一项工序转入另一项工序了。如钢筋制作，它由平直钢筋、钢筋除锈、切断钢筋、弯曲钢筋等工序组成。在编制施工定额时，工序是基本的施工过程，是主要的研究对象。

二、建设程序和工程造价的多次计价

建设项目需要按一定的建设程序进行决策和实施，先后要经历工程建设前期阶段、工程建设准备阶段、工程建设实施阶段和工程竣工验收备案阶段四大阶段。工程建设的前期阶段主要指的是在工程建设的初期，建设单位形成投资意向，通过对投资机会等的研究和决定，形成书面文件上报主管部门和发改委进行审批，进而立项的过程。工程建设的前期阶段主要包括编制项目建议书和可行性研究报告，并通过立项审批。工程建设准备阶段的内容包括为勘察设计、施工创造条件所做的建设现场、建设队伍、建设设备等方面的准备工作。其具体内容包括报建，委托规划、设计，获取土地使用权，拆迁、安置，工程发包与承包等。工程建设实施阶段是建设单位为了保证项目施工顺利进行需从事相关的管理工作，可分为施工准备的管理和施工阶段的管理，其中，在施工阶段的管理主要是做好工程建设项目的进度控制、投资控制和质量控制。工程竣工验收备案阶段主要组织竣工验收、办理竣工结算与财务决算、进行项目后评价等。

工程计价也需要在不同阶段多次进行，以保证工程造价计算的准确性和控制的有效性。多次计价是个逐步深化、逐步细化和逐步接近实际造价的过程。工程多次计价过程如图1-3所示。

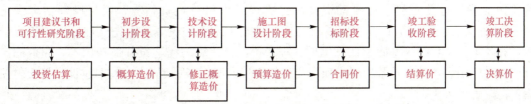

图1-3 工程多次计价示意图

注：竖向箭头表示对应关系，横向箭头表示多次计价流程及逐步深化过程。

(1)投资估算：是指在项目建议书和可行性研究结算通过编制估算文件预先测算和确定的工程造价。投资估算是建设项目进行决策、筹集资金和合理控制造价的主要依据。

(2)概算造价：是指在初步设计阶段，根据设计意图，通过编制工程概算文件预先测算和确定的工程造价。与投资估算造价相比，概算造价的准确性有所提高，但受估算造价的控制。概算造价一般又可分为建设项目概算总造价、各单项工程概算综合造价、各单位工程概算造价。

(3)修正概算造价：是指在技术设计阶段，根据技术设计的要求，通过编制修正概算文件，预先测算和确定的工程造价。修正概算是对初步设计阶段的概算造价的修正和调整，比概算造价准确，但受概算造价控制。

(4)预算造价：是指在施工图设计阶段，根据施工图纸，通过编制预算文件，预先测算和确定的工程造价。预算造价比概算造价或修正概算造价更为详尽和准确，但同样要受前一阶段工程造价的控制。并非每一个工程项目均要确定预算造价。目前，有些工程项目需要确定招标控制价以限制最高投标报价。

(5)合同价：是指在工程发承包阶段通过签订总承包合同、建筑安装工程承包合同、设备材料采购合同，以及技术和咨询服务合同所确定的价格。合同价属于市场价格，它是由发包承包双方根据市场行情通过招标投标等方式达成一致、共同认可的成交价格。但应注意：合同价并不等同于最终结算的实际工程造价。根据计价方法不同，建设工程合同有许多类型，不同类型合同的合同价内涵也会有所不同。

(6)结算价：是指在工程竣工验收阶段，按合同调价范围和调价方法，对实际发生的工程量增减、设备和材料价差等进行调整后计算和确定的价格，反映的是工程项目实际造价。工程结算文件一般由承包单位编制，由发包单位审查，也可以委托具有相应资质的工程造价咨询机构进行审查。

(7)决算价：是指工程竣工决算阶段，以实物数量和货币指标为计量单位，综合反映竣工项目从筹建开始到项目竣工交付使用为止的全部建设费用。工程决算文件一般由建设单位编制，上报相关主管部门审查。

三、固定资产投资费用(工程造价)文件组成示例

工程项目建设程序可分为七个阶段，即策划决策阶段、勘察设计阶段、建设准备阶段、施工阶段、生产准备阶段、竣工验收阶段和考核评价阶段。在策划决策阶段要编制投资估算，估算固定资产投资费用；在竣工验收阶段要编制竣工结算和决算，核算固定资产投资费用。投资估算首先分别估算各单项工程所需建筑工程费、设备及工器具购置费、安装工程费，在汇总各单项工程费用的基础上，估算工程建设其他费用和基本预备费，然后计算价差预备费、建设期利息和流动资金，完成建设项目总投资估算，项目投资估算表见表1-7。在工程项目完工并竣工验收后，要办理竣工结算和决算。首先办理各单位工程结算，在各单位工程结算基础上汇总单项工程造价，再核算工程建设其他费用等，完成固定资产交付使用表，其中，基本建设项目交付使用资产明细表见表1-8，基本建设项目交付使用资产总表见表1-9。

表1-7 项目投资估算表

建设项目名称：新城区农贸市场重建项目

序号	工程或费用名称	估算造价/万元					数量/m²	单方造价/元	备注
		建筑工程	设备购置费	安装工程	其他费用	合计			
一	工程费用	2 603	249	413		3 265	20 937	1 559	
	新城区农贸市场	2 603	249	413		3 265	20 937	1 559	
1	建筑工程	1 884				1884	20 937	900	
2	装饰工程	419				419	20 937	200	
3	给水排水工程			63	147	209	20 937	100	
4	电气工程			63	147	209	20 937	100	
5	地下室	300	123	120		543	3 015	1 800	
二	工程建设其他费用				2 192	2 192			
1	场地拆迁费				60	60	12.0	50 000	8 000 m²
2	土地价款				1 800	1 800	12.0	1 500 000	12亩，150万元/亩
3	建设单位管理费				26	26			[一]×0.8%
4	前期工作费				105	105			
5	勘察费				16	16			[一]×0.5%
6	设计费				29	29			14元/m²
7	竣工图编制费				2	2			(5)×8%
8	招标代理服务费				14	14			6.55+([一]−1 000)×0.35%
9	工程建设监理费				24	24			发改价格[2007]670号文
10	施工图审查费				3	3			(3+4)×7%
11	工程保险费				10	10			[一]×3‰
12	白蚁防治费				4	4	23 952	1.6	
13	城镇建设市政工程配套费			98		98			[一]×3%
三	预备费				437	437			
	基本预备费				437	437			([一]+[二])×8%
四	建设投资					5 894			[一]+[二]+[三]
五	建设期利息					900			贷款3 000万元3年
六	固定资产投资					6 794			[四]+[五]
七	流动资金					200			

建竣决 04 表

表 1-8 基本建设项目交付使用资产明细表

单项工程项目	建筑工程			设备、工具、器具、家具					流动资产		无形资产		递延资产	
	结构	面积/m²	价值/元	名称	规格型号	单位	数量	价值/元	设备安装费/元	名称	价值/元	名称	价值/元	名称	价值/元

财务人员：　　　　　　　　　复核人员：　　　　　　　　　建设单位盖章：
　　　　　　　　　　　　　　　　　　　　　　　　　　　　年　月　日

表 1-9 基本建设项目交付使用资产总表

时间： 年 月 日

单位：元

建竣决 03 表

序号	单项工程项目名称	总计	固定资产				流动资产	无形资产	递延资产
			合计	建安工程	设备	其他			

交付单位：　　　　　　　　　负责人：　　　　　　　接收单位：　　　　　　　负责人：
盖　章：　　　　　　　　　　年　月　日　　　　　　盖　章：　　　　　　　　年　月　日

第三节　工程造价管理及其基本制度

一、工程造价管理的基本内涵与组织系统

(一)工程造价管理的基本内涵

1. 工程造价管理

工程造价管理是指综合运用管理学、经济学和工程技术等方面的知识与技能，对工程造价进行预测、计划、控制、核算等的过程。工程造价管理既涵盖了宏观层次的工程建设投资管理，也涵盖了微观层次的工程项目费用管理。

(1)工程造价的宏观管理。工程造价的宏观管理是指政府部门根据社会经济发展的实际需要，利用法律、经济和行政等手段，规范市场主体的价格行为，监控工程造价的系统活动。

(2)工程造价的微观管理。工程造价的微观管理是指工程参建主体根据工程有关计价依据和市场价格信息等预测、计划、控制、核算工程造价的系统活动。

2. 建设工程全面造价管理

按照国际工程造价管理促进会给出的定义，全面造价管理(Total Cost Management，TCM)是指有效地利用专业知识与技术，对资源、成本、营利和风险进行筹划和控制。建设工程全面造价管理包括全寿命期造价管理、全过程造价管理、全要素造价管理和全方位造价管理。

(1)全寿命期造价管理。建设工程全寿命期造价是指建设工程初始建造成本和建成后的日常使用成本之和。其包括建设前期、建设期、使用期和拆除期各个阶段的成本。由于在实际管理过程中，在工程建设及使用的不同阶段，工程造价存在诸多不确定性，因此，全寿命期造价管理主要是作为一种实现建设工程全寿命期造价最小化的指导思想，指导建设工程投资决策及设计方案的选择。

(2)全过程造价管理。全过程造价管理是指覆盖建设工程策划决策及建设实施各个阶段的造价管理。其包括可行性研究、初步设计、扩大初步设计、施工图设计、承发包、施工、竣工、投产、决算、后评估等整个过程。

(3)全要素造价管理。影响建设工程造价的因素很多，为此，控制建设工程造价不仅仅是控制建设工程本身的建造成本，还应同时考虑工期成本、质量成本、安全与环境成本的控制，从而实现工程成本、工期、质量、安全、环境的集成管理。全要素造价管理的核心是按照优先性的原则协调和平衡工期、质量、安全、环保与成本之间的对立统一关系。

(4)全方位造价管理。建设工程造价管理不仅仅是业主或承包单位的任务，而应该是政府建设主管部门、行业协会、建设单位、设计单位、施工单位以及有关咨询单位的共同任务。尽管各方的地位、利益、角度有所不同，但必须建立完善的协同工作机制，才能实现建设工程造价的有效控制。

(二)工程造价管理的组织系统

工程造价管理的组织系统包括政府行政管理系统，企事业单位管理系统，行业协会管理系统。

1. 政府行政管理系统

政府在工程造价管理中既是宏观管理主体，也是政府投资项目的微观管理主体，工程

造价管理始终是各级政府经济工作的重要内容。我国政府有一个十分严密的组织系统对工程造价进行管理，设置了多层管理机构，并规定了管理权限和职责范围。我国现行的工程造价管理的政府组织系统是由国务院统一管理的，再由专业部委、住房和城乡建设部及各省政府对造价相关部门进行管理。

(1)国务院建设主管部门造价管理机构，主要职责如下：

1)组织制定工程造价管理有关法规、制度并组织贯彻实施。

2)组织制定全国统一经济定额和部管行业经济定额的制订、修订计划。

3)监督指导全国统一经济定额和部管行业经济定额的实施。

4)制定和负责工程造价咨询单位的资质标准及其资质管理工作。

5)制定全国工程造价管理专业人员执业资格准入标准，并监督执行。

(2)国务院其他部门的造价管理机构。其包括水利、水电、电力、石油、石化、机械、冶金、铁路、煤炭、建材、林业、有色、核工业、公路等行业和军队的造价管理机构。其主要是负责编制、修订和解释相应的工程建设标准定额，有的还负责本行业大型或重点建设项目的概算审批、概算调整等职责。

广东造价信息网

(3)省、自治区、直辖市工程造价管理部门。其主要职责是修编、解释当地定额、收费标准和计价制度等，审核国家投资工程的标底、结算，处理合同纠纷等。

2. 企事业单位管理系统

企业或事业单位对工程造价的管理属于微观管理的范畴，如建设单位在项目的前期估算投资并进行经济评价，实施项目招标并编制标底，进行评标，在施工阶段通过对设计变更、索赔、结算等进行造价管理和控制工作。设计单位通过限额设计实现造价控制目标。施工单位的造价管理尤为重要，要通过市场调查和自我分析，提出工程估价，研究投标策略进行投标报价，强化索赔意识保护自身权益，加强管理提高竞争力等。

3. 行业协会管理系统

中国建设工程造价管理协会简称中价协，英译名：China Engineering Cost Association，缩写为CECA。它成立于1990年7月，是经中华人民共和国原建设部同意，民政部核准登记，具有法人资格的全国性社会团体。其是由从事工程造价咨询服务与工程造价管理的单位及具有注册资格的造价工程师和资深专家、学者自愿组成的全国性的工程造价行业协会。中价协是亚太区工料测量师协会(PAQS)和国际工程造价联合会(ICEC)等相关国际组织的正式成员。目前，中价协先后成立了各省、自治区、直辖市所属的地方工程造价管理协会。中价协与地方造价管理协会是平等、协商、相互支持的关系，地方协会接受中价协的业务指导，共同促进全国工程造价行业管理水平的整体提升。

中国建设工程造价管理协会

二、工程造价专业人员管理制度

(一)造价工程师管理制度

造价工程师是通过全国造价工程师执业资格统一考试或者资格认定、资格互认，取得中华人民共和国造价工程师执业资格，并按照《注册造价工程师管理办法》注册，取得中华人民共和国造价工程师注册执业证书和执业印章，从事工程造价活动的专业人员。取得造价工程师执业资格的人员，必须经过注册方能以注册造价工程师的名义进行执业。

1. 执业资格考试

全国造价工程师执业资格考试由住房和城乡建设部与国家人事部共同组织，考试每年举行一次，于每年10月中旬举行，网上报名。造价工程师执业资格考试实行全国统一大纲、统一命题、统一组织的办法。考试分四个科目：《建设工程造价管理》《建设工程计价》《建设工程造价案例分析》和《建设工程技术与计量》。实行滚动管理，滚动周期为两年，参加全部科目考试的人员，须在连续两个考试年度内通过全部科目的考试方可获得执业资格。考试合格者，由各省、自治区、直辖市人事（职改）部门颁发统一印制、由国家人力资源主管部门及住房和城乡建设主管部门用印的《造价工程师执业资格证书》，该证书在全国范围内有效，并作为造价工程师注册凭证。

2. 注册

造价工程师执业资格实行注册登记制度。住房和城乡建设部及各省、自治区、直辖市与国务院有关部门的建设行政主管部门为造价工程师的注册管理机构，注册有效期为四年。

注册造价工程师的注册条件如下：

(1)取得执业资格证书。

(2)受聘于一个工程造价咨询企业或者工程建设领域的建设、勘察设计、施工、招标代理、工程监理、工程造价管理等单位。

(3)无不予注册的情形。

3. 执业

(1)注册造价工程师执业范围包括以下几项：

1)建设项目建议书、可行性研究投资估算的编制和审核，项目经济评价，工程概算、预算、结算、竣工结(决)算的编制和审核。

2)工程量清单、标底(或者招标控制价)、投标报价的编制和审核，工程合同价款的签订及变更、调整、工程款支付与工程索赔费用的计算。

3)建设项目管理过程中设计方案的优化、限额设计等工程造价分析与控制，工程保险理赔的核查。

4)工程经济纠纷的鉴定。

(2)注册造价工程师享有下列权利：

1)使用注册造价工程师名称。

2)依法独立执行工程造价业务。

3)在本人执业活动中形成的工程造价成果文件上签字并加盖执业印章。

4)发起设立工程造价咨询企业。

5)保管和使用本人的注册证书和执业印章。

6)参加继续教育。

(3)注册造价工程师应当履行下列义务：

1)遵守法律、法规、有关管理规定，恪守职业道德。

2)保证执业活动成果的质量。

3)接受继续教育，提高执业水平。

4) 执行工程造价计价标准和计价方法。
5) 与当事人有利害关系的，应当主动回避。
6) 保守在执业中知悉的国家秘密和他人的商业、技术秘密。

注册造价工程师应当在本人承担的工程造价成果文件上签字并盖章。修改经注册造价工程师签字盖章的工程造价成果文件，应当由签字盖章的注册造价工程师本人进行；注册造价工程师本人因特殊情况不能进行修改的，应当由其他注册造价工程师修改，并签字盖章；修改工程造价成果文件的注册造价工程师对修改部分承担相应的法律责任。

(二)造价员管理制度

造价员是指取得《全国建设工程造价员资格证书》(以下简称《造价员证书》)，并从事建设工程造价业务的专业技术人员。广东省工程造价协会负责全省造价员的资格考试、登记、发证、自律管理工作，各市造价员管理机构负责本辖区内造价员的管理工作。

1. 资格考试

广东省造价员资格考试原则上每年一次，由省造价协会统一组织，具体考务工作委托各市造价员管理机构负责。省造价协会负责统一命题、阅卷组织、确定考试合格标准、颁发造价员证书、制作从业印章等工作。各市县单独组织考试，各市县的考试时间不同，题目不同，各市县造价员管理机构负责考试报名、考场安排和组织等工作。

造价员资格考试统一采用网络报名、现场确认的方式。考生需先登录"广东省造价员管理信息系统"进行网上报名，填写资料，按照提示打印报名表，经所在单位签署意见后到单位所属地区造价员管理机构现场确认报名。造价员资格考试科目包括《工程计价基础知识》《标准施工合同应用》《建设工程计价应用与案例》(建筑与装饰工程、安装工程、市政工程)三个专业考试科目。考生必须参加本人工作单位(或工作)所在地区或所属管理机构组织的造价员资格考试。

广东省造价员报考条件规定，凡中华人民共和国公民，遵纪守法，具备下列条件之一者，经所在单位或院校同意，可申请参加造价员资格考试：

(1)工程造价专业、工程或工程经济类专业中专及以上学历。
(2)其他专业，中专及以上学历，从事工程造价活动满一年。
(3)普通高等学校工程造价专业、工程或工程经济类专业大学本科三年级或大学专科二年级在校学生。

2. 从业登记

造价员实行登记从业制度。取得造价员证书的造价员需经过登记取得从业印章后，方能以造价员的名义从业。造价员的登记条件如下：

(1)取得《全国建设工程造价员资格证书》。
(2)造价员受聘于一个建设、设计、施工、工程造价咨询、招标代理、工程监理、工程咨询或工程造价管理等单位从事工程造价工作。

取得资格证书的在校合格人员，毕业后从事工程造价工作的，可在资格证书有效期内申请登记，逾期未申请登记的，须符合继续教育要求后方可申请登记。登记的有效期为三年。具体按以下程序办理：登录"管理系统"申请从业登记，填写资料并打印申请表，所在从业单位签署意见，带齐资料到单位所属地市造价员管理机构或省造价协会申请。准予登记的，颁发造价员从业印章。

(三)造价工程师与造价员的异同

1. 造价工程师与造价员的区别

(1)级别差异。造价工程师属于国家依法设定的职业资格,是国家行政机关实施的行政许可,是职业市场准入,造价工程师依法具有相应造价文件的签字权并依法承担法律责任;造价员是一种岗位设置,造价员证书属于职业水平证书,不具有行政许可的性质,也不是职业资格的市场准入,造价员的职责是协助造价工程师完成造价工作,造价员不具有独立的造价文件签发权。

(2)工作权限差异。造价员不具有独立的造价文件签发权。

(3)资质使用范围差异。造价师资质全国范围内通用,而造价员受区域限制,到另一个省市工作需要变更注册。

2. 造价工程师与造价员的相同点

(1)同一行业内的从业资质。
(2)工作内容都包含预结算编制、审核工作。
(3)证书在全国范围内通用。

(四)最新政策

2016年1月20日,国务院关于取消一批职业资格许可和认定事项的决定(国发〔2016〕5号),取消了全国建设工程造价员职业资格。各地区、各行业造价员管理机构,各地工程造价协会、中价协各专业委员会已停止造价员职业资格考试的相关工作。各地造价管理协会、中价协各专业委员会对已成为协会会员的造价员会继续做好会员服务。

本节习题

一、单选题

1. 根据建标〔2013〕44号文规定,按工程造价形成,建筑安装工程费用由分部分项工程费、(　　)组成。
   A. 间接费、利润、规费、税金
   B. 措施项目费、其他项目费、规费、税金
   C. 措施项目费、其他项目费、利润、税金
   D. 直接费、规费、企业管理费、税金

2. 根据建标〔2013〕44号文规定,下列不属于企业管理费的是(　　)。
   A. 管理人员工资   B. 财务费
   C. 交通差旅费   D. 新材料的试验费

二、多选题(至少有两个正确答案)

1. 根据建标〔2013〕44号文规定,以下项目中属于措施项目费的有(　　)。
   A. 总承包服务费   B. 预算包干费
   C. 材料检验试验费   D. 文明工地增加费
   E. 夜间施工增加费

2. 建筑安装工程费用按构成要素分类，包括（   ）。

    A. 人工费   B. 施工机具使用费

    C. 材料费   D. 管理费

    E. 利润

三、简答题

1. 简述工程造价的两种含义。
2. 企业管理费包括哪些内容？

第二章 定额计价原理

内容提要

本章旨在阐明定额计价的基本原理，使学习者了解定额计价的内涵，熟悉定额计价的流程，认识定额作为一本工具书的使用价值。本章是第三章定额计价应用的学习基础。

第一节 工程定额的类别与编制

一、工程定额的定义与分类

"定"就是规定，"额"就是数额。定额就是规定在产品生产过程中耗费的人力、物力或资金的标准数额。市政工程定额是指在市政施工过程中，在一定的施工组织和施工技术条件下，用科学的方法和实践经验相结合，为生产质量合格的单位工程产品所必需消耗的人工、材料、机械台班的数量标准。工程定额的分类方法有以下几种。

（一）按定额使用范围及修编权限分类

按定额使用范围及修编权限分类可分为全国通用定额、省级通用定额、行业通用定额和企业专业定额。

1. 全国通用定额

全国统一定额是指由国家主管部门根据全国各专业的技术水平与组织管理状况编制，在全国范围内执行的定额。如1995年发布的《全国统一建筑工程基础定额》、1999年发布的《全国统一市政工程预算定额》、2001年发布的《全国统一施工机械台班费用编制规则》。2015年9月1日起一批最新版的全国定额施行：

(1)《房屋建筑与装饰工程消耗量定额》(编号为：TY 01—31—2015)。
(2)《通用安装工程消耗量定额》(编号为：TY 02—31—2015)。
(3)《市政工程消耗量定额》(编号为：ZYA 1—31—2015)。
(4)《建设工程施工机械台班费用编制规则》。
(5)《建设工程施工仪器仪表台班费用编制规则》。

2. 省级通用定额

省级通用定额是指各省、自治区、直辖市定额，一般由省、自治区、直辖市造价管理部门参考全国通用定额，并结合各省市的行业发展水平和经济情况适当调整补充编制。如《广东省市政工程综合定额(2010)》。

3. 行业通用定额

行业通用定额是考虑各行业部门专业工程技术特点，以及施工生产和管理水平编制的，一般是只在本行业和相同专业性质的范围内使用的专业定额，如公路工程定额、矿井建设工程定额、铁路建设工程定额等。

4. 企业定额

企业定额是施工企业根据本企业的施工技术和管理水平，以及有关工程造价资料制定的，并供本企业使用的人工、材料和机械台班消耗量标准。企业定额只在企业内部使用，是企业素质的一个标志。企业定额水平一般应高于国家现行定额，才能满足生产技术发展、企业管理和市场竞争的需要。

(二)按定额反映的生产要素消耗内容分类

按定额反映的生产要素消耗内容分类可分为劳动消耗定额、材料消耗定额、机械消耗定额。

1. 劳动消耗定额

劳动消耗定额也称为人工定额，是建筑工人劳动生产率的一个指标。劳动消耗定额又可分为时间定额和产量定额两种。时间定额是指某专业、某技术等级工人班组或个人在合理的劳动组织、合理使用材料的条件下完成单位合格产品所需的工作时间。产量定额是指在合理的劳动组织、合理使用材料的条件下某工程技术等级工人班组或个人在单位工日中所应完成的合格产品数量。时间定额与产量定额互为倒数。

2. 材料消耗定额

材料消耗定额反映在节约和合理使用材料的条件下，生产单位产品所必需消耗的材料、构件或配件的数量标准。

3. 机械消耗定额

机械消耗定额反映完成单位合格产品所必需消耗的机械台班数量标准。机械消耗定额又可分为机械时间定额和机械产量定额两种。机械时间定额是指生产质量合格的单位产品所必需消耗的机械工作时间；机械产量定额是指一个机械台班内完成合格产品的数量。机械时间定额和机械产量定额互为倒数。

(三)按定额的用途分类

按定额的用途可分为施工定额、预算定额、概算定额、概算指标、投资估算指标。

1. 施工定额

施工定额是指施工企业(建筑安装企业)为组织生产和加强管理在企业内部使用的一种定额，属于企业生产定额的性质。其是建筑安装工人在合理的劳动组织或工人小组在正常施工条件下，为完成单位合格产品所需劳动、机械、材料消耗的数量标准。它由劳动定额、机械定额和材料定额三个相对独立的部分组成。施工定额是施工企业内部经济核算的依据，也是编制预算定额的基础。

2. 预算定额

预算定额主要用于编制施工图预算，是确定一定计量单位的分项工程或结构构件的人工、材料、机械台班消耗量(及货币量)的数量标准。

3. 概算定额

概算定额主要用于在初步设计或扩大初步设计阶段编制设计概算，是确定一定计量单位的扩大分项工程的人工、材料、机械台班消耗量的数量标准。

4. 概算指标

概算指标主要用于估算或编制设计概算，在概算定额的基础上进一步综合扩大，以 100 m^3 建筑面积为单位，构筑物以座为单位，规定所需人工、材料及机械台班消耗数量及资金的定额指标。

5. 投资估算指标

投资估算指标是在编制项目建议书、可行性研究报告和编制设计任务书阶段进行投资估算、计算投资需要量时使用的一种定额。投资估算指标具有较强的综合性、概括性，往往以独立的单项工程或完整的工程项目为计算对象。它的概略程度与可行性研究阶段相适应。其主要作用是为项目决策和投资控制提供依据，是一种扩大的技术经济指标。投资估算指标虽然往往根据历史的预、决算资料和价格变动等资料编制，但其编制基础仍离不开预算定额、概算定额。投资估算指标是确定和控制建设项目全过程各项投资支出的技术经济指标。其范围涉及建设前期、建设实施期和竣工验收交付使用期等各个阶段的费用支出，内容因行业不同而异，一般可分为建设项目综合指标、单项工程指标和单位工程指标三个层次。建设项目综合指标一般以项目的综合生产能力单位投资表示。单项工程指标一般以单项工程生产能力单位投资表示。单位工程指标按专业性质的不同采用不同的方法表示。各定额对比表见表 2-1。

表 2-1 各定额对比表

定额名称 对比项目	施工定额	预算定额	概算定额	概算指标	投资估算指标
对象	工序	分项工程	扩大的分项工程	整个建筑物或构筑物	独立的单项工程或完整的工程项目
用途	编制施工预算	编制施工图预算	编制扩大初步概算	编制初步设计概算	编制投资估算
项目划分	最细	细	较粗	粗	很粗
定额水平	平均先进	平均	平均	平均	平均
定额性质	生产性定额	计价性定额			

二、施工定额的编制

施工定额由劳动定额、机械定额和材料定额三个相对独立的部分组成。施工定额是施工企业内部经济核算的依据，是指导施工安排、施工资源配置计划的重要依据，也是编制预算定额的基础。

(一)劳动定额的编制

1. 劳动定额的表现形式

劳动定额可分为时间定额和产量定额两种，二者互为倒数关系。

(1)时间定额是指某专业、某技术等级工人班组或个人在合理的劳动组织、合理使用材料的条件下完成单位合格产品所需的工作时间。时间定额的单位是工日/m³、工日/m²、工日/m、工日/套、工日/个等。例如,水泥混凝土路面施工的时间定额是 1.334 2 工日/m³,人工拌和10％石灰土基层的时间定额是 0.733 2 工日/m²。

(2)产量定额是指在合理的劳动组织、合理使用材料的条件下某工程技术等级工人班组或个人在单位工日中所应完成的合格产品数量。产量定额的单位是 m³/工日、m²/工日、m/工日、套/工日、个/工日、组/工日等。例如:

水泥混凝土路面施工的产量定额＝1/时间定额＝1/1.334 2＝0.749 5(m³/工日)

人工拌和10％石灰土基层的产量定额＝1/时间定额＝1/0.733 2＝1.363 9(m²/工日)

时间定额通常由定额员、工艺人员和工人相结合,通过总结过去的经验并参考有关的技术资料直接估计确定。或者以同类产品的工序时间定额为依据进行对比分析后推算出来,也可通过对实际操作时间的测定和分析后确定。产量定额通过倒数关系计算。

2. 劳动定额基础数据的收集

编制劳动定额基础数据主要是工人各工序的工作时间数据。工人在工作班延续时间内消耗的工作时间按其消耗的性质分为两大类,即必需消耗的时间和损失时间。工人工作时间分类如图 2-1 所示。

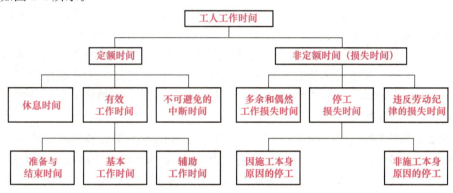

图 2-1 工人工作时间分类

(1)必需消耗的时间是工人在正常施工条件下,为完成一定数量合格产品所必需消耗的时间。其是制定定额的主要根据。必需消耗的工作时间包括有效工作时间、不可避免的中断时间和休息时间。

1)有效工作时间是从生产效果来看与产品生产直接有关的时间消耗。其中包括基本工作时间、辅助工作时间、准备与结束工作时间的消耗。

①基本工作时间是工人完成基本工作所消耗的时间,是完成一定产品的施工工艺过程所消耗的时间。基本工作时间所包括的内容依工作性质而各不相同。例如,砖瓦工的基本工作时间包括砌砖拉线时间、铲灰浆时间、砌砖时间、校验时间;抹灰工的基本工作时间包括准备工作时间、润湿表面时间、抹灰时间、抹平抹光时间。工人操纵机械的时间也属基本工作时间。基本工作时间的长短和工作量大小成正比。

②辅助工作时间是为保证基本工作能顺利完成所做的辅助性工作所消耗的时间。在辅助工作时间里,不能使产品的形状大小、性质或位置发生变化。例如,施工过程中工具的校正和小修、机械的调整、搭设小型脚手架等所消耗的工作时间等。辅助工作时间的结束,

往往是基本工作时间的开始。辅助工作一般是手工操作，但在半机械化的情况下，辅助工作是在机械运转过程中进行的，这时不应再计辅助工作时间的消耗。辅助工作时间的长短与工作量大小有关。

③准备与结束工作时间是执行任务前或任务完成后所消耗的工作时间。例如，工作地点、劳动工具和劳动对象的准备工作时间，工作结束后的整理工作时间等。准备和结束工作时间的长短与所担负的工作量大小无关，但往往和工作内容有关。所以，这项时间消耗又分为班内的准备与结束工作时间和任务的准备与结束工作时间。班内的准备与结束工作时间包括工人每天从工地仓库领取工具、检查机械、准备和清理工作地点的时间，准备安装设备的时间，机器开动前的观察和试车的时间，交接班时间等。任务的准备与结束工作时间与每个工作日交替无关，但与具体任务有关。例如，接受施工任务书、研究施工详图、接受技术交底、领取完成该任务所需的工具和设备，以及验收交工等工作所消耗的时间。

2) 不可避免的中断时间是由于施工工艺特点所引起的工作中断所消耗的时间。例如，汽车司机在等待汽车装、卸货时消耗的时间；安装工等待起重机吊预制构件的时间。与施工过程工艺特点有关的工作中断时间应作为必需消耗的时间，但应尽量缩短此项时间消耗。与工艺特点无关的工作中断时间是由于劳动组织不合理引起的，属于损失时间。

3) 休息时间是工人在施工过程中为恢复体力所必需的短暂休息和生理需要的时间消耗。这种时间是为了保证工人精力充沛地进行工作，应作为必需消耗的时间。休息时间的长短和劳动条件有关。劳动繁重紧张、劳动条件差（高温），休息时间需要长一些。

(2) 损失时间是与产品生产无关，但与施工组织和技术上的缺点有关，与工人或机械在施工过程的个人过失或某些偶然因素有关的时间消耗。损失时间一般不能作为正常的时间消耗因素，在制定定额时一般不加以考虑。损失时间包括多余和偶然工作、停工、违背劳动纪律所引起的时间损失。

1) 多余和偶然工作的时间损失，包括多余工作引起的时间损失和偶然工作引起的时间损失两种情况。多余工作是工人进行了任务以外的而又不能增加产品数量的工作。例如，对质量不合格的墙体返工重砌，对已磨光的水磨石进行多余的磨光等。多余工作的时间损失，一般都是由于工程技术人员和工人的差错而引起的修补废品和多余加工造成的，不是必需消耗的时间。偶然工作是工人在任务外进行但能够获得一定产品的工作。例如，抹灰工不得不补上偶然遗留的墙洞等。从偶然工作的性质看，不应考虑它是必需消耗的时间，但由于偶然工作能获得一定产品，拟定定额时可适当考虑。

2) 停工时间是工作班内停止工作造成的时间损失。停工时间按其性质可分为施工本身造成的停工时间和非施工本身造成的停工时间两种。施工本身造成的停工时间，是由于施工组织不善、材料供应不及时、工作面准备工作做得不好、工作地点组织不良等情况引起的停工时间；非施工本身造成的停工时间，是由于气候条件以及水源、电源中断引起的停工时间。施工本身造成的停工时间在拟定定额时不应计算；非施工本身造成的停工时间应给予合理的考虑。

3) 违反劳动纪律造成的工作时间损失，是指工人在工作班内的迟到早退、擅自离开工作岗位、工作时间内聊天或办私事等造成的时间损失。由于个别工人违反劳动纪律而影响其他工人无法工作的时间损失，也包括在内。此项时间损失不应允许存在，故定额中不能考虑。

(3) 收集时间消耗数据的基本方法通常采用计时观察法。计时观察法又称为现场观察法，是研究工作时间消耗的一种技术测定方法。它以研究工时消耗为对象，以观察测时为手段，通过密集抽样和粗放抽样等技术进行直接的时间研究。其有以下三种观察方法：

1）测时法。测时法主要适用于测定那些定时重复的循环工作的工时消耗，是精确度比较高的一种计时观察法，有选择法和接续法两种。其中，选择法测时是指间隔选择施工过程中非紧连接的组成部分（工序或操作）测定工时，其精确度达0.5 s；而接续法测时是连续测定一个施工过程各工序或操作的延续时间。使用接续法测时每次要记录各工序或操作的终止时间，并计算出本工序的延续时间。

2）写实记录法。写实记录法是一种研究各种性质的工作时间消耗的方法。采用这种方法，可以获得分析工作时间消耗的全部资料，因此，其是一种值得提倡的方法。写实记录法按记录时间方法不同可分为数示法、图示法和混合法三种。

3）工作日写实法。工作日写实法是一种研究整个工作班内的各种工时消耗的方法。这是我国采用较广泛的编制定额的一种方法。运用工作日写实法主要有两个目的：一是取得编制定额的基础资料；二是检查定额的执行情况，找出缺点，改进工作。与前两种测时法相比，工作日写实法具有技术简便、费力不多、应用面广和资料全面的优点，在我国是一种采用较广的编制定额的方法。

以上三种观察方法的对比见表2-2。

表2-2 计时观察方法对比表

类型		特点	备注
测时法	选择法测时	定时重复的循环工作的测时，精度较高。接续法较选择法准确完善，但技术较复杂	测试法的观察次数与要求的算术平均值精度及数列的稳定系数有关
	接续法测时		
写实记录法	数示法	三种写实法中精度较高，同时对两个工人进行观察	延续时间需考虑因素：所测施工工程的广泛性和经济价值；同时测定不同施工过程的数目；已经达到功效水平的稳定程度；被测定的工人人数及测定完成产品的可能次数
	图示法	可以同时对三个工人进行观察	
	混合法	适用于三个以上工人的小组工时消耗的测定与分析	
工作日写实法		技术简单、费力不多、应用面广、资料全面，我国采用较广的定额编制方法。两个目的：取得编制定额的基础资料；检查定额执行情况	

3. 劳动定额的编制过程

在全面分析了各种影响因素的基础上，通过计时观察资料可以获得定额的各种消耗时间，将这些时间进行归纳统计或换算，参考不同的工时规范附加，最后把各种定额时间加以综合和类比就可以确定工作过程的人工时间消耗定额，进而编制劳动定额。

（1）确定工序作业时间。

$$工序作业时间 = 基本工作时间 + 辅助工作时间$$

1）基本工作时间消耗一般根据计时观察法资料来确定。首先确定工作过程每一组成部分的工时消耗，然后再综合工作工程的工时消耗。如果组成部分的产品计量单位与工作工程的产品计量单位不符，先求出不同计量单位的换算系数，进行产品计量单位的换算，然后再相加，求得工作过程的工时消耗。其计算公式如下：

$$T_1 = \sum_{i=1}^{n} t_i$$

式中 T_1——单位产品的基本工作时间；

t_i——各组成部分的基本工作时间；

n——各组成部分的个数。

2)辅助工作时间的确定方法与基本工作时间相同。如果计时观察不能取得足够的数据，也可以采用工时规范或经验数据来确定。如具有现行的工时规范，可直接利用工时规范中规定的辅助工作时间的百分比来计算。

(2)确定规范时间。

规范时间=准备与结束工作时间+不可避免的中断时间+休息时间

1)准备与结束工作时间可分为工作日和任务两种。通常任务的准备与结束时间不能集中在某一个工作日中，要采取分摊计算的方法，分摊在单位产品的时间定额里。如果计时观察不能取得足够的数据，也可以采用工时规范或经验数据来确定。

2)确定不可避免的中断时间定额时，必须注意由工艺特点所引起的不可避免中断才可列入工作过程的时间定额。不可避免的中断时间根据计时观察数据整理分析获得，也可以根据工时规范或经验数据，以占工作日的百分比表示此项工时消耗的时间定额。

3)休息时间应根据工作班作息制度、经验资料、计时观察资料，以及对工作的疲劳程度作全面分析来确定。同时，应考虑尽可能利用不可避免的中断时间作为休息时间。

规范时间均可利用工时规范或经验数据确定，常用的参考数据见表2-3。

表2-3 准备与结束时间、休息时间、不可避免中断时间占工作班时间百分率参考表

序号	时间分类 工种	准备与结束时间 占工作时间/%	休息时间占 工作时间/%	不可避免中断时间 占工作时间/%
1	材料运输及材料加工	2	13～16	2
2	人力土方工程	3	13～16	2
3	架子工程	4	12～15	2
4	砖石工程	6	10～13	4
5	抹灰工程	6	10～13	3
6	手工木作工程	4	7～10	3
7	机械木作工程	3	4～7	3
8	模板工程	5	7～10	3
9	钢筋工程	4	7～10	4
10	现浇混凝土工程	6	10～13	3
11	预制混凝土工程	4	10～13	2
12	防水工程	5	25	3
13	油漆玻璃工程	3	4～7	2
14	钢制品制作及安装工程	4	4～7	2
15	机械土方工程	2	4～7	2
16	石方工程	4	13～16	2
17	机械打桩工程	6	10～13	3

续表

序号	时间分类 工种	准备与结束时间占工作时间/%	休息时间占工作时间/%	不可避免中断时间占工作时间/%
18	构件运输及吊装工程	6	10~13	3
19	水暖电气工程	5	7~10	3

(3)拟定时间定额。

时间定额＝工序作业时间＋规范时间＝工序作业时间/(1－规范时间%)

工序作业时间＝基本工作时间＋辅助工作时间

规范时间＝准备与结束工作时间＋不可避免的中断时间＋休息时间

利用工时规范，可以计时劳动定额的时间定额。

根据时间定额可以计算出产量定额，时间定额与产量定额互为倒数。

时间定额适用于计算完成某一分部(项)工程所需的总工日数、核算工资、编制施工进度计划和计算分项工期；产量定额适用于小组分配施工任务，考核工人的劳动效率和签发施工任务单。

【例2-1】 通过计时观察法得知：人工挖二类土 1 m^3 基本工作时间为 6 h，辅助时间占工序作业时间的 2%，准备与结束工作时间、不可避免的中断时间、休息时间分别占工作日的 3%、2%、18%，则人工挖二类土的时间定额是多少？产量定额是多少？

解：

基本工作时间＝6 h＝0.75(工日/m^2)

工序作业时间＝基本工作时间＋辅助工作时间＝基本工作时间/(1－辅助时间%)

＝0.75/(1－2%)＝0.765(工日/m^2)

时间定额＝工序作业时间/(1－规范时间%)

＝0.765/(1－3%－2%－18%)＝0.994(工日/m^2)

产量定额＝1/时间定额＝1/0.994＝1.006(m^2/工日)

【随堂练习2-1】 一项工作的基本工作时间为 4 h，辅助时间占工序作业时间的比率为 12%，准备与结束工作时间、不可避免的中断时间、休息时间分别占工作日的 2%、3%、2%，则该工作的时间定额是多少？产量定额是多少？

(二)材料定额的编制

1. 材料的分类

合理确定材料消耗量定额,必须研究和区分材料在施工过程中的类别。

(1)根据材料消耗的性质可分为必需消耗的材料和损失的材料两类性质。必需消耗的材料是指在合理用料的条件下,生产合格产品所需的材料。其包括直接用于建筑和安装工程的材料、不可避免的施工废料、不可避免的材料损耗。必需消耗的材料属于施工正常消耗,是确定材料消耗定额的基本依据。其中,直接用于建筑和安装工程的材料,编制材料净用量定额;不可避免的施工废料和材料损耗,编制材料损耗定额。

(2)根据材料消耗与工程实体的关系可分为实体材料和非实体材料。

1)实体材料是指直接构成工程实体的材料,它包括工程直接材料和辅助材料。工程直接材料是指施工中一次性消耗并直接用于工程上构成建筑物或结构本体的材料,如砖、瓦、灰、砂、石、钢筋、水泥、工程用木材等。辅助材料主要是指在施工过程中必需使用,且一次性消耗但并不构成建筑物或结构本体的材料,如土石方爆破工程中所需的炸药、引线、雷管等。

2)非实体材料主要是指周转性材料,指在施工过程中能多次使用,反复周转但并不构成工程实体的工具性材料。如模板、活动支架、脚手架、支撑、挡土板等。

2. 确定材料消耗量的基本方法

确定材料消耗量的方法有现场技术测定法、实验室试验法、现场统计法和理论计算法。

(1)现场技术测定法。现场技术测定法又称为观测法,是对施工过程中实际完成产品的数量进行现场观察、测定,再通过分析整理和计算确定建筑材料消耗定额的一种方法。这种方法最适宜制定材料的损耗定额。因为只有通过现场观察、测定,才能正确区别哪些属于不可避免的损耗,哪些属于可以避免的损耗。用观测法制定材料的消耗定额时,所选用的观测对象应符合下列要求:

1)建筑物应具有代表性。

2)施工方法应符合操作规范的要求。

3)建筑材料的品种、规格、质量应符合技术、设计的要求。

4)被观测对象在节约材料和保证产品质量等方面应有较好的成绩。

(2)实验室试验法。实验室试验法是通过专门的仪器和设备在实验室内确定材料消耗的定额的一种方法。这种方法适用于能在实验室条件下进行测定的塑性材料和液体材料(如混凝土、砂浆、沥青玛琋脂、油漆涂料及防腐等)。例如,可测定出混凝土的配合比,然后计算出每 1 m^3 混凝土中的水泥、砂、石、水的消耗量。由于在实验室内比施工现场具有更好的工作条件,所以,能更深入、详细地研究各种因素对材料消耗的影响,从中得到比较准确的数据。但是,在实验室中无法充分估计到施工现场中某些外界因素对材料消耗的影响。因此,要求实验室条件尽量与施工过程中的正常施工条件一致,同时,在测定后用观察法进行审核和修正。

(3)现场统计法。现场统计法是指在施工过程中,对分部分项工程所拨发的各种材料数量、完成的产品数量和竣工后的材料剩余数量,进行统计、分析、计算,来确定材料消耗定额的方法。这种方法简便易行,不需组织专人观测和试验。但应注意统计资料的真实性和系统性,要有准确的领退料统计数字和完成工程量的统计资料。统计对象也应加以认真选择,并注意和其他方法结合使用,以提高所拟定额的准确程度。这种方法由于不能分清楚材料消耗的性质,因而不能作为材料净用量定额和材料损耗定额的依据,只能作为编制定额的辅助方法使用。

(4)理论计算法。理论计算法是根据施工图纸和其他技术资料,用理论公式计算出产品的材料净用量,从而制定出材料的消耗定额。这种方法主要适用于块状、板状和卷筒状产品(如砖、钢材、玻璃、油毡等)的材料消耗定额。

1)砌体材料用量计算。

砌体材料用量计算的一般公式如下:

$$每立方米砌体砌块净用量(块)=\frac{1\ m^3\ 砌体\times 分母体积中砌块的数量}{墙厚\times(砌块长+灰缝)\times(砌块厚+灰缝)}$$

$$砂浆用量=1-砌块净数量\times 砌块的单位体积$$

2)标准砖用量的计算。

如每立方米砖墙的用砖数和砌筑砂浆的用量,可用下列理论计算公式计算各自的净用量:

$$用砖数=\frac{2\times k}{墙厚\times(砖长+灰缝)\times(砖厚+灰缝)}$$

式中,k 为墙厚的砖数。

$$砂浆用量=1-砖数\times 砖块体积$$

3)块料面层的材料用量计算。

每 100 m² 面层块料数量、灰缝及结合层材料用量公式如下:

$$100\ m^2\ 块料净用量=\frac{100}{(块料长+灰缝宽)+(块料宽+灰缝宽)}(块)$$

$$100\ m^2\ 灰缝材料净用量=(100-块料长\times 块料宽\times 块料净用量)\times 灰缝深$$

$$结合层材料用量=100\ m^2\times 结合层厚度$$

3. 材料消耗量的计算

(1)实体材料消耗定额的确定。根据各种方法得到材料的净用量后,再加上材料的损耗量,即为材料的总消耗量。材料的损耗一般以损耗率表示。材料损耗率可以通过观察法或统计法确定。

$$损耗率=\frac{损耗量}{净用量}\times 100\%$$

$$材料消耗量=净用量+损耗量=净用量\times(1+损耗率)$$

【例 2-2】 求 1 m³ 标准砖一砖半墙体中砖的消耗量和砂浆的消耗量(砖的损耗率为 2.5%,砂浆的损耗率为 1.5%)。

解: 砖的净用量 $=2\times 1.5/[0.365\times(0.24+0.01)\times(0.053+0.01)]=522$(块)

砖的消耗量 $=522\times(1+2.5\%)=535$(块)

砂浆的净用量 $=1-522\times 0.24\times 0.115\times 0.053=0.236(m^3)$

砂浆的消耗量 $=0.236\times(1+1.5\%)=0.240(m^3)$

【随堂练习 2-2】 计算 1 m³ 标准砖一砖外墙中砖的消耗量和砂浆的消耗量(砖的损耗率为 2%,砂浆的损耗率为 1.5%)。

【例 2-3】 用水泥砂浆贴 500 mm×500 mm×15 mm 花岗岩石板地面，结合层厚度为 1 cm，灰缝深为 15 mm，灰缝宽为 1 mm，花岗岩损耗率为 2%，砂浆损耗率为 1.5%，计算 100 m² 地面的花岗岩和砂浆消耗量。

解：花岗岩的净用量=100/[(0.5+0.001)×(0.5+0.001)]=398.4(块)
花岗岩的消耗量=398.4×(1+2%)=406.37(块)
灰缝砂浆净用量=(100−0.5×0.5×398.4)×0.015=0.006(m²)
结合层砂浆净用量=100×0.01=1(m³)
砂浆消耗量=(1+0.006)×(1+1.5%)=1.021(m²)

【随堂练习 2-3】 用水泥砂浆贴 150×150×5 瓷砖墙面，结合层为 1 cm 厚，灰缝宽为 2 mm，瓷砖损耗率为 1.5%，砂浆损耗率为 1%，计算 100 m² 地面的瓷砖和砂浆消耗量。

(2)非实体材料(周转材料)消耗量的确定。非实体材料周转材料的消耗定额，应该按照多次使用、分次摊销的方法确定。摊销量是指周转材料使用一次在单位产品上的消耗量，即应分摊到每一单位分项工程或结构构件上的周转材料消耗量。周转性材料消耗定额一般与下面四个因素有关：

1)一次使用量：第一次投入使用时的材料数量。根据构件施工图与施工验收规范计算。一次使用量供建设单位和施工单位申请备料与编制施工作业计划使用。

2)损耗率：在第二次和以后各次周转中，每周转一次因损坏不能复用，必须另作补充的数量占一次使用量的百分比，又称为平均每次周转补损率，用统计法和观测法来确定。

3)周转次数:按施工情况和过去经验确定。

4)回收量:平均每周转一次平均可以回收材料的数量,这部分数量应从摊销量中扣除。

摊销量的计算公式如下:

$$摊销量 = 一次使用量 \times (1+施工损耗) \times \left[\frac{1+(周转次数-1)\times 补损率}{周转次数} - \frac{(1-补损率)\times 50\%}{周转次数}\right]$$

此公式含有以下几个概念:

① 摊销量 = 周转使用量 − 回收量。

② 周转使用量 = 一次使用摊销量 + 周转损耗摊销量。

周转使用量是指周转性材料在周转使用和补损的条件下,每周转一次平均所需的材料量。

③ 一次使用摊销量 = 一次使用量 × (1+施工损耗)/周转次数。

④ 周转损耗摊销量 = 一次使用量 × (1+施工损耗) × (周转次数−1) × 补损率/周转次数。

周转性材料从第二次使用起,每周转一次后必须进行一定的修补加工才能使用,最后一次不用,每次加工修补所消耗的材料量称为周转损耗量。

⑤ 回收量 = 一次使用量 × (1+施工损耗) × (1−补损率) × 50%/周转次数。

周转材料在最后一次使用完,还可以回收一部分,这部分称为回收量,但是,这种残余材料由于是经过多次使用的旧材料,其价值低于原来的价值,因此,还需规定一个折价率,故乘以回收折价率的 50%。

【例 2-4】 根据选定的某工程捣制混凝土独立基础的施工图计算,每 m^3 独立基础模板接触面积为 $2.1 \, m^2$,根据计算每 m^2 模板接触面积需用板枋材 $0.083 \, m^3$,模板周转 6 次,施工损耗为 8%,每次周转损耗率为 16.6%。试计算混凝土独立基础的模板周转使用量、回收量、定额摊销量。

解: 一次使用摊销量 = 2.1×(1+0.08)×0.083/6 = 0.031 4(m^2)

周转损耗摊销量 = 2.1×(1+0.08)×0.083×(6−1)×16.6%/6 = 0.026(m^3)

回收量 = 2.1×(1+0.08)×0.083×(1−16.6%)×0.5/6 = 0.013 1(m^2)

摊销量 = 0.031 4 + 0.026 − 0.013 1 = 0.044 3(m^2)

【随堂练习 2-4】 根据选定的梁标准图计算,构件的模板接触面积为 $9.2 \, m^2$,每 m^2 接触面积需用枋板材 $0.091 \, m^3$,模板周转次数为 25 次,模板施工损耗为 18%,每次周转损耗率为 5%,试计算模板定额摊销量。

(三)机械台班定额的编制

1. 确定机械1h纯工作正常生产率

机械纯工作时间,就是机械的必需消耗时间。机械1h纯工作正常生产率,就是在正常施工条件下,由具备一定技能的技术工人操作施工机械净工作1h的劳动生产率。其计算公式为

机械1h纯工作正常生产率=机械纯工作1h循环次数×一次循环生产的产品数量

2. 确定施工机械的正常利用系数

机械的正常利用系数是指机械在工作班内工作时间的利用率。确定机械正常利用系数,首先,要计算工作班在正常状况下,准备与结束工作、机械开动、机械维护等工作所必需消耗的时间,以及机械有效工作的开始与结束时间;然后,计算机械工作班的纯工作时间;最后,确定机械正常利用系数。

3. 计算施工机械台班定额

在确定了机械工作正常条件、机械纯工作1h正常生产率、机械正常利用系数之后,采用下列公式计算施工机械的产量定额:

施工机械台班产量定额=机械工作1h纯工作正常生产率×工作班延续时间×机械正常利用系数

施工机械台班时间定额=1/施工机械台班产量定额

【例2-5】 某沟槽采用挖斗容量为$0.5\ m^3$的反铲挖掘机挖土,已知该挖掘机铲斗充盈系数为1.0,每循环1次时间为2 min,机械利用系数为0.85。试计算该挖掘机台班产量定额、时间定额。

解:(1)机械一次循环时间为2 min。

(2)机械纯工作1h循环次数=60/2=30(次)。

(3)机械纯工作1h正常生产率=$30×0.5×1=15(m^3/h)$。

(4)机械正常利用系数=0.85。

(5)挖掘机台班产量定额=$15×8×0.85=102(m^3/台班)$。

(6)挖掘机时间定额=$1/102=0.009\ 8(台班/m^2)$。

【随堂练习2-5】 某工程现场采用出料容量500 L的混凝土搅拌机,每一次循环中,装料、搅拌、卸料、中断需要的时间分别为1 min、3 min、1 min、1 min,机械正常利用系数为0.9,求该机械的台班产量定额。

三、预算定额的编制

预算定额，是在正常的施工条件下，完成一定计量单位合格分项工程或结构构件所需消耗的人工、材料、机械台班数量及其相应的费用标准。预算定额是工程计价定额的一种，工程计价定额是指工程定额中直接用于工程计价的定额或指标，包括预算定额、概算定额和估算指标。预算定额主要用来编制施工图预算，作为施工实施阶段确定和计算工程造价的依据。

(一)预算定额的编制原则和编制程序

1. 预算定额的编制原则

(1)社会平均水平原则。预算定额理应遵循价值规律的要求，按生产该产品的社会平均必要劳动时间来确定其价值。也就是说，在正常的施工条件下，以平均的劳动强度、平均的技术熟练程度，在平均的技术装备条件下，完成单位合格产品所需的劳动消耗量就是预算定额的消耗水平。

(2)简明适用的原则。预算定额要在适用的基础上力求简明。由于预算定额与施工定额有着不同的作用，所以，对简明适用的要求也是不同的，预算定额是在施工定额的基础上进行扩大和综合的。它要求有更加简明的特点，以适应简化预算编制工作和简化建设产品价格的计算程序的要求。当然，定额的简易性也应服务于它的适用性的要求。

(3)坚持统一性和因地制宜的原则。所谓统一性，就是从培育全国统一市场规范计价行为出发，定额的制定、实施由国家归口管理部门统一负责国家统一定额的制定或修订，有利于通过定额管理和工程造价的管理实现建筑安装工程价格的宏观调控。通过统一使工程造价具有统一的计价依据，也使考核设计和施工的经济效果具备同一尺度。

所谓因地制宜，即在统一基础上的差别性。各部门和省市(自治区)、直辖市主管部门可以在自己管辖的范围内，依据部门(地区)的实际情况，制定部门和地区性定额、补充性制度和管理办法，以适应中国幅员辽阔，地区间发展不平衡和差异大的实际情况。

2. 预算定额的编制程序

预算定额的编制各阶段工作相互交叉，有些工作还有多次反复，主要工作如下：

(1)确定总体编制方案，统一各项编制原则。主要包括统一编制表格及编制方法；统一计算口径、计量单位和小数点位数的要求；有关统一性规定，名称统一，用字统一，专业用语统一，符号代码统一，简化字要规范，文字要简练明确。

(2)划分分部分项工程，确定各定额子目名称。

(3)定额子目计量单位确定，明确工作内容，确定工程量计算规则。预算定额与施工定额计量单位往往不同。施工定额的计量单位一般按照工序或施工过程确定；而预算定额的计量单位主要根据分部分项工程和结构构件的形体特征及其变化确定。由于工作内容综合，预算定额的计量单位也具有综合的性质。工程量计算规则的规定应确切反映定额项目所包含的工作内容。预算定额的计量单位关系到预算工作的繁简和准确。因此，要正确确定各分部分项工程的计量单位。

(4)根据工作内容列明所需消耗的人工、机械和材料的规格型号、种类清单。

(5)确定各种人工、机械和材料的消耗量。选取数个有代表性的典型设计图纸，计算相关工程量。利用施工定额的人工、材料和机械台班消耗量指标确定预算定额所含各种人工、机械和材料的消耗量。施工定额中没有的工序可采用现场测定。

(6)根据统一的价格信息，计算出定额基价。

(7)整理、复核和审批。整理定额项目表，反复检查核对，汇总定额册说明、章说明和总说明，汇总工程量计算规则。整理成册定稿审批。

(二)预算定额消耗量的编制方法

确定预算定额人工、材料、机械台班消耗指标时，必须先按施工定额的分项逐项计算出消耗指标，然后再按预算定额的项目加以综合。但是，这种综合不是简单的合并和相加，而需要在综合过程中增加两种定额之间的适当的水平差。预算定额的水平，首先取决于这些消耗量的合理确定。

预算定额中人工、材料、机械台班消耗指标，应根据定额的编制原则和要求，采用理论与实践相结合、图纸计算与施工现场相结合、编制人员与现场工作人员紧密合作进行计算和确定，使定额水平科学合理。

1. 预算定额中人工工日消耗量的计算

人工的工日数可以有两种确定方法：一种是以劳动定额为基础确定；另一种是以现场观测资料为基础计算，主要是遇到劳动定额缺项时，采用现场工作日写实等测时方法测定和计算定额的人工耗用量。

预算定额中人工工日消耗量是指在正常的施工条件下，完成一定计量单位合格分项工程或结构构件所需消耗的人工工日数量，是由分项工程所综合的各个工序劳动定额包括的基本用工、其他用工两部分组成。

(1)基本用工。基本用工是指完成单位合格产品所必需消耗的技术工种用工。按技术工种相应劳动定额工时定额计算，以不同工种列出定额工日。基本用工包括以下几项：

1)完成定额计量单位的主要用工。按综合取定的工程量和相应劳动定额进行计算。

$$基本用工 = \sum(综合取定的工程量 \times 劳动定额)$$

例如，实际工程中的砖基础，有1砖厚、1砖半厚、2砖厚等之分，劳动定额规定的用工各不相同，但消耗量定额中只单列一项"砖基础"，不区分厚度，因此，计算消耗量时需要按统计的砖基础各类厚度的比例，加权平均综合取定得出用工量。

2)按劳动定额规定应增(减)加计算的用工量，即附加用工。例如，工程量计算规则规定砖墙项目工程量包括附墙烟囱孔、垃圾道、壁橱等零星组合部分，这部分的砌筑复杂，要增加用工。

3)由于预算定额是以施工定额子目综合扩大的，包括的工作内容较多，施工的工效视具体部位而不同，还需要另外增加一些用工。

因此，基本用工的计算公式为

$$基本用工 = 各工序综合用工 + 附加用工 + 扩大用工$$

(2)其他用工。其他用工是指辅助基本用工消耗的工日，包括超运距用工、辅助用工。

1)超运距用工。超运距是指劳动定额中已包括的材料、半成品场内水平搬运距离与消耗量定额所考虑的现场材料、半成品堆放地点到操作地点的水平运输距离之差。其计算公式为

$$超运距用工 = \sum 超运距材料数量 \times 超运距劳动定额用工量$$

$$超运距 = 消耗量定额取定运距 - 劳动定额已包括的运距$$

例如，砖和砂浆运输在劳动定额中包括运距 50 m，消耗量定额取定运距为 150 m，应计算超运距 100 m。

2)辅助用工。辅助用工是指技术工种劳动定额内不包括，而在消耗量定额内又必须考虑的用工。例如，材料加工(筛砂、洗石、淋化石灰膏等)。其计算公式为

$$辅助用工 = \sum 材料加工数量 \times 加工劳动定额用工量$$

(3)人工幅度差。人工幅度差是指消耗量定额与劳动定额的差额，主要是指在劳动定额中未包括而在正常施工情况下不可避免但又很难准确计量的用工和各种工时损失。其内容包括：①各工种之间的工序搭接及交叉作业互相配合或影响所发生的停歇用工；②施工机械在单位工程之间转移及临时水电线路移动所造成的停工；③质量检查和隐蔽工程验收工作的影响；④班组操作地点转移用工；⑤工序交接时对前一工序不可避免的修整用工；⑥施工中不可避免的其他零星用工。

人工幅度差用工的计算公式为

$$人工幅度差用工 = (基本用工 + 其他用工) \times 人工幅度差系数$$

人工幅度差系数一般为 10%~15%。在预算定额中，人工幅度差的用工量列入其他用工量。

综上所述，定额人工消耗量的计算公式为

$$人工耗用量 = 基本用工 + 其他用工 + 人工幅度差用工$$
$$= (基本用工 + 其他用工) \times (1 + 人工幅度差系数)$$
$$= (基本用工 + 辅助用工 + 超运距用工) \times (1 + 人工幅度差率)$$

【例 2-6】 某预算定额子目的基本用工为 2.8 工日，辅助用工为 0.7 工日，超运距用工为 0.2 工日，人工幅度差系数为 10%，计算该定额子目的人工工日消耗量。

解：人工耗用量 = (基本用工 + 辅助用工 + 超运距用工) × (1 + 人工幅度差率)
$$= (2.8 + 0.7 + 0.2) \times (1 + 10\%) = 4.07(工日)$$

【随堂练习 2-6】 某预算定额子目的基本用工为 3.2 工日，辅助用工为 0.8 工日，超运距用工为 0.3 工日，人工幅度差系数为 15%，计算该定额子目的人工工日消耗量。

2. 预算定额中材料消耗量的计算

预算定额中材料消耗量是指在正常的施工条件下，完成一定计量单位合格分项工程或结构构件所需消耗的各种材料、构配件数量，综合分项工程各个工序材料消耗定额而成。材料消耗量的计算方法主要有以下几项：

(1) 凡有标准规格的材料，按规范要求计算定额计量单位的耗用量，如砖、防水卷材、块料面层等。

(2) 凡设计图纸标注尺寸及下料要求的按设计图纸尺寸计算材料净用量，如门窗制作用材料、方、板料等。

(3) 换算法。各种胶结、涂料等材料的配合比用料，可以根据要求条件换算，得出材料用量。

(4) 测定法。测定法包括实验室试验法和现场观察法。其是指各种强度等级的混凝土及砌筑砂浆配合比的耗用原材料数量的计算，须按照规范要求试配，经过试压合格以后并经过必要的调整后得出的水泥、砂子、石子、水的用量。对新材料、新结构又不能用其他方法计算定额消耗用量时，须用现场测定方法来确定，根据不同条件可以采用写实记录法和观察法，得出定额的消耗量。

材料损耗量是指在正常条件下不可避免的材料损耗，如现场内材料运输及施工操作过程中的损耗等。其关系式如下：

$$材料损耗率 = 损耗量/净用量 \times 100\%$$

$$材料损耗量 = 材料净用量 \times 损耗率(\%)$$

$$材料消耗量 = 材料净用量 + 损耗量 = 材料净用量 \times [1 + 损耗率(\%)]$$

3. 预算定额中机械台班消耗量的计算

预算定额中机械台班消耗量是指在正常的施工条件下，完成一定计量单位合格分项工程或结构构件所需消耗的各种机械台班数量，综合分项工程各个工序机械台班消耗定额而成。一般有两种计算方法：

(1) 根据施工定额确定机械台班消耗量的计算。用施工定额中机械台班消耗量加机械幅度差计算预算定额的机械台班消耗量。其计算公式为

$$预算定额中机械台班消耗量 = 施工定额机械台班消耗量 \times (1 + 机械幅度差系数)$$

机械台班幅度差是指在施工定额中所规定的范围内没有包括，而在实际施工中又不可避免产生的影响机械或使机械停歇的时间。其内容包括：

1) 施工机械转移工作面及配套机械相互影响损失的时间；

2) 在正常施工条件下，机械在施工中不可避免的工序间歇；

3) 工程开工或收尾时工作量不饱满所损失的时间；

4) 检查工程质量影响机械操作的时间；

5) 临时停机、停电影响机械操作的时间；

6) 机械维修引起的停歇时间。

大型机械幅度差系数为：土方机械 25%、打桩机械 33%、吊装机械 30%。砂浆、混凝土搅拌机由于按小组配用，以小组产量计算机械台班产量，不另增加机械幅度差。其他分部分项工程中如钢筋、木材、水磨石等各项专用机械的幅度差为 10%。

(2) 以现场测定资料为基础确定机械台班消耗量。如遇到施工定额缺项者，则需要根据单位时间完成的产量测定，测定方法可参加本章第二节。

【例 2-7】 已知某挖土机挖土,一次正常循环工作时间是 40 s,每次循环平均挖土量为 0.3 m³,机械正常利用系数为 0.8,机械幅度差为 25%。求该机械挖土方 1 000 m³ 的预算定额机械耗用台班量。

解： 预算定额机械耗用台班＝施工定额机械耗用台班×(1＋机械幅度差系数)机械纯工作 1 h 的循环次数＝3 600/40＝90(次)

机械 1 h 纯工作正常生产率＝90×0.3＝27(m²)

施工机械台班产量定额＝27×8×0.8＝172.8(m²/台班)

施工机械台班时间定额＝1/172.8＝0.00 579(台班/m²)

预施工定额机械耗用量＝0.005 79×(1＋25%)×1 000＝7.23(台班)

【随堂练习 2-7】 已知某挖土机挖土,一次正常循环工作时间是 50 s,每次循环平均挖土量为 0.5 m³,机械正常利用系数为 0.85,机械幅度差为 20%。求该机械挖土方 1 000 m³ 的预算定额机械耗用台班量。

(三)预算定额编制示例

下面以一砖内墙砌筑为例,学习预算定额的编制过程。

1. 编制定额项目表

根据分项工程的工作内容,分别列出完成该项工作所需的工日类型、各材料名称型号规格、各机械设备名称型号规格以及各资源的计量单位,填入统一格式的定额项目表,见表 2-4。

表 2-4 预算定额项目表

工程内容：略　　　　　　　　　　　　　　　　　　　　　　　　单位：10 m³

定额编号		×××	×××	×××
项目	单位	内墙		
		1 砖	3/4 砖	1/2 砖
人工	砖工	工日			
	其他用工	工日			
	小计	工日			
材料	灰砂砖	块			
	砂浆	m³			
机械	塔式起重机 2 t	台班			
	砂浆搅拌机 200 L	台班			

2. 典型工程工程量计算

选择六个典型工程，某加工车间、某单位职工住宅、某中学教学楼、某职业技术学院教学楼、某单位综合楼、某住宅商品房，分别计算一砖厚标准砖内墙及墙内构件体积。具体计算过程见表2-5。

表2-5 一砖厚标准砖内墙及墙内构件体积工程量计算表

分部名称：砖石工程　　　　　　　　　　　　　　　　　　　　　项目：砌内墙
分节名称：砌砖　　　　　　　　　　　　　　　　　　　　　　　　子目：一砖厚

序号	工程名称	砖墙体积/m³		门窗面积/m³		板头体积/m		梁头体积/m		弧形及圆形磴/m	附墙烟窗孔/m	垃圾道/m	抗震柱孔/m	墙顶抹灰找平/m	壁橱/个	吊柜/个
		1	2	3	4	5	6	7	8	9	10	11	12	13	14	15
		数量	%	数量	%	数量	%	数量	%	数量	数量	数量	数量	数量	数量	数量
1	加工车间	30.01	2.51	24.5	16.38	0.26	0.87									
2	职工住宅	66.1	5.53	40	12.68	2.41	3.65	0.17	0.26	7.18				59.39	8.21		
3	普通中学教学楼	149.14	12.5	47.92	7.16	0.17	0.11	2.00	1.34					10.33		
4	高职教学楼	164.14	13.7	185.09	21.3	5.89	3.59	0.46	0.28							
5	综合楼	432.12	36.1	250.16	12.2	10.01	2.32	3.55	0.82		217.36	19.45	161.31	28.68		
6	住宅商品房	354.73	29.7	191.58	11.47	8.65	2.44				189.36	16.44	138.17	27.54	2	2
	合计	1 196.23	100	739.25	61.80	27.39	2.29	6.18	0.52	7.18	406.72	35.89	358.87	74.76	2	2

一砖厚内墙工程量计算规则中不扣减梁头和板头体积，附墙烟囱和垃圾道等工程量也不另增加。另外，经过对这六个典型工程的测算，在一砖厚内墙中，单面清水、双面清水墙各占20%，混水墙占60%。

3. 人工消耗指标确定

预算定额砌砖工程材料超运距计算见表2-6。根据上述计算的工程量有关数据和某劳动定额计算的每10 m³一砖内墙的预算定额人工消耗指标见表2-7，其中每砌10 m³一砖内墙的砂子定额用量为2.43 m³，石灰膏用量为0.19 m³。

表2-6 预算定额砌砖工程材料超运距计算表

材料名称	预算定额运距/m	劳动定额运距/m	超运距/m
砂子	80	50	30
石灰膏	150	100	50
灰砂砖	170	50	120
砂浆	180	50	130

表 2-7 预算定额项目劳动力计算表

子目名称：一砖内墙　　　　　　　　　　　　　　　　　　　　　　　　　　　　单位：10 m³

用工	施工过程名称	工作量	单位	劳动定额编号	工种	时间定额	工日数
1	2	3	4	5	6	(7)=(2)×(6)	
基本用工	单面清水墙	2.0	m³	ξ4-2-10	砖工	1.16	2.32
	双面清水墙	2.0	m³	ξ4-2-5	砖工	1.2	2.4
	混水内墙	6.0	m³	ξ4-2-16	砖工	0.972	5.832
	小计						10.552
	弧形及圆形碹	0.06	m	ξ4-2 加工表	砖工	0.03	0.002
	附墙烟囱孔	3.4	m	ξ4-2 加工表	砖工	0.05	0.170
	垃圾道	0.3	m	ξ4-2 加工表	砖工	0.06	0.018
	预留抗震柱孔	3	m	ξ4-2 加工表	砖工	0.05	0.150
	墙顶面抹灰找平	0.625	m²	ξ4-2 加工表	砖工	0.08	0.050
	壁柜	0.02	个	ξ4-2 加工表	砖工	0.3	0.006
	吊柜	0.02	个	ξ4-2 加工表	砖工	0.15	0.003
	小计						0.399
	合计						10.951
超运距用工	砂子超运 30 m	2.43	m³	ξ4-超运距加工表-192	普工	0.0453	0.11
	石灰膏超运 50 m	0.19	m³	ξ4-超运距加工表-193	普工	0.128	0.024
	标准砖超运 120 m	10.00	m³	ξ4-超运距加工表-178	普工	0.139	1.39
	砂浆超运 130 m	10.00	m³	ξ4-超运距加工表-173	普工	0.0516	0.598
				ξ4-超运距加工表-178		0.008 16	
	合计						2.122
辅助工	筛砂子	2.43	m³	ξ1-4-82	普工	0.111	0.27
	淋石灰膏	0.19	m³	ξ1-4-95	普工	0.5	0.095
	合计						0.365
共计	人工幅度差=(10.951+2.122+0.365)×10%=1.344(工日)						
	定额用工=10.951+2.122+0.365+1.344=14.782(工日)						

4. 材料消耗指标确定

(1) 根据理论计算法计算每 10 m³ 一砖墙中灰砂砖的净用量：

$$用砖数 = \frac{2 \times k}{墙厚 \times (砖长+灰缝) \times (砖厚+灰缝)}$$

$$Q = 2 \times 1/(0.24 \times 0.24 \times 0.063) \times 10 = 5\,511 \text{ 块}/10 \text{ m}^3$$

(2) 扣除 10 m³ 砌体中梁头板头所占体积。

查表 2-5，梁头和板头占墙体积百分比为：梁头 0.52%，板头 2.29%。

扣除梁头板头后灰砂砖的净用量：$5\,291 \times (1-0.52\% - 2.29\%) = 5\,142$(块)

(3) 计算每 10 m³ 一砖墙中砂浆的净用量：

$$砂浆净用量 = 10 - 5\,291 \times 0.24 \times 0.115 \times 0.053 = 2.26 (\text{m}^3)$$

(4) 扣除梁头板头后砂浆的净用量：$2.26 \times (1-0.52\% - 2.29\%) = 2.196 (\text{m}^3)$

(5)材料总消耗量计算。

经过测算,灰砂砖的损耗率为1‰,砌筑砂浆的损耗率为1‰,因此

灰砂砖总消耗量=5 142×(1+1‰)=5 193(块/10 m³)

砂浆总消耗量=2.196×(1+1‰)=2.218(m³/10 m³)

5. 机械台班消耗指标确定

预算定额项目中配合工人班组施工的施工机械台班按小组产量计算。根据上述六个典型工程的工程量数据和劳动定额规定砌砖工人小组由22人组成的规定,计算每10 m³一砖内墙的塔式起重机和灰浆搅拌机的台班定额。

根据表2-7单面清水、双面清水、混水墙的产量定额分别是1/1.16=0.862、1/1.2=0.833、1/0.972=1.029。

小组总产量=22×(20%×0.862+20%×0.833+60%×1.029)=21.04(m³/工日)

2 t塔式起重机的定额时间=分项定额计量单位值/小组总产量=10/21.04=0.475(台班/10 m³)

同理,200 L砂浆搅拌机的时间定额为0.475台班/10 m³。

6. 完善定额项目表消耗量数据

根据上述计算的人工、材料、机械台班消耗指标填入定额项目表2-4,得到定额项目表2-8。

表2-8 预算定额项目表

工程内容:略　　　　　　　　　　　　　　　　　　　　　　　单位:10 m³

定额编号		×××	×××	×××
项目	单位	内墙		
		1砖	3/4砖	1/2砖
人工 - 砖工	工日	12.046		
人工 - 其他用工	工日	2.735		
人工 - 小计	工日	14.782		
材料 - 灰砂砖	块	5 193		
材料 - 砂浆	m³	2.218		
机械 - 塔式起重机2 t	台班	0.475		
机械 - 砂浆搅拌机200 L	台班	0.475		

四、市政工程综合定额

《广东省市政工程综合定额(2010)》,全套定额共分七册,分别为:第一册《通用项目》、第二册《道路工程》、第三册《桥涵工程》、第四册《给水工程》、第五册《排水工程》、第六册《燃气工程》、第七册《隧道工程》。

每册定额由总说明、册说明、工程量计算规则、章说明、定额项目表、附录六部分组成。

(1)总说明。陈述定额编制依据和编制方法,规定定额的使用范围,阐明人工、材料、机械、管理费等费用的计算依据和考虑因素,以及各册定额通用的其他编制情况。

(2)册说明。全套定额共七册,每册结合不同的单位工程分别列项。每册有册说明,介绍本册内容包含的工程内容,本册定额的编制依据,本册定额与其他各册定额的联系和区别。

(3)工程量计算规则。每册都有工程量计算规则,详细规定本册各定额子目的工程量计算规则,统一计量单位和计算方法。

(4)章说明。每册定额内分为很多章节,每章节包含的工程内容各不相同。例如,第二册《道路工程》中分成了路床整形、道路基层、道路面层等章节。章说明特别介绍本章节内各定额子目的工作内容,各种综合考虑因素,套用定额时的各种调整换算条件。

(5)定额项目表。这部分内容是定额的核心内容,也是篇幅最多的一部分,根据分部分项划分,把每个分部分项子目都对应一个定额项目表。定额项目表中反映该定额子目包含的工作内容、计量单位、各种人材机的名称规格型号和计量单位、各种人材机的消耗量和基价、管理费、各子目的定额基价等信息。定额项目表示例见表2-9。

表 2-9 广东省市政定额项目表示例

工作内容:放样、清理路床、运料、上料、机械整平土方(粉煤灰)、铺石灰、焖木、拌合机拌和、排压、找平、碾压、人工拌和处理碾压不到之处、清除杂物。   计量单位:100 m²

定额编号				D2-2-98	D2-2-99	D2-2-100
子目名称				拌合机拌和石灰、粉煤灰、土基层		
				石灰:粉煤灰:土(12:35:53)		
				厚度		
				15 cm	20 cm	每增减1 cm
基价/元			一类	1 879.35	2 417.39	109.52
			二类	1 872.71	2 410.02	109.35
			三类	1 868.23	2 405.04	109.23
			四类	1 864.18	2 400.54	109.13
其中	人工费/元			155.60	189.57	7.80
	材料费/元			1 475.62	1 968.95	99.28
	机械费/元			808.95	208.69	1.29
	管理费/元		一类	45.18	50.18	1.15
			二类	35.56	42.81	0.98
			三类	34.06	37.83	0.86
			四类	30.01	33.33	0.76
编码	名称		单位	单价/元	消耗量	
0001001	综合工日		工日	51.00	3.051	3.717	0.153
0409371	素土		m³	—	[10.300]	[13.730]	[0.690]
0409001	粉煤灰		m³	85.25	10.320	13.760	0.690
0409031	生石灰		t	219.30	2.650	3.540	0.18
3115001	水		m³	2.80	3.010	4.010	0.200
9948131	其他材料费		元	1.00	6.25	8.35	0.42
9907016	履带式推土机 功率75(kW)		台班	642.40	0.085	0.085	—
9913221	平地机 功率120(kW)		台班	837.70	0.058	0.058	—
9905021	稳定土拌合机 功率105(W)		台班	701.36	0.078	0.078	—
9913021	光轮压路机(内燃)工作质量12(t)		台班	403.95	0.054	0.061	0.002
9913031	光轮压路机(内燃)工作质量15(t)		台班	484.22	0.048	0.054	0.001

(6)附录。定额最后附上一些参考数据表，提供定额某些数据的参考来源。例如，《混凝土、钢筋混凝土构件模板、钢筋含量表》《预制混凝土构件钢筋含量表》《120°混凝土基础长度换算表》等。

第二节 定额计价原理

一、工程计价的内容

工程计价包括子目单价的确定和总价的计算。

(1)子目单价是指完成单位工程基本构造单元的工程量所需要的基本费用。工程单价包括工料单价和综合单价。

1)工料单价也称为直接工程费单价，包括人工、材料、机械台班费用，是各种人工消耗量、各种材料消耗量、各类机械台班消耗量与其相应单价的乘积。其可用下式表示：

$$工料单价 = \sum(人材机消耗量 \times 人材机单价)$$

2)综合单价包括人工费、材料费、机械台班费，还包括企业管理费、利润和风险因素。再加上规费和税金，就是全费用综合单价。综合单价根据国家、地区、行业定额或企业定额消耗量和相应生产要素的市场价格来确定。

(2)工程总价是指经过规定的程序或办法逐级汇总形成的相应工程造价。根据采用单价的不同，总价的计算程序有所不同。

1)采用工料单价时，在工料单价确定后，乘以相应定额项目工程量并汇总，得出相应工程直接工程费，再按照相应的取费程序计算其他各项费用，汇总后形成相应工程造价。

2)采用综合单价时，在综合单价确定后，乘以相应项目工程量，经汇总即可得出分部分项工程费，再按相应的办法计取措施项目、其他项目、规费项目、税金项目费，各项目费汇总后得出相应工程造价。

二、预算定额计价的确定

预算定额根据分部分项工程或结构构件划分成很细的定额项目，每个定额项目编制一个定额项目表，每个项目都有对应的定额编号、工作内容、计量单位、该项目所消耗的人工、材料和机械台班的数量标准和单位价格、定额基价。这样的每个项目也称为定额子目，简称子目，采用预算定额计价的过程中，子目是最小的计量计价单位，把每个子目的工程量和单价核算出来，两者相乘得到子目合价，所有子目合价相加构成分部分项工程费、措施项目费，再加上其他项目费、规费、税金等进而形成工程造价。

预算定额基价就是定额中列明的各定额子目的单价，这个单价是静态的，是定额编制时约定采用某一基准时期的人材机价格信息形成的子目单价。在定额应用过程中要调整价差，就是要把工程施工期间的人材机价格水平与定额编制的基准期的人材机价格进行对比调差。所以，定额中人材机的资源单价是可以调整的，但是基价的确定原理和方法是固定的，不能调整。预算定额基价一般包括人工费、材料费和施工机具使用费。下面分别对人工费、材料费和施工机具使用费的确定进行分析。

(一)人工费的组成和确定方法

建筑安装工程费中的人工费是指按照工资总额构成规定,支付给直接从事建筑安装工程施工作业的生产工人和附属生产单位工人的各项费用。计算人工费的基本要素有两个,即人工工日消耗量和人工日工资单价。

(1)人工工日消耗量:是指在正常施工生产条件下,生产建筑安装产品(分部分项工程或结构构件)必须消耗的某种技术等级的人工工日数量。其由分项工程所综合的各个工序劳动定额包括的基本用工、其他用工两部分组成。

(2)人工日工资单价:是指施工企业平均技术熟练程度的生产工人在每工作日(国家法定工作时间内)按规定从事施工作业应得的日工资总额。人工费的基本计算公式为

$$人工费 = \sum(工日消耗量 \times 日工资单价)$$

人工工日消耗量的确定方法在本书前面已介绍,下面我们分析人工单价的确定方法。

1. 人工单价的组成内容

(1)计时工资或计件工资:是指按计时工资标准和工作时间或对已做工作按计件单价支付给个人的劳动报酬。

(2)奖金:是指对超额劳动和增收节支支付给个人的劳动报酬。如节约奖、劳动竞赛奖等。

(3)津贴补贴:是指为了补偿职工特殊或额外的劳动消耗和因其他特殊原因支付给个人的津贴,以及为了保证职工工资水平不受物价影响支付给个人的物价补贴。如流动施工津贴、特殊地区施工津贴、高温(寒)作业临时津贴、高空津贴等。

(4)加班加点工资:是指按规定支付的在法定节假日工作的加班工资和在法定日工作时间外延时工作的加点工资。

(5)特殊情况下支付的工资:是指根据国家法律、法规和政策规定,因病、工伤、产假、计划生育假、婚丧假、事假、探亲假、定期休假、停工学习、执行国家或社会义务等原因按计时工资标准或计时工资标准的一定比例支付的工资。

2. 人工单价的确定方法

人工单价综合各方面因素综合测定,体现社会平均水平,影响人工单价的因素有以下几项:

(1)社会平均工资水平。社会平均工资水平取决于经济发展水平,建安工人人工单价必须和社会平均工资水平趋同。

(2)生产费指数。生产费指数决定着人工单价的提高、维持和下降。

(3)人工单价的组成内容。如医疗保险、养老保险、待业保险、住房公积金等列入人工单价,会使人工单价提高。

(4)劳动力市场变化。劳动力市场若需求大于供给,人工单价就会提高;若供给大于需求,市场竞争激烈,人工单价就会下降。

(5)国家政策的变化。如政府推选社会保障和福利政策会引起人工单价的变动。

(二)材料费的组成和确定方法

建筑安装工程费中的材料费是指工程施工过程中耗费的各种原材料、辅助材料、构配件、零件、半成品或成品、工程设备的费用。计算材料费的基本要素是材料消耗量和材料单价。材料消耗量是指在合理使用材料的条件下,生产建筑安装产品(分部分

项工程或结构构件)必须消耗的一定品种、规格的原材料、辅助材料、构配件、零件、半成品或成品等的数量。其包括材料净用量和材料不可避免的损耗量。材料单价是指建筑材料从其来源地运到施工工地仓库直至出库形成的综合平均单价。其内容包括材料原价(或供应价格)、材料运杂费、运输损耗费、采购及保管费等。材料费的基本计算公式为

$$材料费 = \sum(材料消耗量 \times 材料单价)$$

材料消耗量的确定方法本书前文已介绍，下面我们分析材料单价的确定方法和设备购置费的计算方法。

1. 材料单价的确定方法

(1)材料原价。材料原价是指国内采购材料的出厂价格，国外采购材料抵达买方边境、港口或车站并交纳完各种手续费、税费后形成的价格。在确定原价时，凡同一种材料因来源地、交货地、供货单位、生产厂家不同，而有几种价格(原价)时，根据不同来源地供货数量比例，采取加权平均的方法确定其综合原价。其计算公式如下：

$$加权平均原价 = \frac{K_1 C_1 + K_2 C_2 + \cdots + K_n C_n}{K_1 + K_2 + \cdots + K_n}$$

式中 K_1，K_2，$\cdots$，K_n——各不同供应地点的供应量或各不同使用地点的需要量；
C_1，C_2，$\cdots$，C_n——各不同供应地点的原价。

(2)材料运杂费。材料运杂费是指国内采购材料自来源地、国外采购材料自到岸港运至工地仓库或指定堆放地点发生的费用。含外埠中转运输过程中所发生的一切费用和过境过桥费用，包括调车和驳船费、装卸费、运输费及附加工作费等。同一品种的材料有若干个来源地，应采用加权平均的方法计算材料运杂费。其计算公式如下：

$$加权平均运杂费 = \frac{K_1 T_1 + K_2 T_2 + \cdots + K_n T_n}{K_1 + K_2 + \cdots + K_n}$$

式中 K_1，K_2，$\cdots$，K_n——各不同供应点的供应量或各不同使用地点的需求量；
T_1，T_2，$\cdots$，T_n——各不同运距的运费。

(3)运输损耗费。在材料的运输中应考虑一定的场外运输损耗费用。这是指材料在运输装卸过程中不可避免的损耗。运输损耗的计算公式如下：

$$运输损耗 = (材料原价 + 运杂费) \times 相应材料损耗率$$

(4)采购及保管费。采购及保管费是指组织材料采购、检验、供应和保管过程中发生的费用。其包括采购费、仓储费、工地管理费和仓储损耗。采购及保管费一般按照材料到库价格以费率取定。材料采购及保管费计算公式如下：

$$采购及保管费 = 材料运到工地仓库价格 \times 采购及保管费费率(\%)$$

或 $$采购及保管费 = (材料原价 + 运杂费 + 运输损耗费) \times 采购及保管费费率$$

综上所述，材料单价的一般计算公式为

$$材料单价 = (供应价格 + 运杂费) \times [1 + 运输损耗率(\%)] \times [1 + 采购及保管费费率(\%)]$$

由于我国幅员广阔，建筑材料产地与使用地点的距离各地差异很大，建筑材料采购、保管、运输方式也不尽相同，因此，材料单价原则上按地区范围编制。

【例 2-8】 某工地水泥从两个地方采购，其采购量及有关费用见表2-10，求该工地水泥的基价。

表 2-10 水泥采购信息表

采购处	采购量/t	原价/(元·t^{-1})	运杂费/(元·t^{-1})	运输损害率/%	采购及保管费费率/%
A	300	240	20	0.5	3
B	200	250	15	0.4	

解：加权平均原价 $=\dfrac{300\times 240+200\times 250}{300+200}=244$（元/t）

加权平均运杂费 $=\dfrac{300\times 20+200\times 15}{300+200}=18$（元/t）

来源一的运输损耗费 $=(240+20)\times 0.5\%=1.3$（元/t）

来源二的运输损耗费 $=(250+15)\times 0.4\%=1.06$（元/t）

加权平均运输损耗费 $=\dfrac{300\times 1.3+200\times 1.06}{300+200}=1.204$（元/t）

水泥基价 $=(244+18+1.204)\times(1+3\%)=271.1$（元/t）

【随堂练习 2-8】某工程水泥从两个地方供货，甲地供货 200 t，原价为 240 元/t，乙地供货 300 t，原价为 250 元/t。甲、乙运杂费分别为 20 元/t、25 元/t，运输损耗率均为 2%，采购及保管费费率为 3%，检验试验费均为 20 元/t，计算工程水泥的材料价格。

2. 设备购置费的计算方法

工程设备是指构成或计划构成永久工程一部分的机电设备、金属结构设备、仪器装置及其他类似的设备和装置。设备购置费是指购置或自制的达到固定资产标准的设备、工器具及生产家具等所需的费用。它由设备原价和设备运杂费构成。其计算公式如下：

设备购置费＝设备原价＋设备运杂费

式中，设备原价是指国产设备或进口设备的原价；设备运杂费是指除设备原价之外的关于设备采购、运输、途中包装及仓库保管等方面支出费用的总和。

（1）国产设备原价的构成与计算。国产设备原价一般指的是设备制造厂的交货价或订货合同价。它一般根据生产厂或供应商的询价、报价、合同价确定，或采用一定的方法计算确定。国产设备原价可分为国产标准设备原价和国产非标准设备原价。

1）国产标准设备原价。国产标准设备是指按照主管部门颁布的标准图纸和技术要求，由我国设备生产厂批量生产的、符合国家质量检测标准的设备。国产标准设备原价有两种，即带有备件的原价和不带备件的原价。在计算时，一般采用带有备件的原价。国产标准设备一般有完善的设备交易市场,因此,可通过查询相关交易市场价格或向设备生产厂家询价得到国产标准设备原价。

2)国产非标准设备原价。国产非标准设备是指国家尚无定型标准,各设备生产厂不可能在工艺过程中采用批量生产,只能按订货要求并根据具体的设计图纸制造的设备。非标准设备由于单件生产、无定型标准,所以,无法获取市场交易价格,只能按其成本构成或相关技术参数估算其价格。非标准设备原价有多种不同的计算方法,如成本计算估价法、系列设备插入估价法、分部组合估价法、定额估价法等。但无论采用哪种方法都应该使非标准设备计价接近实际出厂价,并且计算方法要简便。成本计算估价法是一种比较常用的估算非标准设备原价的方法。按成本计算估价法,非标准设备的原价由以下各项组成:

①材料费计算公式如下:

材料费＝材料净重×(1＋加工损耗系数)×每吨材料综合价

②加工费包括生产工人工资和工资附加费、燃料动力费、设备折旧费、车间经费等。其计算公式如下:

加工费＝设备总重量(吨)×设备每吨加工费

③辅助材料费(简称辅材费)包括焊条、焊丝、氧气、氩气、氮气、油漆、电石等费用。其计算公式如下:

辅助材料费＝设备总重量×辅助材料费指标

④专用工具费按①～③项之和乘以一定百分比计算。

⑤废品损失费按①～④项之和乘以一定百分比计算。

⑥外购配套件费按设备设计图纸所列的外购配套件的名称、型号、规格、数量、质量,根据相应的价格加运杂费计算。

⑦包装费按以上①～⑥项之和乘以一定百分比计算。

⑧利润可按①～⑤项加第⑧项之和乘以一定利润率计算。

⑨税金主要指增值税。其计算公式为

当期销项税额＝销售额×适用增值税税率(％)

式中,销售额为①～⑧项之和。

⑩非标准设备设计费按国家规定的设计费收费标准计算。

综上所述,单台非标准设备原价可用下面的公式表达:

单台非标准设备原价＝{[(材料费＋加工费＋辅助材料费)×(1＋专用工具费费率)×(1＋废品损失费费率)＋外购配套件费]×(1＋包装费费率)－外购配套件费}×(1＋利润率)＋销项税额＋非标准设备设计费＋外购配套件费

【例 2-9】 某工厂采购一台国产非标准设备,制造厂生产该台设备所用材料费为 20 万元,加工费为 2 万元,辅助材料费为 4 000 元,制造厂为制造该设备,在材料采购过程中发生进项增值税额 3.5 万元。专用工具费率为 1.5％,废品损失费费率为 10％,外购配套件费为 5 万元,包装费费率为 1％,利润率为 7％,增值税税率为 17％,非标准设备设计费为 2 万元,求该国产非标准设备的原价。

解: 专用工具费＝(20＋2＋0.4)×1.5％＝0.336(万元)

废品损失费＝(20＋2＋0.4＋0.336)×10％＝2.274(万元)

包装费＝(22.4＋0.336＋2.274＋5)×1％＝0.300(万元)

利润＝(22.4＋0.336＋2.274＋0.3)×7％＝1.772(万元)

50

销项税额＝(22.4＋0.336＋2.274＋5＋0.3＋1.772)×17％＝5.454(万元)
设备原价＝22.4＋0.336＋2.274＋0.3＋1.772＋5.454＋2＋5＝39.536(万元)

【随堂练习2-9】 采购一台国产非标准设备,生产该设备所用材料费为30万元,加工费为1万元,辅助材料费为5 000元。专用工具费费率为2.5％,废品损失费费率为8％,外购配套件费为3万元,包装费费率为1.5％,利润率为7％,增值税税率为17％,非标准设备设计费为3万元,求该国产非标准设备的原价。

(2)进口设备原价的构成与计算。进口设备原价是指进口设备的抵岸价,即设备抵达买方边境、港口或车站并交纳完各种手续费、税费后形成的价格。抵岸价通常是由进口设备到岸价(CIF)和进口从属费构成。进口设备的到岸价,即抵达买方边境港口或边境车站的价格。在国际贸易中,交易双方所使用的交货类别不同,则交易价格的构成内容也有所差异。进口从属费用包括银行财务费、外贸手续费、进口关税、消费税、进口环节增值税等,进口车辆的还需缴纳车辆购置税。

1)进口设备的交易价格。在国际贸易中,较为广泛使用的交易价格术语有FOB、CFR、CIF。

①FOB即Free On Board,意为装运港船上交货,也称为离岸价格。FOB是指当货物在指定的装运港越过船舷,卖方即完成交货义务。风险转移,以在指定的装运港货物越过船舷时为分界点。费用划分与风险转移的分界点相一致。

②CFR即Cost and Freight,意为成本加运费,或称为运费在内价。CFR是指在装运港货物越过船舷卖方即完成交货,卖方必须支付将货物运至指定的目的港所需的运费和费用,但交货后货物灭失或损坏的风险,以及由于各种事件造成的任何额外费用,即由卖方转移到买方。与FOB价格相比,CFR的费用划分与风险转移的分界点是不一致的。

③CIF即Cost Insurance and Freight,意为成本加保险费、运费,习惯称为到岸价格。CIF是指卖方除负有与CFR相同的义务外,还应办理货物在运输途中最低险别的海运保险,并应支付保险费。如买方需要更高的保险险别,则需要与卖方明确地达成协议,或者自行做出额外的保险安排。除保险这项义务外,买方的义务也与CFR相同。

2)进口设备到岸价(CIF)的构成与计算。进口设备到岸价的计算公式如下:

进口设备到岸价(CIF)＝离岸价格(FOB)＋国际运费＋运输保险费

＝运费在内价(CFR)＋运输保险费

①货价。货价一般是指装运港船上交货价(FOB)。设备货价分为原币货价和人民币货价,原币货价一律折算为美元表示,人民币货价按原币货价乘以外汇市场美元兑换人民币汇率中间价确定。进口设备货价按有关生产厂商询价、报价、订货合同价计算。

②国际运费。国际运费即从装运港(站)到达我国目的港(站)的运费。我国进口设备大部分采用海洋运输,小部分采用铁路运输,个别采用航空运输。进口设备国际运费计算公式为

国际运费(海、陆、空)＝原币货价(FOB)×运费费率

国际运费(海、陆、空)＝单位运价×运量

其中,运费费率或单位运价参照有关部门或进出口公司的规定执行。

③运输保险费。对外贸易货物运输保险是由保险人(保险公司)与被保险人(出口人或进口人)订立保险契约,在被保险人交付议定的保险费后,保险人根据保险契约的规定对货物在运输过程中发生的承保责任范围内的损失给予经济上的补偿。这是一种财产保险。其计算公式为

$$运输保险费 = \frac{FOB + 国际运费}{1 - 保险员费率} \times 保险费费率$$

3)进口从属费的构成及计算。进口从属费的计算公式如下:

进口从属费＝银行财务费＋外贸手续费＋关税＋消费税＋进口环节增值税＋车辆购置税

①银行财务费。银行财务费一般是指在国际贸易结算中,中国银行为进出口商提供金融结算服务所收取的费用。其可按下式简化计算:

银行财务费＝离岸价格(FOB)×人民币外汇汇率×银行财务费费率

②外贸手续费。外贸手续费是指按对外经济贸易部规定的外贸手续费率计取的费用,外贸手续费率一般取 1.5%。其计算公式为

外贸手续费＝到岸价格(CIF)×人民币外汇汇率×外贸手续费费率

③关税。关税是指由海关对进出国境或关境的货物和物品征收的一种税。其计算公式为

关税＝到岸价格(CIF)×人民币外汇汇率×进口关税税率

当到岸价格作为关税的计征基数时,通常又可称为关税完税价格。进口关税税率可分为优惠和普通两种。优惠税率适用于与我国签订关税互惠条款的贸易条约或协定的国家的进口设备;普通税率适用于与我国未签订关税互惠条款的贸易条约或协定的国家的进口设备。进口关税税率按我国海关总署发布的进口关税税率计算。

④消费税。消费税仅对部分进口设备(如轿车、摩托车等)征收。其一般计算公式为

消费税＝(CIF×人民币外汇汇率＋关税)/(1－消费税税率％)×消费税税率(％)

⑤进口环节增值税。进口环节增值税是对从事进口贸易的单位和个人,在进口商品报关进口后征收的税种。我国增值税条例规定,进口应税产品均按组成计税价格和增值税税率直接计算应纳税额。

进口环节增值税＝组成计税价格×增值税税率(％)

组成计税价格＝关税完税价格＋关税＋消费税

⑥车辆购置税。进口车辆需缴纳车辆购置税。其计算公式如下:
车辆购置税＝(关税完税价格＋关税＋消费税)×车辆购置税税率(%)

【例2-10】 从某国进口设备,重为1 000 t,装运港船上交易价为400万美元,国际运费为300美元/t,海上运输保险费为3‰,银行财务费费率为5‰,外贸手续费费率为1.5%,关税税率为22%,增值税税率为17%,消费税税率为10%,1美元＝6.8元人民币,求设备原价。

解: 进口设备FOB＝400×6.8＝2 720(万元)
国际运费＝300×1 000×6.8＝204(万元)
海运保险费＝(2 720＋204)/(1－3‰)×3‰＝8.80(万元)
到岸价格＝2 720＋204＋8.80＝2 932.8(万元)
银行财务费＝2 720×5‰＝13.6(万元)
外贸手续费＝2 932.8×1.5%＝43.99(万元)
关税＝2 932.8×22%＝645.22(万元)
消费税＝(2 932.8＋645.22)/(1－10%)×10%＝397.56(万元)
增值税＝(2 932.8＋645.22＋397.56)×17%＝675.85(万元)
进口从属费＝13.6＋43.99＋645.22＋397.56＋675.85＝1 776.22(万元)
进口设备原价＝2 932.8＋1 776.22＝4 709.02(万元)

【随堂练习2-10】 某进口设备的到岸价为100万元,银行财务费为0.5万元,外贸手续费费率为1.5%,关税税率为20%,增值税税率为17%,该设备无消费税和海关监管手续费。求该进口设备的抵岸价。

(3)设备运杂费的构成与计算。设备运杂费是指国内应采购设备自来源地、国外采购设备自到岸港运至工地仓库或指定堆放地点发生的采购、运输、运输保险、保管、装卸等费用。通常由下列各项构成:

1)运费和装卸费。运费和装卸费包括国产设备和进口设备。国产设备由设备制造厂交货地点起至工地仓库(或施工组织设计指定的需要安装设备的堆放地点)止所发生的运费和装卸费;进口设备则由我国到岸港口或边境车站起至工地仓库(或施工组织设计指定的需安装设备的堆放地点)止所发生的运费和装卸费。

2)包装费。包装费是指在设备原价中没有包含的,为运输而进行的包装支出的各种费用。

3)设备供销部门的手续费。设备供销部门的手续费按有关部门规定的统一费率计算。

4)采购与仓库保管费。采购与仓库保管费是指采购、验收、保管和收发设备所发生的各种费用。其包括设备采购人员、保管人员和管理人员的工资、工资附加费、办公费、差旅交通费,设备供应部门办公和仓库所占固定资产使用费、工具用具使用费、劳动保护费、检验试验费等。这些费用可按主管部门规定的采购与保管费费率计算。

设备运杂费按下式计算:

$$设备运杂费=设备原价\times 设备运杂费费率$$

式中,设备运杂费费率按各部门及省、市有关规定计取。

综上所述:

$$设备购置费=设备原价+设备运杂费$$
$$国产设备购置费=国产设备原价+设备运杂费$$
$$进口设备购置费=进口设备到岸价(CIF)+进口从属费用+设备运杂费$$

(三)机械费的组成和确定方法

建筑安装工程费中的施工机具使用费是指施工作业所发生的施工机械使用费、仪器仪表使用费或其租赁费。

(1)施工机械使用费。施工机械使用费是指施工机械作业发生的使用费或租赁费。构成施工机械使用费的基本要素是施工机械台班消耗量和机械台班单价。施工机械使用费的基本计算公式为

$$施工机械使用费=\sum(施工机械台班消耗量\times 机械台班单价)$$

施工机械台班单价通常由折旧费、大修理费、经常修理费、安拆费及场外运输费、人工费、燃料动力费和税费组成。

(2)仪器仪表使用费。仪器仪表使用费是指工程施工所需使用的仪器仪表的摊销及维修费用。仪器仪表使用费的基本计算公式为

$$仪器仪表使用费=工程使用的仪器仪表摊销费+维修费$$

确定施工机具使用费的两个基本要素是施工机械台班消耗量和施工机械台班单价,机械台班消耗量的确定方法本书前文已介绍,此处重点介绍施工台班单价的确定方法。施工机械台班单价是指一台施工机械,在正常运转条件下,一个工作班中所发生的全部费用,每台班按8h工作制计算。正确制定施工机械台班单价是合理确定和控制工程造价的重要基础。

1. 机械台班单价的确定方法

施工机械台班单价应由折旧费、大修理费、经常修理费、安拆及场外运输费、人工费、燃料动力费、车船使用税、保险费及年检费等费用组成。

(1)折旧费。折旧费是指施工机械在规定的使用年限内,陆续收回其原值及购置资金的时间价值。其计算公式如下:

$$台班折旧费=\frac{机械购置费\times(1-残值率)\times 时间价值系数}{耐用总台班}$$

1)机械购置费。参考前面设备购置费的确定方法。

2)残值率。残值率是指机械报废时回收的残值占机械原值的百分比。残值率按目前有关规定执行：运输机械2%，掘进机械5%，特大型机械3%，中小型机械4%。

3)时间价值系数。时间价值系数是指购置施工机械的资金在施工生产过程中随着时间的推移而产生的单位增值。按下列公式计算：

$$时间价值系数＝1＋年折现率×(折旧年限＋1)/2$$

其中，年折现率按编制期银行年贷款利率确定。折旧年限是指施工机械逐年计提固定资产折旧的期限。折旧年限应在财政部规定的折旧年限范围内确定。

4)耐用总台班。耐用总台班是指施工机械从开始投入使用至报废前使用的总台班数。耐用总台班应按施工机械的技术指标及寿命期等相关参数确定。确定折旧年限和耐用总台班时应综合考虑下列关系：

$$折旧年限＝耐用总台班/年工作台班$$

其中，年工作台班是指施工机械在年度内使用的台班数量。年工作台班应在编制期制度工作日基础上扣除规定的修理、保养及机械利用率等因素确定。

(2)大修理费。大修理费是指施工机械按规定的大修理间隔台班进行必要的大修理，以恢复其正常功能所需的费用。台班大修理费应按下列公式计算：

$$台班大修理费＝一次大修理费×寿命期大修理次数/耐用总台班$$

一次大修理费是指施工机械一次大修理发生的工时费、配件费、辅料费、油燃料费及送修运杂费。一次大修理费应以《全国统一施工机械保养修理技术经济定额》(以下简称《技术经济定额》)为基础，结合编制期市场价格综合确定。

寿命期大修理次数是指施工机械在其寿命期(耐用总台班)内规定的大修理次数。寿命期大修理次数应参照《技术经济定额》确定。

(3)经常修理费。经常修理费是指施工机械除大修理以外的各级保养和临时故障排除所需的费用。其包括为保障机械正常运转所需替换设备与随机配备工具附具的摊销和维护费用，机械运转中日常保养所需润滑与擦拭的材料费用及机械停滞期间的维护和保养费用等。台班经常修理费应按下列公式计算：

$$台班经常修理费＝[\sum(各级保养一次费用×寿命期各级保养次数)＋临时故障排除费]/耐用总台班＋替换设备和工具附具台班摊销费＋例保辅料费$$

1)各级保养一次费用应以《技术经济定额》为基础，结合编制期市场价格综合确定。

2)寿命期各级保养次数应参照《技术经济定额》确定。

3)临时故障排除费可按各级保养费用之和的3%取定。

4)替换设备和工具附具台班摊销费、例保辅料费的计算应以《技术经济定额》为基础，结合编制期市场价格综合确定。

当台班经常修理费计算公式中各项数值难以确定时，台班经常修理费也可按下列公式计算：

$$台班经常修理费＝台班大修理费×K$$

式中，K为台班经常修理费系数，可按规定取值。

(4)安拆费及场外运费。安拆费是指施工机械(大型机械除外)在现场进行安装与拆卸所需的人工、材料、机械和试运转费用以及机械辅助设施的折旧、搭设、拆除等费用；场外运费是指施工机械整体或分体自停放地点运至施工现场或由一施工地点运至另一施工地点的运输、装卸、辅助材料及架线等费用。

安拆费及场外运费根据施工机械不同可分为计入台班单价、单独计算和不计算三种类型。

1)工地间移动较为频繁的小型机械及部分中型机械,其安拆费及场外运费应计入台班单价。

$$台班安拆费及场外运费 = 一次安拆费及场外运费 \times 年平均安拆次数/年工作台班$$

①一次安拆费应包括施工现场机械安装和拆卸一次所需的人工费、材料费、机械费及试运转费。

②一次场外运费应包括运输、装卸、辅助材料和架线等费用。

③年平均安拆次数应以《技术经济定额》为基础,由各地区结合具体情况确定。

④运输距离均应按 25 km 计算。

2)移动有一定难度的特、大型(包括少数中型)机械,其安拆费及场外运费应单独计算。单独计算的安拆费及场外运费除应计算安拆费、场外运费外,还应计算辅助设施(包括基础、底座、固定锚桩、行走轨道枕木等)的折旧、搭设和拆除等费用。

3)不需安装、拆卸且自身又能开行的机械和固定在车间不需安装、拆卸及运输的机械,其安拆费及场外运费不计算。

4)自升式塔式起重机安装、拆卸费用的超高起点及其增加费,各地区(部门)可根据具体情况确定。

(5)人工费。人工费是指机上司机(司炉)和其他操作人员的人工费。其应按下列公式计算:

$$台班人工费 = 人工消耗量 \times \frac{年制度工作日}{年工作台班} \times 人工日工资单价$$

1)人工消耗量是指机上司机(司炉)和其他操作人员工日消耗量。
2)年制度工作日应执行编制期国家有关规定。
3)人工日工资单价应执行编制期工程造价管理部门的有关规定。

(6)燃料动力费。燃料动力费是指施工机械在运转作业中所消耗的各种燃料及水、电等。其应按下列公式计算:

$$台班燃料动力费 = \sum(燃料动力消耗量 \times 燃料动力单价)$$

燃料动力消耗量应根据施工机械技术指标及实测资料综合确定。燃料动力单价应执行编制期工程造价管理部门的有关规定。

(7)其他费用。其他费用是指按照国家和有关部门规定应缴纳的车船使用税、保险费及年检费等。其他费用应按下列公式计算:

$$台班其他费用 = (年车船使用税 + 年保险费 + 年检费用)/年工作台班$$

年车船使用税、年检费用应执行编制期有关部门的规定。年保险费应执行编制期有关部门强制性保险的规定,非强制性保险不应计算在内。

2. 机械台班单价的调整方法

机械台班单价的组成部分可分为固定成本和可变成本两类。

$$固定成本 = 折旧费 + 大修理费 + 经常修理费 + 其他费用$$
$$可变成本 = 人工费 + 燃料动力费$$

工程计价时,机械台班单价中的可变成本部分随着市场价格变化调整,固定成本部分不变。

【例 2-11】 某施工机械原始购置费为 4 万元，耐用总台班为 2 000 台班，大修周期为 5 个，每次大修费为 3 000 元，台班经常修理费系数为 0.5，每台班人工、燃料动力及其他费用为 65 元，机械残值率为 5%，计算该机械台班单价。

解： 台班折旧费 = (40 000 − 40 000 × 5%)/2 000 = 19(元/台班)

大修费 = 3 000 × 4/2 000 = 6(元/台班)

台班经常修理费 = 6 × 0.5 = 3(元/台班)

其他费用 = 65 元

台班单价 = 19 + 6 + 3 + 65 = 93(元/台班)

(四)预算定额基价的确定

定额基价是工程单价的一种形式，属于工料单价。工料单价也称为直接工程费单价，包括人工、材料、机械台班费用，是各种人工消耗量、各种材料消耗量、各类机械台班消耗量与其相应资源价格的乘积。其可用下式表示：

$$工料单价 = \sum (人材机消耗量 \times 人材机价格)$$

《广东省市政工程综合定额(2010)》中定额基价由人工费、材料费、施工机具使用费和管理费组成。其计算公式如下：

$$定额基价 = \sum 各工日消耗量 \times 工日价格 + \sum 各材料消耗量 \times 材料价格 + \sum 各机械台班消耗量 \times 机械台班单价 + 管理费$$

三、定额计价的步骤

定额计价的过程可以总结为四个步骤，即列项算量、定额套用、价差调整和取费汇总。

(一)列项算量

列项算量包括工程项目的分解和工程量的计算。

1. 工程项目的分解(列项)

工程项目的分解也称为列项，是指工程中最小计价单元的确定，即划分工程项目。定额计价时，主要是按工程定额子目进行项目划分分解。编制工程量清单时，主要是按照工程量清单计量规范规定的清单项目进行划分。

任何一个建设项目都可以分解为一个或几个单项工程，任何一个单项工程都是由一个或几个单位工程所组成。作为单位工程的各类建筑工程和安装工程仍然是一个比较复杂的综合实体，还需要进一步分解。单位工程可以按照结构部位、路段长度及施工特点或施工任务分解为分部工程。分解成分部工程后，从工程计价的角度，还需要把分部工程按照不同的施工方法、材料、工序及路段长度等，加以更为细致的分解，划分为更为简单细小的部分，即分项工程。分解到分项工程后还可以根据需要进一步划分或组合为定额项目或清单项目，这样就可以得到基本计价单元。把实际工程包含的各基本计价单元项目逐一列明，列出项目名称，根据图纸和技术要求描述清楚关键特征，这个工作过程就叫作列项。列项要求项目名称准确，基本计价单元够细，但又必须保证是能独立计价的个体。列明关键的项目特征，是区别不同计价单元的重要特征，也便于后续准确套用定额子目。

例如，根据某道路的施工图纸，其工程列项见表 2-11。

表 2-11 工程列项示例表

序号	项目名称及特征
1	石灰土基层　厚度为 15 cm　含灰量为 12%
2	二灰土基层(12∶35∶53)　厚度为 15 cm
3	二灰碎石基层(10∶20∶70)　厚度为 20 cm
4	黑色碎石路面　厚度为 8 cm
5	厚度为 4 cm 沥青混凝土路面　中粒式
…	……

2. 工程量的计算

工程量的计算就是按照工程项目的划分和工程量计算规则，就施工图设计文件和施工组织设计对各基本构造单元的实物工程量进行计算。工程实物量是计价的基础，不同的计价依据有不同的计算规则规定。目前，工程量计算规则包括以下三大类：

(1)各类工程定额规定的计算规则，如《广东省市政工程综合定额(2010)》中的工程量计算规则。这类工程量计算规则与定额配套使用，采用何种定额计价，就必须遵循相应的工程量计算规则。

(2)清单计价规范中各专业工程计量规范附录中规定的计算规则。当采用清单计价时，必须采用相对应的清单工程量计算规则。

(3)国家相关部门规定的工程量计算规则，如《建筑工程建筑面积计算规范》(GB/T 50353—2013)。

工程量计算前先要结合工程量计算规则和定额子目情况，确定计量单位，明确是按体积、面积还是按长度计量。工程量计算式一般采用 m、m^2、m^3 等自然单位，定额套用时再把工程量转换为 10 m、100 m^2、100 m^3 等定额单位。

工程量计算成果一般有工程量计算明细表和工程量汇总表两类。工程量计算明细表一般根据一定的计算顺序，保证工程量不漏算的原则，把全部工程量逐一列明，详细列出计算过程；工程量汇总表则根据列项表的基本计价单元汇总工程总量。如果计算过程比较简单，可以不用工程量计算明细表，直接把计算过程和计算结果输入工程量汇总表。

例如，根据工程量计算规则，在列项表 2-11 的基础上，确定计量单位，按照施工图纸尺寸计算各项目工程量，见表 2-12。

表 2-12 工程量计算示例表

序号	项目名称及特征	单位	工程量
1	石灰土基层　厚度为 15 cm　含灰量为 12%	m^2	10×100＝1 000
2	二灰土基层(12∶35∶53)　厚度为 15 cm	m^2	10×100＝1 000
3	二灰碎石基层(10∶20∶70)　厚度为 20 cm	m^2	10×100＝1 000
4	黑色碎石路面　厚度为 8 cm	m^2	10×100＝1 000
5	厚度为 4 cm 沥青混凝土路面　中粒式	m^2	10×100＝1 000
…	……	…	…

(二)定额套用

定额套用即为每个分项工程项目组价，获得每个分项工程项目的工程单价。预算定额里面已列明每条定额子目的定额基价，只要找到每个分项工程项目相对应的定额子目，就可获得每个分项工程项目的定额基价。定额套用就是根据每个分项工程项目名称和特征，查找相对应或者相类似的定额子目，获取分项工程项目的单价。定额的套用可分为两种，直接套用和换算套用。

1. 定额直接套用

定额中有与工程特征完全对应的子目，项目名称、项目特征、计量单位、工作内容等关键信息都与工程信息匹配，就直接套用定额。定额直接套用可分为单一套用和合并套用。单一套用是一条项目对应一条定额子目。合并套用是一条项目需要合并套用多条定额子目。无论是单一套用，还有合并套用，最终目标都是完整地反映项目的造价。项目所包含的工作内容和定额子目所包含的工作内容要完全一致。

2. 定额换算套用

定额中没有完全对应的子目，只有类似的子目。如项目名称、计量单位、工作内容等关键信息匹配，但是项目特征不同，如材料的配合比不同等。先套用类似子目，再进行换算套用。定额换算套用可分为主材换算、尺寸换算和系数换算三种。

(1) 主材换算。主要是针对定额子目与实际项目的工作内容一致、施工工艺一致，只是主要材料的规格型号不同，这时只需要调整主材的消耗量和单价，其他不变。例如，浆砌块石墩台身，定额子目编号 D3-1-1，定额子目中用的砂浆是水泥砂浆 M10，而实际工程图纸上要求用的是水泥砂浆 M15。这时套用定额子目 D3-1-1，把水泥砂浆 M10 换算为水泥砂浆 M15，消耗量不变，材料单价变化了，定额基价跟着变化。

(2) 尺寸换算。对于定额单位以面积计量的定额子目，一般定额会有厚度说明，实际厚度与定额厚度不一致时需要换算。例如，定额子目 D2-2-219 人工铺装矿渣底层，厚度为 7 cm，矿渣的消耗量为 9.85 m³/100 m²，如果实际的厚度是 8 cm。这时套用定额子目 D2-2-219，把矿渣的消耗量调整为 $9.85\times 8/7=11.26$ m²/100 m²，消耗量变化，材料单价不变，定额基价跟着变化。

(3) 系数换算。由于定额消耗量的确定是按考虑正常施工条件下进行生产施工，如果实际施工条件比较特殊，施工环境恶劣（或完全无不利因素），必然会影响施工效率，因而应进行定额调整。由于施工条件的恶劣（或完全无不利因素）一般只影响人工和机械，造成人工和机械降效（或增效），因而一般采用把人工费和机械费乘以相应的系数进行调整。例如，第一册《通用项目》说明中"市政工程的装饰装修项目按《广东省建筑与装饰工程综合定额(2010)》相应项目计算，其中人工、机械乘以系数 1.10"；第四册《给水工程》说明中"管道安装总工程量不足 50 m 时，除土石方工程外，其余项目的人工、机械乘以系数 1.30"；第五册《排水工程》说明中"工作坑内管（涵）明敷，应根据设计图管材、管径、接口做法执行 D.5.1 章相应项目，人工、机械乘以系数 1.10，其他不变"。

3. 补充定额子目

定额中没有完全对应的子目，也没有类似的子目，要自行补充定额子目。补充定额子目首先要弄清楚实际项目施工工艺和工作内容，分析需要消耗的各种工种、材料和机械类型，再分别测算出各种工种、材料和机械的消耗量。也可以将现有定额组合、调整、修改消耗量、增删资源类型等形成一个新的临时补充子目。

定额套用示例，在工程量计算示例表 2-12 的基础上，根据项目名称及特征匹配相对应的定额子目，见表2-13。

表2-13 定额套用示例表

序号	项目名称及特征	定额子目编码	定额子目名称及特征	定额单位	定额工程量	定额调整换算
1	石灰土基层 厚度为15 cm 含灰量为12%	D2-2-34	拌合机拌和石灰土基层 厚度为15 cm 含灰量为12%	100 m²	10	直接套用
2	二灰土基层（12：35：53） 厚度为15 cm	D2-2-98	拌合机拌和石灰、粉煤灰：土基层石灰：粉煤灰：土（12：35：53） 厚度为15 cm	100 m²	10	直接套用
3	二灰碎石基层（10：20：70） 厚度为20 cm	D2-2-123	拌合机拌和石灰、粉煤灰：碎石基层石灰：粉煤灰：碎石（10：20：70） 厚度为20 cm	100 m²	10	直接套用
4	黑色碎石路面 厚度为8 cm	D2-3-39	机械摊铺黑色碎石路面 厚度为7 cm	100 m²	10	厚度调整；碎石考虑现场加工，也可考虑购成品
4	黑色碎石路面 厚度为8 cm	D2-3-40	机械摊铺黑色碎石路面 厚度每增减1 cm	100 m²	10	厚度调整；碎石考虑现场加工，也可考虑购成品
4	黑色碎石路面 厚度为8 cm	D2-3-29	人工加工黑色碎石	m²	80	厚度调整；碎石考虑现场加工，也可考虑购成品
5	厚度为4 cm沥青混凝土路面 中粒式	D2-3-54	机械摊铺沥青混凝土路面 中粒式	100 m³	0.4	沥青混凝土考虑现场加工，也可考虑购成品
5	厚度为4 cm沥青混凝土路面 中粒式	D2-3-26	人工加工沥青混凝土 中粒式	m²	40	沥青混凝土考虑现场加工，也可考虑购成品

定额套用的目标是获取工程子目基价，子目基价乘以子目工程量即计算出各子目定额分部分项工程费，各子目定额分部分项工程费相加即计算出该工程定额分部分项工程费。定额套用前一定要熟悉定额，掌握定额套用方法，认真理解定额说明，清楚定额说明中的换算方法。在本书后面讲定额计价应用中会详细解读市政工程定额各章节的定额说明。

（三）价差调整

价差调整是在定额基价的基础上，对定额中人工、材料、机械的价格进行调整，确保人机材的价格与市场水平一致，从而保证工程造价的科学性、合理性和准确性。

1. 价差调整的原因

价差调整的原因主要有地域因素、时间因素、供应关系三个因素。

（1）地域因素。工程施工地点遍布各个区域，而定额编制时是选取某一地区的某个时点的价格信息。人工、材料、机械等各种资源的价格水平在不同地域价格差异很大。

（2）时间因素。工程施工时间持续变化，而定额编制时是选取某个时点的价格信息，人工、材料、机械等各种资源的价格水平随时间不断波动。

（3）供应关系。由于资源的生产和使用信息不对称，常会出现供不应求或供过于求等现象，必然影响资源的价格水平。另外，有些工程的材料采用定制或战略合作等方式，建设单位与供应商关于材料价格有合同约定，材料价格以合同约定为准。

2. 价差调整的方法

在工程实践中，建设工程人工、材料、机械等资源价差调整通常采用以下几种方法，由于人工工种条目少，人工价差调整相对简单，机械台班价差较少调整，调整方法也与材料相同，因而下面统一以材料价差调整为例。

(1)按实调整法(即抽样调整法)。此法是工程项目所在地材料的实际采购价(甲、乙双方核定后)按定额预算价格和定额含量，抽料抽量进行调整计算价差的一种方法。其基本原理是把整个工程的各种工料机数量全部计算出来，再把各种工料机的总量乘以相应的各种工料机的单价差，最后求和计算出总的价差。其计算公式如下：

$$\sum_{i=1}^{t} K_i (C_{i1} \times N_1 + \cdots + C_{in} \times N_n) \tag{2-1}$$

式中　t——需调整价差的工料机种类数量；

　　　K_i——第 i 种工料机的材料价格差，即该种材料实际价格减去定额中的该种材料价格；

　　　n——工程子目的数量；

　　　N_n——第 n 条子目的工程量；

　　　C_{in}——第 i 种工料机在第 n 条子目中的定额消耗量。

材料实际价格的确定方法有以下几项：

1)参照当地造价管理部门定期发布的全部材料信息价格。

2)建设单位指定或施工单位采购经建设单位认可，由材料供应部门提供的实际价格。

按实调差的优点是补差准确，合理，实事求是。但由于建筑工程材料存在品种多、渠道广、规格全、数量大的特点，若全部采用抽量调差，则费时费力，烦琐复杂。因此，一般只对主要材料进行调差，占工程造价比重很小的材料价差不调整，仍按定额基价。这种方法计算工料机价差公式烦琐，手工计算耗时很多，而借助软件集成计算，可很快完成价差计算。

(2)综合系数调差法。此法是直接采用当地工程造价管理部门测算的综合调差系数调整工程材料价差的一种方法。其计算公式为

$$综合价差系数 = (\sum K_1 \times 各种材料单价价差) \times K_2$$

式中　K_1——各种材料费占工程材料的比重；

　　　K_2——工程材料占直接费的比重。

$$单位工程材料价差调整金额 = 综合价差系数 \times 预算定额直接费$$

综合系数调差法的优点是操作简便，快速易行。但这种方法过于依赖造价管理部门对综合系数的测量工作。在实际工作运用中，常常会因项目选取的代表性，材料品种价格的真实性、准确性和短期价格波动的关系导致工程造价计算误差。

(3)按实调整与综合系数相结合。据统计，在材料费中三材价值占 68% 左右，而数目众多的地方材料及其他材料仅占材料费的 32%。事实上，对子目中分布面广的材料也没有必要全面抽量。可以根据数理统计的 A、B、C 分类法原理，抓住主要矛盾，对 A 类材料重点控制，对 B、C 类材料做次要处理，即对三材或主材(即 A 类材料)进行抽量调整，其他材料(即 B、C 类材料)用辅材系数进行调整，从而克服以上两种方法的缺点，有效地提高工程造价准确性，将预算编制人员从烦琐的工作中解放出来。

(4)价格指数调整法。按照当地造价管理部门公布的当期建筑材料价格或价差指数逐一调整工程材料价差的方法。这种方法属于抽量补差，计算量大且复杂，常需造价管理部门付出较多的人力和时间。具体做法是先测算当地各种建材的预算价格和市场价格，然后进行综合整理定期公布各种建材的价格指数和价差指数。其计算公式为

某种材料的价格指数＝该种材料当期预算价÷该种材料定额中的取定价

某种材料的价差指数＝该种材料的价格指数－1

价格指数调整办法的优点是能及时反映建材价格的变化，准确性好，适应建筑工程动态管理。

上述四种调差办法，在实际工作运用中经常遇到，这就要求我们预算编制人员能熟练掌握并运用。在实际工作中，无论是在何处工作，收集哪个地方资料，都应尽快了解、适应、熟悉当地的编制习惯与方法，坚持做到有章可循，有据可依。

市政工程中常采用按实调整法调整价差，在定额基价的基础上，对定额中人工、材料、机械的价格进行调整。原则上是采用施工当期的信息价格，也可以约定一个具体时间的信息价格，结算时再调整。根据式(2-1)，把整个工程的各种工料机数量全部计算出来，再把各种工料机的总量乘以相应的各种工料机的单价差，最后求和计算出总的价差。这种方法计算工料机价差公式烦琐，手工计算耗时很多，而借助软件集成计算，可很快完成价差计算。

【例 2-12】 调整广东省市政工程综合定额中水泥混凝土路面 D2-3-61 子目的人工价差，已知施工期间的人工工日单价为 102 元/工日，计算调整价差后的一类地区该定额子目单价。

解：人工单价价差＝102－51＝51(元/工日)

人工价差调整额＝32.97×51＝1 681.47(元)

调整后的定额子目单价＝定额基价＋价差调整额＝2 080.33＋1 681.47＝3 761.8(元/100 m²)

【随堂练习 2-11】 调整广东省市政工程综合定额中水泥混凝土路面 D2-3-62 子目的人工价差，已知施工期间的人工工日单价为 102 元/工日，计算调整价差后的二类地区该定额子目单价。

(四)取费汇总

工程造价计价的思路就是将建设项目细分至最基本的构造单元(分项工程或分部工程),作为最小造价单元,俗称"子目",根据图纸和工程量计算规则计算出子目工程量,套用定额获取子目单价,计算出分部分项工程费,再采取一定的计价程序,进行分部组合汇总,计算出相应工程造价。工程造价计算的关键是项目的分解与组合。工程造价的计价程序可以用公式的形式表达如下:

工程造价 = 分部分项工程费 + 措施项目工程费 + 其他项目费 + 规费 + 税金

分部分项工程费 = 定额分部分项工程费 + 价差 + 利润

定额分部分项工程费 = $\sum$[子目定额工程量 × 子目定额基价]

价差 = 人机材的实际价格与定额里面的基础价格的差异

利润 = (分部分项人工费 + 分部分项人工价差) × 18%

取费汇总就是要按照计价程序表,根据工程造价的组成内容,采用规定的计价方法计算出各组成部分的造价,然后汇总计算出工程造价。计价程序表采用列表的形式列出各子项名称、计费方法,简单明了地展示逐层汇总工程造价的过程,方便计算工程造价,见表2-14。

表 2-14　广州市市政工程专业计价程序表

序号	费用名称	计算基础	费率/%	金额/元
1	分部分项工程费	定额分部分项工程费+价差+利润		
1.1	定额分部分项工程费	分部分项人工费+分部分项材料费+分部分项主材费+分部分项设备费+分部分项机械费+分部分项管理费		
1.2	价差	分部分项人材机价差		
1.3	利润	分部分项人工费+分部分项人工价差	18	
2	措施项目费	安全文明施工费+其他措施项目费		
2.1	安全文明施工费	按定额子目计算的安全文明施工费+按系数计算措施项目费		
2.1.1	按定额子目计算的安全文明施工费	安全防护、文明施工措施项目的技术措施费		
2.1.1.1	定额安全文明施工费	安全防护、文明施工措施项目的技术措施费-价差-利润		
2.1.1.2	价差	安全防护、文明施工措施项目的技术措施人工价差+安全防护、文明施工措施项目的技术措施材料价差+安全防护、文明施工措施项目的技术措施机械价差		
2.1.1.3	利润	安全防护、文明施工措施项目的技术措施人工费+安全防护、文明施工措施项目的技术措施人工价差	18	
2.1.2	按系数计算措施项目费	分部分项工程费	2.9	
2.2	其他措施项目费	按定额子目计算的其他措施项目费+措施其他项目费		

续表

序号	费用名称	计算基础	费率/%	金额/元
2.2.1	按定额子目计算的其他措施项目费	其他措施项目的技术措施费		
2.2.1.1	定额其他措施项目费	其他措施项目的技术措施费－价差－利润		
2.2.1.2	价差	其他措施项目的技术措施人工价差＋其他措施项目的技术措施材料价差＋其他措施项目的技术措施机械价差		
2.2.1.3	利润	其他措施项目的技术措施人工费＋其他措施项目的技术措施人工价差	18	
2.2.2	措施其他项目费	夜间施工增加费＋交通干扰工程施工增加费＋赶工措施费＋文明工地增加费＋地下管线交叉降效费＋其他费用		
2.2.2.1	夜间施工增加费		20	
2.2.2.2	交通干扰工程施工增加费		10	
2.2.2.3	赶工措施费	分部分项工程费	0	
2.2.2.4	文明工地增加费	分部分项工程费	0	
2.2.2.5	地下管线交叉降效费		0	
3	其他项目费	暂列金额＋暂估价＋计日工＋总承包服务费＋材料检验试验费＋预算包干费＋工程优质费＋其他费用		
3.1	暂列金额	分部分项工程费	0	
3.2	暂估价	专业工程暂估价		
3.3	计日工	计日工		
3.4	总承包服务费	总承包服务费		
3.5	材料检验试验费	分部分项工程费	0.2	
3.6	预算包干费	分部分项工程费	1	
3.7	工程优质费	分部分项工程费	0	
3.8	其他费用		0	
4	规费	工程排污费＋施工噪声排污费＋危险作业意外伤害保险费		
4.1	工程排污费	按有关部门的规定计算		
4.2	施工噪声排污费	按有关部门的规定计算		
4.3	危险作业意外伤害保险费	分部分项工程费＋措施项目费＋其他项目费	0.1	
5	不含税工程造价	分部分项工程费＋措施项目费＋其他项目费＋规费		
6	堤围防护费与税金	不含税工程造价	3.527	
7	含税工程造价	不含税工程造价＋堤围防护费与税金		

四、造价指标分析

工程造价计算完成后，造价人员应及时进行总结分析，提炼造价指标。一方面用来复核工程造价的准确性；另一方面积累工程造价信息，为以后的造价工作提供经验数据。造价指标主要有工程量含量指标、资源消耗量指标、费用指标等。

1. 工程量含量指标

工程量的含量指标是指某类工程量总量分摊到单位建筑面积的含量。例如：

钢筋含量＝单位工程钢筋总质量/单位工程建筑面积（单位：kg/m²）

混凝土含量＝单位工程混凝土总体积/单位工程建筑面积（单位：m³/m²）

同类型单位工程的工程量含量指标值会比较接近，工程量含量指标值如果偏离经验值太大则需核算工程量计算是否准备。

2. 资源消耗量指标

资源消耗量指标是指各类资源（工日、材料、机械等）分摊到单位建筑面积的含量。例如：

工日消耗量指标＝单位工程工日耗用总量/单位工程建筑面积（单位：工日/m²）

水泥消耗量指标＝单位工程水泥耗用总量/单位工程建筑面积（单位：t/m²）

灰砂砖消耗量指标＝单位工程灰砂砖耗用总量/单位工程建筑面积（单位：块/m²）

3. 费用指标

费用指标是指各种费用分摊到单位建筑面积的费用指标，或各费用的占比关系。例如：

单方造价＝单位工程工程造价/单位工程建筑面积（单位：元/m²）

人工费占比＝单位工程人工费/单位工程工程造价（单位：%）

材料费占比＝单位工程材料费/单位工程工程造价（单位：%）

本节习题

一、单选题

1. 以下材料消耗定额计算正确的是（　　）。
   A. 材料消耗总用量×(1＋损耗率)　　B. 材料消耗净用量×(1＋损耗率)
   C. 材料损耗量×(1＋损耗率)　　　　D. 材料消耗量×(1＋损耗率)
2. 根据《广东省建设工程计价依据(2010)》，定额人工采用综合用工的形式，计量单位为工日，每工日按照（　　）小时计算。
   A. 5　　　　　　B. 6　　　　　　C. 7　　　　　　D. 8
3. 定额按反映的生产要素消耗内容分为劳动消耗定额、（　　）和机械消耗定额。
   A. 材料消耗定额　　　　　　　　B. 预算定额
   C. 机械台班费用定额　　　　　　D. 概算定额
4. 某装修公司采购一批花岗石，运至施工现场，已知该花岗石出厂价为1 000元/m²，由花岗石生产厂家业务员在施工现场推销并签订合同，包装费为4元/m²，运杂费为30元/m²，当地供销部门手续费费率为1%，当地造价管理部门规定材料采购及

保管费费率为1‰,该花岗石的预算价格为( )元/m²。(造价工程师2004年考题)

A. 1 054.44　　B. 1 034.00　　C. 1 054.68　　D. 1 044.34

5. 某进口设备的人民币货价为50万元,国际运费费率为10%,运输保险费费率为3%,进口关税税率为20%,则该设备应支付关税税额是( )万元。(造价工程师2008年考题)

A. 11.34　　B. 11.33　　C. 11.30　　D. 10.00

6. 工程造价计价中的材料预算价格是指( )。

A. 原价
B. 供货价
C. 出厂价
D. 材料到达工地仓库后的出仓库价格

二、多选题(至少有两个正确答案)

1. 进行计时观察测定时间消耗时,其观察的对象有( )。

A. 施工过程
B. 完成施工过程的工人
C. 产品和材料的特征
D. 工具和机械的性能、型号
E. 劳动组织和分工

2. 材料消耗定额的编制方法有( )。

A. 试验法
B. 统计计算法
C. 技术测定法
D. 比较类推法
E. 理论计算法

3. 《广东省市政工程综合定额(2010)》中定额基价的费用内容包括( )。

A. 人工费　　B. 材料费　　C. 施工机具使用费　　D. 管理费
E. 利润

三、简答题

1. 简述预算定额的编制步骤。
2. 定额按用途分类可分为哪几类?其分别有何用途?

四、软件操练

在计价软件中完成本章【随堂练习2-1】和【随堂练习2-2】的案例计算。

第三章 定额计价应用

内容提要

本章把定额计价原理应用于具体的市政工程中进行工程计量与计价的实操学习。根据市政工程包含的单位工程，分为土石方工程、道路工程、桥涵工程、给水工程、排水工程、隧道工程六个项目分别学习。六个项目所采用的计价原理和计价步骤都是一样的，但是不同的单位工程，包含的工程内容不一样，工程量计算规则不一样，计算内容不同。通过六个项目的学习，对定额计价原理和步骤进行六轮重复。通过多轮实践强化对理论原理的理解，旨在能举一反三，使学习者遇到这六个项目外的其他市政工程项目也能独立应用定额计价原理计量计价。本章中所选用的案例将在第五章清单计价应用中重复引用，重复案例工程，其目的在于升华计价方法，强化对案例工程识图训练的同时节省识图时间，让学习者有更多时间精力去思考计量计价方法。更重要的是可以让学习者通过对比学习，体验对同一案例工程采用清单计价和定额计价两种不同的计价方法在成果展现和计价过程中的异同。

第一节 土石方工程定额计量与计价

根据定额计价的四个步骤分步通过案例演示土石方工程计量与计价，定额计价的四个步骤的具体计算原理见第二章"定额计价的步骤"相关内容，本节具体演示实例计算。

一、列项算量

(一)列项练习

【例 3-1】 有一长度为 22 m、宽度为 2 m、深度为 1.5 m 的沟槽，采用人工挖土，土质为黏土，地下水水位在地面下 1 m 处，列出各分部分项工程名称及特征，见表 3-1。

表 3-1 分部分项工程名称及特征

序号	项目名称及特征
1	人工挖沟槽土　一二类土
2	人工挖沟槽土　一二类土　湿土

解： 地下水水位以下的土为湿土，挖湿土难度大，应与干土分开列项。

【随堂练习 3-1】 某段管道沟槽开挖，采用机械在沟槽边挖土，距槽底 20 cm 处用人工开挖，土质为三类土，列出各分部分项工程名称及特征(表 3-2)。

表 3-2 分部分项工程名称及特征练习

序号	项目名称及特征

(二)工程量计算练习

根据图纸内容和尺寸信息计算各子目工程量，首先要熟悉工程量计算规则。根据《广东省市政工程综合定额(2010)》，土石方工程工程量计算规则如下：

(1)挖土方工程量，按设计图示尺寸(包括工作面、放坡)以 m³ 计算。

(2)挖土方放坡及工作面工程量，设计有规定，按设计图示尺寸计算；设计没有规定，按表 3-3、表 3-4 的规定计算。

表 3-3 放坡系数表

土壤类别	放坡起点深度/m	人工开挖	机械开挖	
			坑内作业	坑上作业
一、二类土	1.20	1∶0.50	0.33	0.75
三类土	1.5	1∶0.33	0.25	0.67
四类土	2	1∶0.25	0.1	0.33

表 3-4 基础施工所需工作面宽度计算表

基础材料	每侧工作面宽度/mm
砖基础	150
浆砌毛石、条石基础	200
混凝土垫层、基础支模板	300
基础垂直面做防水层	600

(3)在挖沟槽、基坑需支挡土板时，其宽度另按图示沟槽、基坑底宽增加工作宽度，单面加 10 cm，双面加 20 cm 计算。挡土板面积按槽、坑垂直支撑面积计算，支挡土板后，需

计算放坡。

(4)挖管道沟槽的长度按图示中心线计算;沟底的宽度,设计有规定的,按设计规定尺寸计算,设计无规定的,按表3-5规定的工作面宽度计算。在计算管道沟土方工程量时,各种井类及管道接口等处需加宽增加的土方量按管道开挖的总土方量乘以系数计算:排水管沟乘以1.05;给水管沟、煤气管沟均乘以1.10。

表3-5　管道沟槽沟底宽度估算参考表

管径/mm	铸铁管、钢管、塑料管	混凝土、钢筋混凝土、预应力混凝土管	陶土管
50～70	0.60	0.80	0.70
100～200	0.70	0.90	0.80
250～350	0.80	1.00	0.90
400～450	1.00	1.30	1.10
500～600	1.30	1.50	1.40
700～800	1.60	1.80	
900～1 000	1.80	2.00	
1 100～1 200	2.00	2.30	
1 300～1 400	2.20	2.60	

附注:管径大于1 400 mm的按管道结构宽另加工作面,金属管道、塑料管道每侧增加工作面40 cm,混凝土管道每侧增加50 cm计算。

规则解读

1. 土石方工程量不能仅按图纸上的构件尺寸计算工程量,还应考虑施工时应留出的工作面和必须采取的放坡措施;构件每侧工作面的宽度根据定额规定的宽度计算,放坡系数根据土质类型和开挖方式选用。

2. 土质类型按《土壤及岩石(普氏)分类表》,编制预算时土质类型按一二类土考虑,开挖方式按常规施工方式考虑,在结算时土质类型和开挖方式应按实际施工方案调整。

3. 表3-5中管道沟槽沟底宽度数值是包含管道基础和工作面的宽度,在计算时直接选用。

结合【例3-2】理解工程量计算规则。

(5)回填土区分压路机碾压、夯填、松填,按下列规定以 m^3 计算:

1)场地回填:回填面积乘以平均回填厚度。

2)沟槽、基坑回填以挖方体积减去埋设砌筑物(包括基础垫层、基础等)埋入体积加原地面线至设计要求标高间的体积计算。

3)管道沟槽回填,以挖方体积减去管道外形体积(包括基础垫层、基础等)加原地面线至设计要求标高间的体积计算。

> **规则解读**
>
> 回填土工程量的计算应考虑以下两部分内容：
> 1. 因基础或地下部分施工需要开挖部分的土方，在基础或地下构件施工完毕后应覆土回填。回填工程量等于开挖工程量减去基础体积、地下构件体积以及地下构件所围闭的地下空间体积。
> 2. 低于设计标高应填土部分，由于原始地面标高不一，每个点的回填高度都可能不一致，因此，采用回填面积乘以平均回填厚度计算。
>
> 结合【例3-3】理解工程量计算规则。

(6) 推土机推土推距，按挖方区重心至填方区重心之间的直线距离计算。

(7) 铲运机运土运距，按挖方区重心至卸方区重心加转向距离 45 m 计算。

(8) 自卸汽车运土石方的运距，按挖方区重心至填方区（或堆放地点）重心的最短距离计算。

(9) 垂直运土运距折合水平运距 7 倍计算。

> **规则解读**
>
> 土石方工程的运距，预算时如果已经确定取土点或卸土点的位置，按实际运距计算，如果还未确定取土点或卸土点的位置，可以暂定一个运距（一般按 1 km 考虑），在结算时按实调整。

【例 3-2】 某雨水管道长度为 25 m，采用 D600 钢筋混凝土管，基础为 135°钢筋混凝土条形基础，基础底宽度为 900 mm，沟槽平均挖深度为 2 m，采用人工开挖，试计算挖土工程量。

解： 根据工程量计算规则，查表 3-5，沟槽底宽度为 1.5 m；查表 3-3 知放坡系数为 1∶0.5。

沟槽土方体积 = (1.5+0.5×2)×2×25 = 125（m³）

根据工程量计算规则"计算管道沟土方工程量时，各种井类及管道接口处需加宽增加的土方量按管道开挖的总土方量乘以系数计算：排水管沟乘以 1.05。"

总挖方体积 = 沟槽挖方体积×1.05 = 125×1.05 = 131.25（m³）

工程量列表见表 3-6。

表 3-6 工程量列表

序号	项目名称及特征	单位	工程量
1	管道沟槽挖土 人工开挖 挖深 2 m	m³	131.25

【例 3-3】 某段沟槽长度为 30 m，宽度为 2.45 m，平均深度为 3 m，采用矩形截面，无井。槽内铺设 Φ1 000 钢筋混凝土管道，管壁厚度为 0.1 m，管下混凝土基础为 0.436 3 m³/m，基础下碎石垫层为 0.22 m³/m。试计算该段沟槽回填的工程量。

解： 沟槽体积 = 30×2.45×3 = 220.5（m³）

碎石垫层及混凝土基础体积 = (0.436 3+0.22)×30 = 19.692（m³）

钢筋混凝土管道外形体积 = π×(1+0.2)²/4×30 = 33.93（m³）

沟槽回填工程量 = 220.5−19.692−33.93 = 166.878（m³）

工程量列表见表 3-7。

表 3-7　工程量列表

序号	项目名称及特征	单位	工程量
1	管沟回填土	m³	166.878

知识拓展

关于土石方工程的计算方法分为三类：基坑沟槽（等截面沟槽）公式计算法，主要指基坑基槽开挖；非等截面沟槽公式计算法，适用于条形的土石方场地平整；方格网土石方计算法，适用于大面积场地平场。

下面分别介绍这三种方法。

(1) 基坑基槽土方开挖公式。

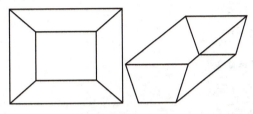

基坑开挖工程量：$V=(B+KH+2C)\times(L+KH+2C)\times H+K^2H^3/3$

沟槽开挖工程量：$V=(B+KH+2C)\times H\times L$

式中　B——基坑基槽宽；

　　　L——基坑基槽长；

　　　C——单侧工作面宽度；

　　　H——基坑开挖深度；

　　　K——放坡系数。

基坑土石方工程量计算公式推演

(2) 非等截面沟槽公式计算法。根据道路或给排水工程的设计断面图，隔一定距离（一般 50 m 左右）取一路基断面，相邻断面面积平均值乘以路段长度，取得本桩挖（填）方体积，再汇总各段计算出路基土石方总量。其计算公式如下：

$$V_i=(F_i+F_{i+1})/2\times L_i$$

$$V=\sum_{i=1}^{n}V_i$$

一般结合表格计算法使用。

【例 3-4】　某道路土方工程量计算表见表 3-8，采用公式法计算土方工程量。

表 3-8　某通路土方工程量计算

桩号	距离/m	挖土断面面积/m²	挖土平均截面面积/m²	挖土体积/m³	填土断面面积/m²	填土平均截面面积/m²	填土体积/m³
0+000	50	0			3		
0+050	50	3			3.4		

续表

桩号	距离/m	挖土断面面积/m²	挖土平均截面面积/m²	挖土体积/m³	填土断面面积/m²	填土平均截面面积/m²	填土体积/m³
0+100	50	3			4.6		
0+150	50	3.8			4.4		
0+200	50	3.4			6		
0+250	50	3.6			4.4		
0+300	50	4.2			8		
0+350	50	5			5.2		
0+400	50	5.2			11		
0+450	50	6.8			0		
0+500	50	2.8			0		
0+550	50	2			0		
0+600	50	11.6			0		
汇总(单位为m²,计算结果保留2位小数)			挖土				
			填土				
			运土				

解:桩号 0+000 到桩号 0+050 段。

$V_{挖1}=(0+3)/2×50=75(m^3)$ $V_{填1}=(3+3.4)/2×50=160(m^3)$

依此类推,分别计算出各桩段的土方工程量,填入表 3-9 中,再汇总工程量。

表 3-9 某道路土方工程量计算结果

桩号	距离/m	挖土断面面积/m²	挖土平均截面面积/m²	挖土体积/m³	填土断面面积/m²	填土平均截面面积/m²	填土体积/m³
0+000	50	0			3		
0+050	50	3	1.5	75	3.4	3.2	160
0+100	50	3	3	150	4.6	4	200
0+150	50	3.8	3.4	170	4.4	4.5	225
0+200	50	3.4	3.6	180	6	5.2	260
0+250	50	3.6	3.5	175	4.4	5.2	260
0+300	50	4.2	3.9	195	8	6.2	310
0+350	50	5	4.6	230	5.2	6.6	330
0+400	50	5.2	5.1	255	11	8.1	405
0+450	50	6.8	6	300	0	5.5	275
0+500	50	2.8	4.8	240	0	0	0
0+550	50	2	2.4	120	0	0	0
0+600	50	11.6	6.8	340	0	0	0
汇总(单位为m²,计算结果保留2位小数)			挖土	2 430			
			填土	2 425			

(3)方格网图计算法。大面积挖填方一般采用方格网法计算,根据地形起伏情况或精度要求,可选择适当的方格网,有 5 m×5 m、10 m×10 m、20 m×20 m、50 m×50 m 的方格,方格越小,计算的准确性就越高。选择适当的方格尺寸,按比例把方格绘制于地形图上,再将场地设计标高和自然地面标高分别标注在方格四角。场地设计标高与自然地面标高的差值即为各角点的施工高度(挖或填),习惯以"+"号表示填方,"-"表示挖方。将施工高度标注于角点右上角,如图 3-1 所示。

为了解整个场地的挖填区域分布状态,计算前应先确定"零线"的位置。零线即挖方区与填方区的分界线,在该线上的施工高度为零。零线的确定方法是:在相邻角点施工高度为一挖一填的方格边线上,用插入法求出零点的位置,将各相邻的零点连接起来即为零线。零线确定后,便可进行土方量计算。

方格网法的计算思路是把每个方格内的土方工程量计算出来,再汇总每个方格的土方工程量。每个方格四个角点的标高各不相同,每个方格形成不同的几何体,土方工程量采用数学几何公式计算,常用方格网点计算公式,见表 3-10。

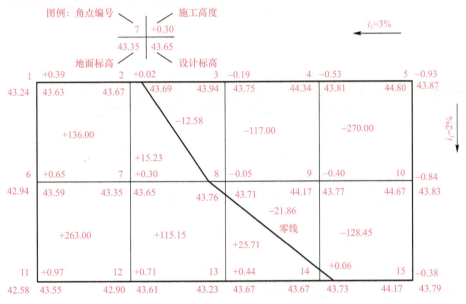

图 3-1 场地方格网图

下面以图 3-1 场地方格网图中四角编号为"1、2、6、7"的方格为例计算土方工程量。由方格网图可知,该图采用 20 m×20 m 方格网,该方格为四点挖方型,根据计算公式

$$V = \frac{a^2}{4}\sum h = \frac{a^2}{4}(h_1 + h_2 + h_3 + h_4)$$

$$V = (0.39 + 0.02 + 0.65 + 0.30) \times 20 \times 20 \div 4 = 136 (\text{m}^3)$$

表 3-10 常用方格网点计算公式

项目	图式	计算公式
一点填方或挖方 (三角形)		$V = \frac{1}{2}bc\frac{\sum h}{3} = \frac{bch_3}{6}$ 当 $b = a = c$ 时,$V = \frac{a^2 h_3}{6}$

续表

项目	图式	计算公式
两点填方或挖方（梯形）		$V_+ = \dfrac{b+c}{2}a\dfrac{\sum h}{4} = \dfrac{a}{8}(b+c)(h_1+h_3)$ $V_- = \dfrac{d+e}{2}a\dfrac{\sum h}{4} = \dfrac{a}{8}(d+e)(h_2+h_4)$
三点填方或挖方（五角形）		$V = \left(a^2 - \dfrac{bc}{2}\right)\dfrac{\sum h}{5}$ $= \left(a^2 - \dfrac{bc}{2}\right)\dfrac{h_1+h_2+h_3}{5}$
四点填方或挖方（正方形）		$V = \dfrac{a^2}{4}\sum h = \dfrac{a^2}{4}(h_1+h_2+h_3+h_4)$

【随堂练习 3-2】 列式计算图 3-1 场地方格网图中各方格的土方工程量。

二、定额套用

(一)定额说明解读

(1)当单项工程挖、填总土方量在 1 000 m³ 以内的，其相应挖、运、填土方定额子目人工、机械乘以系数 1.10。

【解读】薄利多销的逆向思维，工作量少，但工序不能少，摊销成本相对较高。

(2)本章的土石方工程量除定额注明外，挖、运土石方按天然密实度体积计算，填方按压(夯)实后的体积计算。如需按天然密实体积折算时，按表 3-11 计算。

表 3-11　土方体积折算系数表

天然密实度体积	虚方体积	夯实后体积	松填体积
1.00	1.30	0.87	1.08
0.77	1.00	0.67	0.83
1.15	1.49	1.00	1.25
0.93	1.20	0.81	1.00

【解读】土石方严格来讲有四个体积类型，即天然密实体积、虚方体积、压（夯）实体积和松填体积，开挖之前的原土属于天然密实体积，挖出来后堆放到地面或车上属于虚方体积，显然同样数量土方的虚方体积会大于天然密实体积。在回填时未经碾压的土属于松填体积，经过压实后的土的体积属于压实体积，显然同样数量土方的松填体积会大于压实体积。在编制定额时必须约定一个体积标准，否则体积标准不统一，影响定额消耗量的计算。定额中挖、运土石方按天然密实度体积计算，填方按压（夯）实后的体积计算，是比较方便计量的一个标准。

(3) 平整场地、沟槽、基坑和一般土石方划分规定：

1) 凡就地挖、填、运、找平土方厚度在±30 cm 以内的为平整场地；

2) 凡图示底宽在 7 m 以内，且底长大于底宽 3 倍以上的为沟槽；

3) 凡图示底长小于底宽 3 倍以下，且底面积在 150 m² 内的为基坑；

4) 凡超过上述范围的，按一般土石方计算。

【解读】定额中土石方开挖子目分为平整场地、挖基坑、挖基槽、挖一般土石方，应根据以上标准判断实际工程应套用哪个子目。

(4) 本章的汽车运土、石方的运输道路是按不同道路等级综合确定的，已考虑了运输过程中道路清理的人工，如需要铺筑材料时，另行计算。汽车、人力车运输重车上坡降效因素，除定额有规定外，已综合在相应的运输子目中，不另行计算。

(5) 推土机推土，推石渣，铲运机铲运土重车上坡时，如果坡度大于 5%，其运距按坡度区段斜长乘以表 3-12 中的系数计算。

表 3-12　运距系数表

坡度/%	5~10	15 以内	20 以内	25 以内
系数	1.75	2	2.25	2.5

(6) 平整场地适用于桥涵、给水排水构筑物，一般道路和给水排水等管道不能计算平整场地。

(7) 土方定额是按干土编制的，如挖湿土时，人工挖土按相应定额子目人工消耗量乘以系数 1.18，机械挖土按相应定额子目人工、机械消耗量乘以系数 1.10。

干湿土的划分：首先应以地质勘测资料为准，含水率≤25%为干土、含水率>25%为湿土；或以地下常水位为准划分，地下常水位以上为干土，以下为湿土。如采用降水措施的，应以降水后的水位为地下常水位，降水措施费用应另行计算。

(8) 挖桩间土不扣除桩芯直径 60 cm 以内的桩或类似尺寸障碍物所占体积。人工挖桩间土方，按定额相应子目的人工乘以系数 1.30；机械挖桩间土方，按定额相应子目的人工、机械乘以系数 1.10。

【解读】在打了桩的原土上进行土方开挖时，要注意保护桩，防止桩被挖坏，故开挖难度加大，应增加成本。

(9)在有挡土板支撑下采用人工挖土方时，人工乘以系数1.20。

(10)机械挖土人工辅助开挖，按施工组织设计的规定计算工程量；如施工组织设计无规定的，按机械挖土方94%、人工挖土方6%计算。

【解读】一般机械挖土时总会有机械触及不到的边角部分，需要人工辅助开挖，所以，凡是采用机械开挖方式的，套用定额时应考虑实际施工方案，计算一部分的人工辅助开挖工程量。

(11)挖掘机在垫板上进行作业时，人工、机械乘以系数1.25，定额内未包括垫板铺设所需的工、料、机械消耗。

(12)挖桩间土和湿土时，按规定系数相加计算(1+0.3+0.18)。

(13)人工挖土方深度超过1.50 m时，按表3-13增加工日。

表3-13 人工挖土方超深增加工日表

深度(以内)/m	2	3	4	5	6
工日/100 m²	4.72	9.84	14.96	18.6	22.24

【解读】按表中数据手动调整定额子目中工日消耗量，不适用于人工挖沟槽、基坑。

(14)土方大开挖后再挖地槽、地坑，其深度按大开挖后土面至槽、坑底标高计算加垂直运输和水平运输。

(15)推土机、铲运机推铲未经压实的积土时，按定额子目乘以系数0.73。

(16)淤泥、流砂运输定额按即挖即运考虑。对没有即时运走的，经晾晒后的淤泥、流砂按运一般土方子目计算。

(17)凿桩头运输按石方运输子目计算。

(18)支挡土板定额子目分为密板和疏板，密板是指满支挡土板，板距不大于30 cm 疏板是指间隔支挡土板，板距不大于150 cm，实际间距不同时，不作调整。

【解读】定额是按正常的施工组织和施工技术条件编制，实际施工难易程度、施工技术条件超出正常范围则需要调整定额数据，此时一般采用系数换算。以上土石方工程中(1)、(5)、(7)、(8)、(9)、(11)、(13)、(15)条，即属于系数换算。

(二)定额套用练习

【例3-5】 根据【例3-2】和【例3-3】的工程内容套用《广东省市政工程综合定额(2010)》。

解：一般挖土方没有特别注明，均按一二类土考虑，回填土选用夯实机夯实，定额套用见表3-14。

表3-14 沟槽土方开挖与回填定额套用练习表

序号	项目名称及特征	定额子目编码	定额子目名称及特征	定额单位	定额工程量	定额调整换算
1	管道沟槽挖土人工开挖挖深2 m	D1-1-9	人工挖沟槽、基坑 一二类土 深度为2 m以内	100 m³	1.312 5	有系数换算
2	管沟回填土	D1-1-125	回填土 夯实机夯实槽坑	100 m³	1.668 8	有系数换算

【例3-6】 根据【例3-4】的计算结果,已知土质为四类土,挖土机挖土,自卸汽车运土运距按1 km以内考虑,压路机夯实,运土工程量为237.36 m³,套用《广东省市政工程综合定额(2010)》。

解: 根据定额说明"机械挖土人工辅助开挖,按施工组织设计的规定计算工程量;如施工组织设计无规定的,按机械挖土方94%、人工挖土方6%计算",故挖土工程量分两个子目套用,机械挖土占94%,人工挖土占6%,定额套用见表3-15。

表3-15 挖一般土方定额套用练习表

序号	项目名称及特征	定额子目编码	定额子目名称及特征	定额单位	定额工程量	定额调整换算
1	机械挖土方	D1-1-28	挖土机挖土方 四类土	1 000 m³	2.284 2	直接套用
2	人工挖土方	D1-1-7	人工挖土方 四类土	100 m³	1.458	直接套用
3	压路机填土	D1-1-126	压路机碾压土方 填土碾压	1 000 m³	2.425	直接套用
4	运土运距1 km	D1-1-57	挖土机装土 自卸汽车运土 运距1 km	1 000 m³	0.357 4	直接套用

(三)定额调整换算练习

【例3-7】 根据【例3-5】进行定额调整换算,按一类地区考虑。

解: 根据定额说明"当单项工程挖、填总土方量在1 000 m³以内的,其相应挖、运、填土方定额子目人工、机械乘以系数1.10",故人工费和机械费应乘以1.1。定额换算见表3-16。

表3-16 沟槽土方开挖与回填定额换算练习表

序号	项目名称及特征	定额子目编码	定额单位	定额基价/元	其中人工费/元	其中机械费	调整后定额基价/元
1	管道沟槽挖 土 人工开挖 挖深2 m	D1-1-9	100 m³	1 574.81	1 446.77	0	1 719.49
2	管沟回填土	D1-1-125	100 m³	815.45	570.08	179.07	890.37

【例3-8】 根据【例3-1】进行定额调整换算,按一类地区,列出调整后的定额基价。

解: 根据定额说明"如挖湿土时",人工挖土按相应定额子目人工消耗量乘以系数1.18。原定额子目"人工挖沟槽土一二类土"中工日消耗量为28.368工日/100 m²,经过调整后消耗量为28.368×1.18=33.474(工日/100 m²),相应的定额基价也跟着变化。定额换算见表3-17。

表3-17 挖一般土方定额换算练习表

序号	项目名称及特征	定额子目编码	定额单位	定额基价/元	其中人工费	调整内容	调整后定额基价/元
1	人工挖沟槽土 一二类土	D1-1-9	100 m³	1 574.81		无	1 574.81
2	人工挖沟槽土 一二类土 湿土	D1-1-9	100 m³	1 574.81	1 446.77	×1.18	1 835.23

三、调整价差

本案例采用按实调整法调整价差,调差原理与方法详见第二章,为简化计算,案例仅考虑人工价格有变化,只需调整人工价差,材料和机械价格不变,演示人工价差调整方法。

【例3-9】 根据【例3-7】的计算条件,如果施工期间工日单价为100元/工日,其他信息价不变,求该工程各子目调整价差后的定额基价。

解:调整价差后的定额基价=调整价差前的定额基价+人工价差

人工价差=人工消耗量×人工单价差额

D1-1-9子目: $1719.49+28.368×49×1.1=3248.53$(元)

D1-1-125子目: $890.37+11.178×49×1.1=1492.86$(元)

注意:因为是沿用【例3-7】的计算条件,那1.1的系数同样要乘。价差调整见表3-18。

表3-18 沟槽土方开挖与回填价差调整练习表

序号	项目名称及特征	定额子目编码	定额单位	定额基价/元	系数调整后的定额基价/元	人工消耗量	人工单价差额/元	调整价差后的定额基价/元
1	管道沟槽挖土 人工开挖 挖深2 m	D1-1-9	100 m³	1 574.81	1 719.49	28.368	100−51=49	3 248.53
2	管沟回填土	D1-1-125	100 m³	815.45	890.37	11.178	100−51=49	1 492.86

【例3-10】 根据【例3-6】的计算条件,计算该工程定额直接工程费。如果施工期间工日单价为100元/工日,其他信息价不变,求该工程直接工程费。

解:定额直接工程费=定额工程量×定额基价,计算见表3-19。

表3-19 挖一般土方价差定额直接工程费计算表

序号	定额子目编码	定额子目名称及特征	定额单位	定额工程量	定额基价/元	定额直接工程费/元
1	D1-1-28	挖土机挖土方 四类土	1 000 m³	2.284 2	2 908.66	6 643.96
2	D1-1-7	人工挖土方 四类土	100 m³	1.458	2 362.71	3 444.83
3	D1-1-126	压路机碾压土方 填土碾压	1 000 m³	2.425	4 030.97	9 775.10
4	D1-1-57	挖土机装土 自卸汽车运土 运距1 km	1 000 m³	0.357 4	8 201.41	2 931.18
		合计				22 795.07

调整价差后的直接工程费=定额直接工程费+价差

或调整价差后的直接工程费=定额工程量×调整价差后的定额基价,价差计算见表3-20。

表 3-20　挖一般土方人工价差计算表

序号	定额子目编码	定额单位	定额工程量	定额工日消耗量	工日总消耗量	人工价差/元	说明
1	D1-1-28	1 000 m³	2.284 2	5.4	12.335	604.40	表中 工日总消耗量＝定额工程量×定额工日消耗量 人工价差＝工日总消耗量×49（工日单价差额）
2	D1-1-7	100 m³	1.458	42.561	62.054	3 040.64	
3	D1-1-126	1 000 m³	2.425	4.86	11.786	577.49	
4	D1-1-57	1 000 m³	0.357 4	3.532	1.262	61.85	
			合计			4 284.38	

故调整价差后的直接工程费＝定额直接工程费＋价差
　　　　　　　　　　　＝22 796.07＋4 284.38＝27 080.45（元）

四、取费汇总

【例 3-11】 根据【例 3-10】的计算结果完成工程造价的计算，取费程序根据广州市市政工程计费程序表。

解： 根据广州市市政工程计费程序表计算挖一般土方工程的工程造价见表 3-21。

表 3-21　挖一般土方工程造价汇总表

序号	费用名称	计算基础说明	计算基础	费率/%	金额/元
1	分部分项工程费	定额分部分项工程费＋价差＋利润			28 654.31
1.1	定额分部分项工程费	1 174 917.39			22 796.07
1.2	价差	（1 439 306.13－1 174 917.39）			4 284.38
1.3	利润	分部分项人工费＋分部分项人工价差	8 743.65	18	1 573.86
2	措施项目费	安全文明施工费＋其他措施项目费			830.98
2.1	安全文明施工费				830.98
2.1.1	按定额子目计算的安全文明施工费	暂不计			
2.1.2	按系数计算措施项目费	分部分项工程费	28 654.33	2.9	830.98
2.2	其他措施项目费	按定额子目计算的其他措施项目费＋措施其他项目费			0.00
2.2.1	按定额子目计算的其他措施项目费	其他措施项目的技术措施费			
2.2.2	措施其他项目费	暂不计			
3	其他项目费	暂列金额＋暂估价＋计日工＋总承包服务费＋材料检验试验费＋预算包干费＋工程优质费＋其他费用			343.85
3.1	暂列金额	分部分项工程费		0	

续表

序号	费用名称	计算基础说明	计算基础	费率/%	金额/元
3.2	暂估价	专业工程暂估价			
3.3	计日工	计日工			
3.4	总承包服务费	总承包服务费			
3.5	材料检验试验费	分部分项工程费	28 654.33	0.2	57.31
3.6	预算包干费	分部分项工程费	28 654.33	1	286.54
3.7	工程优质费	分部分项工程费		0	0.00
3.8	其他费用			0	
4	规费	工程排污费＋施工噪声排污费＋危险作业意外伤害保险费			29.83
4.1	工程排污费	按有关部门的规定计算			
4.2	施工噪声排污费	按有关部门的规定计算			
4.3	危险作业意外伤害保险费	分部分项工程费＋措施项目费＋其他项目费	29 829.15	0.1	29.83
5	不含税工程造价	分部分项工程费＋措施项目费＋其他项目费＋规费			29 858.97
6	堤围防护费与税金	不含税工程造价	29 858.97	3.527	1 053.13
7	含税工程造价	不含税工程造价＋堤围防护费与税金			30 912.10

【随堂练习 3-3】 根据【例 3-11】的计价程序，假设人工工日单价为 110 元/工日，完成【例 3-10】工程造价的计算。其挖土方工程造价汇总表见表 3-22。

表 3-22 挖一般土方工程造价汇总表

序号	费用名称	计算基础说明	计算基础	费率/%	金额/元
1	分部分项工程费	定额分部分项工程费＋价差＋利润			
1.1	定额分部分项工程费	分部分项人工费＋分部分项材料费分部分项主材费＋分部分项设备费＋分部分项机械费＋分部分项管理费			
1.2	价差	分部分项人材机价差			
1.3	利润	分部分项人工费＋分部分项人工价差			
2	措施项目费	安全文明施工费＋其他措施项目费			
2.1	安全文明施工费				
2.1.1	按定额子目计算的安全文明施工费	暂不计			

续表

序号	费用名称	计算基础说明	计算基础	费率/%	金额/元
2.1.2	按系数计算措施项目费	分部分项工程费			
2.2	其他措施项目费	按定额子目计算的其他措施项目费＋措施其他项目费			
2.2.1	按定额子目计算的其他措施项目费	其他措施项目的技术措施费			
3	其他项目费	暂列金额＋暂估价＋计日工＋总承包服务费＋材料检验试验费＋预算包干费＋工程优质费＋其他费用			
3.1	暂列金额	分部分项工程费			
3.2	暂估价	专业工程暂估价			
3.3	计日工	计日工			
3.4	总承包服务费	总承包服务费			
3.5	材料检验试验费	分部分项工程费			
3.6	预算包干费	分部分项工程费			
4	规费	工程排污费＋施工噪声排污费＋危险作业意外伤害保险费			
4.1	工程排污费	按有关部门的规定计算			
4.2	施工噪声排污费	按有关部门的规定计算			
4.3	危险作业意外伤害保险费	分部分项工程费＋措施项目费＋其他项目费			
5	不含税工程造价	分部分项工程费＋措施项目费＋其他项目费＋规费			
6	堤围防护费与税金	不含税工程造价			
7	含税工程造价	不含税工程造价＋堤围防护费与税金			

本节习题

一、填空题

1. 桩工程定额所指的水上作业，是距岸线_____m以外或者水深在_____m以上的打拔桩。
2. 陆上、支架上、船上打桩定额中均_____运桩。
3. 打钢管桩定额中_____接桩费用，如发生接桩，按_____套用钢管桩接桩定额。
4. 打桩工程定额均考虑在已搭置的支架平台上操作，_____支架平台。
5. 打桩工程定额中_____打桩后凿除桩顶的内容。

6. 钢管桩按成品桩考虑，以_____计算。

二、单选题

1. 在土方开挖施工中，一二类土放坡起点深度是（ ）m。
   A. 1.2　　　　　B. 1.5　　　　　C. 2　　　　　D. 1.4
2. 定额工程量计算规则中土石方体积以（ ）计算。
   A. 天然密实体积　B. 压实体积　　C. 面积　　　　D. 挖方体积
3. 关于土方开挖放坡系数的选择，下列正确的是（ ）。
   A. 三类土人工开挖放坡系数为 1∶0.33
   B. 一二类土人工开挖放坡系数为 1∶0.33
   C. 一二类土机械开挖放坡系数为 1∶0.5
   D. 一二类土机械开挖坑内作业放坡系数为 1∶0.75

三、简答题

1. 平整场地、沟槽、基坑和一般土石方如何划分？
2. 在打桩工程定额中，送桩是如何规定的？

四、软件操练

在计价软件中完成本节案例计算。

第二节　道路工程定额计量与计价

根据定额计价的四个步骤分步通过案例演示道路工程计量与计价，定额计价的四个步骤的具体计算原理见第二章"定额计价的步骤"相关内容，本节具体演示实例计算。

一、列项算量

（一）列项练习

【例3-12】　如图 3-2 所示为某道路结构图，已知道路宽为 10 m，长为 100 m，列出各分部分项工程名称及特征。

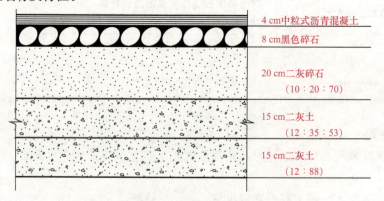

图 3-2　行车道结构图

解：根据图纸工程内容和定额子目设置情况，列项见表 3-23。

表 3-23 道路工程列项练习表

序号	项目名称及特征
1	石灰土基层　厚度为 15 cm，含灰量为 12%
2	二灰土基层(12∶35∶53)　厚度为 15 cm
3	二灰碎石基层(10∶20∶70)　厚度为 20 cm
4	黑色碎石路面　厚度为 8 cm
5	厚度为 4 cm 沥青混凝土路面　中粒式

【随堂练习 3-4】 图 3-3 所示为某道路结构图，在表 3-24 中列出道路基层面层各分部分项工程名称及特征。

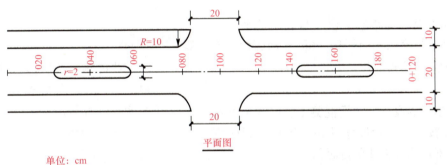

平面图

单位：cm
注：路口转角半径 $R=10$ m，分隔带半径 $r=2$ m

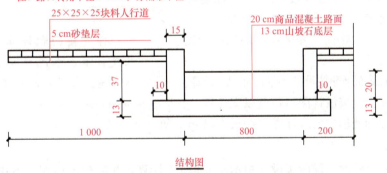

结构图

图 3-3　某道路结构图

表 3-24　道路基层面层各分部分项工程名称及特征

序号	项目名称及特征

案例反思

1. 计算工程量时一定要根据分部分项子目，分别列项计算；
2. 面层、基层等按面积计算工程量，列项时一定要把厚度描述清楚。

(二)工程量计算练习

根据图纸内容和尺寸信息计算各子目工程量,首先要熟悉工程量计算规则。根据《广东省市政工程综合定额(2010)》,道路工程工程量计算规则如下。

1. 路床(槽)整形

(1)路床(槽)整形碾压按设计道路基层底宽度乘以路床(槽)长度以 m^2 计算。扣除树池面积,不扣除各种井位所占面积。

(2)土边沟成型按设计图示尺寸以 m^3 计算。

(3)盲沟按设计图示尺寸以 m 计算。

> **规则解读**
> 道路工程不需要计算平整场地,但一定要计算路床整形子目。

2. 道路基层

路基按设计道路基层顶面与底面的平均宽度乘以路基长度以 m^2 计算,扣除树池面积,不扣除各种井位所占面积。

> **规则解读**
> 有些道路基层断面为梯形,故取平均宽度。扣除树池面积,不扣除井位面积。

3. 道路面层

(1)沥青混凝土、水泥混凝土及其他类型路面工程量按设计图示尺寸以 m^2 计算(包括转弯面积),不扣除各类井所占面积。

(2)伸缝按设计伸缝长度乘以伸缝深度以 m^2 计算,缩缝按设计图示尺寸以 m 计算。

(3)水泥混凝土路面层养生按路面工程量以 m^2 计算。

(4)混凝土路面钢筋按设计图示尺寸以 t 计算。

(5)传力杆套筒按设计图示数量以支计算。

(6)旧路裂缝处理中沥青油灌缝按长度以 m 计算。

> **规则解读**
> 伸缝按面积计算,缩缝按长度计算。水泥混凝土路面层养生是必算子目,不可漏项。

4. 人行道侧缘石及其他

(1)人行道板铺设、铺砖按设计图示尺寸以 m^2 计算,扣除树池面积,不扣除各种井所占面积。

(2)人行道板垫层按设计图示尺寸以 m^2 计算。

(3)侧缘石垫层按设计图示尺寸以 m^3 计算。

(4)安砌侧(平缘)石按设计图示中心线长度以 m 计算。

(5)侧缘石后座混凝土按设计图示尺寸以 m^3 计算,模板制作安装按实际接触面以 m^2 计算。

(6)树池砌筑按设计图示中心线长度以 m 计算。

5. 道路交通安全管理设施

(1)信号灯杆、标志杆制作区分不同杆式类型按设计图示尺寸以 t 计算。

(2)门架制作及零星构件制作按设计图示尺寸以 t 计算。

(3)信号灯杆、标志杆安装,其中单柱式杆、单悬臂杆(L杆)区分不同杆高按设计图示数量以套计算,其他区分不同杆型按设计图示数量以套计算。门架安装区分不同跨度按设计图示数量以座计算。

(4)圆形、三角形、矩形标志板安装，区分不同板面面积按设计图示数量以块计算。

(5)诱导器安装按设计图示数量以只计算。

(6)道路隔离护栏的安装按设计图示尺寸以 m 计算，20 cm 以内的间隔不扣除。

(7)路面标线(包括停止线、黄格线、横道线等各种线条)按设计图示漆划实漆面积以 m^2 计算。

(8)区分不同规格箭头，按设计图示数量以个计算。

(9)文字标记区分文字的不同高度按设计图示数量以个计算。

【例 3-13】 图 3-3 所示为某道路结构图，已知道路宽为 10 m，长为 100 m，根据【例 3-12】的列项计算道路基层工程和道路面层定额工程量。

解：道路基层 15 cm 石灰土底基层：$10\times100=1\,000$（m^2）

15 cm 二灰土基层：$10\times100=1\,000$（m^2）

20 cm 二灰碎石基层：$10\times100=1\,000$（m^2）

道路面层 4 cm 中粒式沥青混凝土面层：$10\times100=1\,000$（m^2）

8 cm 黑色碎石面层：$10\times100=1\,000$（m^2）

计算结果汇总见表 3-25。

表 3-25 道路工程算量练习一

序号	项目名称及特征	单位	工程量
1	石灰土基层　厚度为 15 cm　含灰量为 12%	m^2	1 000
2	二灰土基层(12∶35∶53)　厚度为 15 cm	m^2	1 000
3	二灰碎石基层(10∶20∶70)　厚度为 20 cm	m^2	1 000
4	黑色碎石路面　厚度为 8 cm	m^2	1 000
5	厚度为 4 cm 沥青混凝土路面　中粒式	m^2	1 000

【例 3-14】 图 3-3 所示为某道路结构图，计算道路基层工程、道路面层工程量和人行道侧石工程量，树池长 40 m。

知识拓展

转角面积计算：道路正交，每个转角面积 $=0.214\,6R^2$。

道路斜交，每个转角面积 $=R^2(\tan a/2-0.008\,73a)$。

转角处侧石计算：道路正交，每个转角侧石长度 $=1.570\,8R$。

道路斜交，每个转角侧石长度 $=0.017\,45R\times a$。

解：13 cm 山坡石底层：

$20.5\times(200+9.75\times2)+4\times0.214\,6\times9.75^2-2\times[3.14\times(2-0.25)^2+36\times(4-0.25\times2)]=4\,310.12$（$m^2$）

20 cm 混凝土面层：

$20\times(200+10\times2)+4\times0.214\,6\times10^2-2\times(3.14\times2^2+36\times4)=4\,172.72$（$m^2$）

$25\times25\times5$ 块料人行道面层：

$(10-0.15)\times(200-20-10\times2)\times2+3.14\times(10-0.15)^2+2\times[3.14\times(2-0.15)^2+36\times(4-0.15\times2)]=3\,744.54$（$m^2$）

厚度为 5 cm 人行道砂垫层：$3\,744.54\,m^2$

15×67 路侧石：2×(200-20-10×2)+3.14×20+2×(36×2+3.14×4)=551.92(m²)
计算结果汇总见表 3-26。

表 3-26 道路工程算量练习二

序号	项目名称及特征	单位	工程量
1	13 cm 山坡石底层	m²	4 310.12
2	20 cm 混凝土面层	m²	4 172.72
3	25×25×5 块料人行道面层	m²	3 744.54
4	厚度为 5 cm 人行道砂垫层	m²	3 744.54
5	15×67 路侧石	m²	551.92

案例反思

1. 计算工程量时一定要注意道路转角处工程量的增加；
2. 看清详图，基层面层宽度要扣除路侧石，基层还应增加挑出长度。

二、定额套用

(一)定额说明解读

1. 路床(槽)整形

(1)本章定额包括路床(槽)整形、路基盲沟等内容。

(2)路床(槽)整形包括：平均厚度为 10 cm 以内的人工挖高填低、整平路床，使之形成设计要求的纵、横坡度，并应经压路机碾压密实。路床整形厚度超过 10 cm 以上时，按定额第一册《通用项目》相应项目执行。

(3)边沟成型，综合考虑了边沟挖土的土类和边沟两侧边坡培整面积所需的挖土、培土、修整边坡及余土抛出沟外，并将余土弃运路基 50 m。余土弃运超过 50 m 以外的按定额第一册《通用项目》相应项目执行。

(4)滤管盲沟定额中已含外滤层材料填充夯实用工，未含滤管外滤层材料费用。

【解读】此工作内容图纸不反映，属于施工工艺要求。

2. 道路基层

(1)本章定额包括各类各种级配的多合土基层、底层拌和、铺筑等内容。

(2)石灰土基层、多合土基层在进行多层次铺筑时，其基础顶层需进行养生，养生期按 7 天考虑，其用水量已综合在顶层多合土养生定额内，使用时不得重复计算用水量；顶层多合土养生定额只适用于工作内容中未含养护内容的定额子目。

(3)多合土基层、稳定土基层中各种材料是按常用的配合比编制的，当设计配合比与定额不符时，有关材料消耗量可换算，但人工和机械台班的消耗量不得调整。

(4)各类稳定土基层定额中的材料消耗系按一定配合比编制的，当设计配合比与定额标明的配合比不同时，有关材料可按下式进行换算：

$$C_i=[C_d+B_d\times(H-H_0)]\times(L_i/L_d)$$

式中　C_i——按设计配合比换算后的材料数量；

C_d——定额中基本压实厚度的材料数量;

B_d——定额中压实厚度每增减 1 cm 的材料数量;

H_0——定额的基本压实厚度;

H——设计的压实厚度;

L_d——定额中标明的材料百分率;

L_i——设计配合比的材料百分率。

【解读】基层材料配合比种类繁多,定额中按常用的一种配合比列项,实际配合比与定额配合比不同时,需按此公式对各种材料消耗量进行换算。在道路工程中经常需要进行配合比换算。

(5)石灰土基层中的石灰均为生石灰的消耗量,土为松方用量。

(6)本章中设有"每增减"的子目,适用于压实厚度在 20 cm 以内。压实厚度在 20 cm 以上应按两层结构层铺筑。

【解读】正确理解本条说明,才能准备计价。压实厚度在 20 cm 以上应按两层结构层铺筑,即人材机费用都要双倍计算。

3. 道路面层

(1)本章定额包括各类简易路面、沥青表面处治、旧路裂缝处理、沥青混凝土路面及水泥混凝土路面等内容。

(2)黑色碎石路面所需要的面层熟料在实行定点搅拌时,其运至作业面所需的运费不包括在该项目中,需另行计算。

(3)水泥混凝土路面,综合考虑了前台的运输工具不同所影响的工效及有筋无筋等不同的工效。施工中无论有筋无筋及出料机具如何均不换算。水泥混凝土路面中未包括钢筋用量。如设计有筋时,套用水泥混凝土路面钢筋项目。

(4)在水泥混凝土路面定额中,不含路面养生,路面养生应套相应项目。

【解读】对应工程量计算规则"水泥混凝土路面层养生按路面工程量以 m² 计算",施工图纸中不反映本项内容,但这是施工工艺的要求,必须计算造价。

(5)旧路裂缝处理中的裂缝是指沥青混凝土路面、水泥混凝土路面上的裂缝,定额是按缝深 100 mm 进行考虑。

4. 人行道侧缘石及其他

(1)本章定额包括人行道板、侧平石(缘石)、花砖铺设、砌筑树池以及石灰消解等内容。

(2)本章定额所采用的人行道板、侧平石(缘石)、花砖等铺料及垫层如与设计不同时,材料用量可按设计要求换算,但人工及其他不变。

【解读】即定额换算套用中的主材换算,只能换算主材,其他费用不变。

5. 道路交通安全管理设施

(1)本章定额包括信号灯杆、标志杆、门架、隔离护栏、标志板和视线诱导器的制作安装以及路面标线等内容。

(2)本章定额适用于道路、桥梁、隧道、广场及停车场(库)的交通管理设施工程。

(3)本章定额未包括翻挖原有道路结构层及道路修复内容,发生时执行定额第一册《通用项目》和本册相应项目。

(4)管沟土方工程参照定额第一册《通用项目》相应项目执行,管道基础参照定额第五册《排水工程》相应项目执行。

(5)零星构件制作,指标志板角钢框架等需要加工制作的零星钢构件制作。

(6)交通信号灯杆、标志杆、门架制作,本定额考虑为工厂加工、配套。但不包括除锈防腐及运输。

(7)标志板的紧固件、连接件均按标志板加工厂加工、配套考虑。

(8)交通热熔型漆标线定额是按标线厚度1.8 mm确定的,当设计标线厚度不同时,设计标线厚度在2.5 mm以内,可按设计标线厚度与定额厚度的比例增减定额中的热熔标线涂料和液化石油气的消耗量,其他不作调整;当标线设计厚度超过2.5 mm时,除按标线设计厚度与定额厚度的比例增加定额中的热熔标线涂料和液化石油气的消耗量外,定额人工和机械台班乘以系数2.00计算。

(9)供电电源、接地装置、电缆保护管敷设、电缆敷设、管内穿线、环形检测线圈敷设、刷油防腐、电杆组立、电子警察监控设备系统安装调试等执行《广东省安装工程综合定额(2010)》的相应项目。

(二)定额套用练习

【例3-15】 图3-3所示为某道路结构图,在【例3-12】和【例3-13】的基础上,通过列表方式列出各分部分项工程所应套用的定额子目编号、定额单位和定额工程量,并注明定额调整换算内容。

解:道路基层选用拌合机拌和,面层采用机械摊铺,黑色碎石路面和沥青混凝土面层材料采用现场制作,套用相应的制作子目。套用明细见表3-27。

表3-27 道路工程定额套用

序号	项目名称及特征	定额子目编码	定额子目名称及特征	定额单位	定额工程量	定额调整换算
1	石灰土基层 厚度为15 cm 含灰量为12%	D2-2-34	拌合机拌和石灰土基层 厚度为15 cm 含灰量为12%	100 m²	10	无
2	二灰土基层(12∶35∶53) 厚度为15 cm	D2-2-98	拌合机拌和石灰、粉煤灰、土基层 石灰∶粉煤灰∶土(12∶35∶53) 厚度为15 cm	100 m²	10	无
3	二灰碎石基层(10∶20∶70) 厚度为20 cm	D2-2-123	拌合机拌和石灰、粉煤灰、碎石基层 石灰∶粉煤灰∶碎石(10∶20∶70) 厚度为20 cm	100 m²	10	无
4	黑色碎石路面 厚度为8 cm	D2-3-39	机械摊铺黑色碎石路面 厚度为7 cm	100 m²	10	厚度调整;碎石考虑现场加工,也可考虑购成品
		D2-3-40	机械摊铺黑色碎石路面 厚度每增减1 cm	100 m²	10	
		D2-3-29	人工加工黑色碎石	m²	80	
5	厚度为4 cm沥青混凝土路面 中粒式	D2-3-54	机械摊铺沥青混凝土路面 中粒式	100 m³	0.4	沥青混凝土考虑现场加工,也可考虑购成品
		D2-3-26	人工加工沥青混凝土 中粒式	m²	40	

案例反思

套用定额子目应根据做法特征（厚度、配合比、材料类别等）并结合施工方案（拌和方式、摊铺方式等）选用正确的子目。

【随堂练习3-5】 图3-3所示为某道路结构图，在【随堂练习3-4】和【例3-14】的基础上，通过列表方式列出各分部分项工程所应套用的定额子目编号、定额单位和定额工程量，并注明定额调整换算内容。具体明细见表3-28。

表3-28 道路工程定额套用练习

序号	项目名称及特征	定额子目编码	定额子目名称及特征	定额单位	定额工程量	定额调整换算

（三）定额调整换算练习

【例3-16】 石灰粉煤灰碎石基层，定额标明的配合比为：石灰∶粉煤灰∶碎石=10∶20∶70，基本压实厚度为20 cm；某道路设计配合比为：石灰∶粉煤灰∶碎石=5∶15∶80，设计压实厚度为25 cm。定额消耗量应如何调整？

解： 各种材料调整后的数量为

生石灰：$[3.96+(25-20)\times 0.2]\times (5/10)=2.480(t)$

粉煤灰：$[10.56+(25-20)\times 0.53]\times (15/20)=9.907(m^2)$

碎石：$[18.91+(25-20)\times 0.95]\times (80/70)=27.040(m^2)$

【例3-17】 路拌铺筑水泥石屑混合料，定额标明的配合比为：水泥∶石屑=6∶94，基本压实厚度为25 cm；某道路设计配合比为：水泥∶石屑=8∶92，设计压实厚度为28 cm。定额消耗量应如何调整？

解： 各种材料调整后的数量为

水泥：$[3.39\times(28/25)]\times(8/6)=5.062(t)$

石屑：$[34.76\times(28/25)]\times(92/94)=38.103(m^2)$

案例反思

1. 当基层材料的设计配合比与定额配合比不一致时，要换算调整定额消耗量；

2. 当基层材料的设计厚度与定额厚度不一致时，要换算调整定额消耗量；

3. 基层材料的配合比是质量比还是体积比？

计价软件中套用定额之直接套用和厚度换算套用

三、调整价差

本案例采用按实调整法调整价差,调差原理与方法详见第二章,为简化计算,案例仅考虑人工价格有变化,只需调整人工价差,材料和机械价格不变,演示人工价差调整方法。

【例 3-18】 根据【例 3-15】计算该工程定额直接工程费,如果施工期间工日单价为 100 元/工日,其他信息价不变,求该工程直接工程费。

解:从定额中查知各子目的单位工日数量,即综合工日消耗量,计算出工日总量:

$$工日总量=单位工日数量 \times 工程量$$

再根据工日的计算单价与基期单价的差额计算出工日单价差,进而计算出人工价差:

$$人工价差=工日总量 \times 工日单价差$$

计算明细见表 3-29。

表 3-29 道路工程直接工程费计算

序号	项目编码	项目名称	计量单位	工程数量	定额单价	定额直接工程费	单位工日数量	工日总量	人工价差
1	D2-2-34	拌合机拌和石灰土基层 厚度为 15 cm 含灰量为 12%	100 m²	10	1 133.47	11 334.7	3.799	37.99	1 861.51
2	D2-2-98	拌合机拌和石灰、粉煤灰、土基层 石灰:粉煤灰:土(12:35:53) 厚度为 15 cm	100 m²	10	1 879.35	18 793.5	3.595	35.95	1 761.55
3	D2-2-123	拌合机拌合石灰、粉煤灰、碎石基层 石灰:粉煤灰:碎石(10:20:70) 厚度为 20 cm	100 m²	10	3 769.89	37 698.9	11.017	110.17	5 398.33
4	D2-3-39	机械摊铺黑色碎石路面 厚度为 7 cm	100 m²	10	357.02	3 570.2	2.603	26.03	1 275.47
5	D2-3-40	机械摊铺黑色碎石路面 厚度每增减 1 cm	100 m²	10	38.39	383.9	0.393	3.93	192.57
6	D2-3-54	机械摊铺沥青混凝土路面 中粒式	100 m³	0.4	5 212.5	2 085	16.454	6.5 816	322.50
7	D2-3-29	人工加工黑色碎石	m²	80	912.93	73 034.4	1.179	94.32	4 621.68
8	D2-3-26	人工加工沥青混凝土 中粒式	m²	40	1 013.24	40 529.6	1.179	47.16	2 310.84
		合计				187 430.2			17 744.45
		直接工程费						205 174.65	

注:标注的单位工日数量包括子目中机械台班内的机上人工消耗量。例:D2-2-34 中 3.799=3.141+0.658,3.141 为子目人工消耗量,0.658 为该子目中 5 种机械中机上人工的总和。

【随堂练习3-6】 图3-3所示为某道路结构图,在【随堂练习3-5】的基础上,计算该工程定额直接工程费(表3-30),如果施工期间工日单价为100元/工日,其他信息价不变,求该工程直接工程费。

表3-30 道路工程直接工程费计算练习

序号	项目编码	项目名称	计量单位	工程数量	定额单价	定额直接工程费	单位工日数量	工日总量	人工价差
1	D2-2-208 换	人机配合铺装山皮石底层 厚度为15 cm	100 m²	43.246 1				0	
2	D2-3-59 换	水泥混凝土路面厚度为20 cm 合并制作子目 普通商品混凝土 碎石粒径20石 C25	100 m²	41.727 2				0	
3	D2-3-69	水泥混凝土路面养生 草袋养生	100 m²	41.727 2				0	
4	D2-4-1 换	人行道板铺设 砂垫层(厚6 cm)规格(cm)25×25	100 m²	37.445 4				0	
5	D2-4-44 换	侧平石铺设 混凝土平石宽度在250 mm以内 合并制作子目 砂浆制作现场搅拌砌筑砂浆 水泥砂浆M10	100 m	5.519				0	
		合计							
			直接工程费						

四、取费汇总

【例3-19】 在【例3-18】基础上计算工程造价,取费程序根据广州市市政工程计费程序表。

解: 根据广州市市政工程计费程序表计算的道路工程造价见表3-31。

表3-31 道路工程造价汇总表

序号	费用名称	计算基础说明	计算基础	费率/%	金额/元
1	分部分项工程费	定额分部分项工程费+价差+利润			211 693.02
1.1	定额分部分项工程费	分部分项人工费+分部分项材料费+分部分项主材费+分部分项设备费+分部分项机械费+分部分项管理费			187 430.20

续表

序号	费用名称	计算基础说明	计算基础	费率/%	金额/元
1.2	价差	分部分项人材机价差			17 744.45
1.3	利润	分部分项人工费+分部分项人工价差	36 213.16	18	6 518.37
2	措施项目费	安全文明施工费+其他措施项目费			6 139.10
2.1	安全文明施工费	按定额子目计算的安全文明施工费+按系数计算措施项目费			6 139.10
2.1.1	按定额子目计算的安全文明施工费	安全防护、文明施工措施项目的技术措施费			0.00
2.1.1.1	定额安全文明施工费	安全防护、文明施工措施项目的技术措施费-价差-利润			
2.1.1.2	价差	安全防护、文明施工措施项目的技术措施人工价差+安全防护、文明施工措施项目的技术措施材料价差+安全防护、文明施工措施项目的技术措施机械价差			
2.1.1.3	利润	安全防护、文明施工措施项目的技术措施人工费+安全防护、文明施工措施项目的技术措施人工价差		18	
2.1.2	按系数计算措施项目费	分部分项工程费	211 693.02	2.9	6 139.10
2.2	其他措施项目费	按定额子目计算的其他措施项目费+措施其他项目费			0.00
2.2.1	按定额子目计算的其他措施项目费	其他措施项目的技术措施费			0.00
2.2.1.1	定额其他措施项目费	其他措施项目的技术措施费-价差-利润			
2.2.1.2	价差	其他措施项目的技术措施人工价差+其他措施项目的技术措施材料价差+其他措施项目的技术措施机械价差			
2.2.1.3	利润	其他措施项目的技术措施人工费+其他措施项目的技术措施人工价差		18	
2.2.2	措施其他项目费	夜间施工增加费+交通干扰工程施工增加费+赶工措施费+文明工地增加费+地下管线交叉降效费+其他费用			0.00
2.2.2.1	夜间施工增加费			20	
2.2.2.2	交通干扰工程施工增加费			10	
2.2.2.3	赶工措施费	分部分项工程费		0	

续表

序号	费用名称	计算基础说明	计算基础	费率/%	金额/元
2.2.2.4	文明工地增加费	分部分项工程费		0	
2.2.2.5	地下管线交叉降效费			0	
2.2.2.6	其他费用			0	
3	其他项目费	暂列金额＋暂估价＋计日工＋总承包服务费＋材料检验试验费＋预算包干费＋工程优质费＋其他费用			2 540.32
3.1	暂列金额	分部分项工程费		0	
3.2	暂估价	专业工程暂估价			
3.3	计日工	计日工			
3.4	总承包服务费	总承包服务费			
3.5	材料检验试验费	分部分项工程费	211 693.02	0.2	423.39
3.6	预算包干费	分部分项工程费	211 693.02	1	2 116.93
3.7	工程优质费	分部分项工程费	211 693.02	0	0.00
3.8	其他费用			0	
4	规费	工程排污费＋施工噪声排污费＋危险作业意外伤害保险费			220.37
4.1	工程排污费	按有关部门的规定计算			
4.2	施工噪声排污费	按有关部门的规定计算			
4.3	危险作业意外伤害保险费	分部分项工程费＋措施项目费＋其他项目费	220 372.43	0.1	220.37
5	不含税工程造价	分部分项工程费＋措施项目费＋其他项目费＋规费			220 592.81
6	堤围防护费与税金	不含税工程造价	220 592.81	3.527	7 780.31
7	含税工程造价	不含税工程造价＋堤围防护费与税金			228 373.12

案例反思

1. 取费程序表中有些费用实际有发生时才计算；
2. 取费程序表中有些费用要结合施工当地政策规定计算。

【随堂练习 3-7】 在【随堂练习 3-6】的基础上计算该工程造价(表 3-32)，取费程序根据广州市市政工程计费程序表。

表 3-32 道路工程造价练习

序号	费用名称	计算基础说明	计算基础	费率/%	金额/元
1	分部分项工程费	定额分部分项工程费＋价差＋利润			0.00

续表

序号	费用名称	计算基础说明	计算基础	费率/%	金额/元
1.1	定额分部分项工程费	分部分项人工费＋分部分项材料费＋分部分项主材费＋分部分项设备费＋分部分项机械费＋分部分项管理费			
1.2	价差	分部分项人材机价差			
1.3	利润	分部分项人工费＋分部分项人工价差			0.00
2	措施项目费	安全文明施工费＋其他措施项目费			0.00
2.1	安全文明施工费	按定额子目计算的安全文明施工费＋按系数计算措施项目费			0.00
2.1.1	按定额子目计算的安全文明施工费	安全防护、文明施工措施项目的技术措施费			0.00
2.1.1.1	定额安全文明施工费	安全防护、文明施工措施项目的技术措施费－价差－利润			
2.1.1.2	价差	安全防护、文明施工措施项目的技术措施人工价差＋安全防护、文明施工措施项目的技术措施材料价差＋安全防护、文明施工措施项目的技术措施机械价差			
2.1.1.3	利润	安全防护、文明施工措施项目的技术措施人工费＋安全防护、文明施工措施项目的技术措施人工价差			
2.1.2	按系数计算措施项目费	分部分项工程费	0.00		0.00
2.2	其他措施项目费	按定额子目计算的其他措施项目费＋措施其他项目费			0.00
2.2.1	按定额子目计算的其他措施项目费	其他措施项目的技术措施费			0.00
2.2.1.1	定额其他措施项目费	其他措施项目的技术措施费－价差－利润			
2.2.1.2	价差	其他措施项目的技术措施人工价差＋其他措施项目的技术措施材料价差＋其他措施项目的技术措施机械价差			
2.2.1.3	利润	其他措施项目的技术措施人工费＋其他措施项目的技术措施人工价差			
2.2.2	措施其他项目费	夜间施工增加费＋交通干扰工程施工增加费＋赶工措施费＋文明工地增加费＋地下管线交叉降效费＋其他费用			0.00
2.2.2.1	夜间施工增加费				

续表

序号	费用名称	计算基础说明	计算基础	费率/%	金额/元
2.2.2.2	交通干扰工程施工增加费				
2.2.2.3	赶工措施费	分部分项工程费			
2.2.2.4	文明工地增加费	分部分项工程费			
2.2.2.5	地下管线交叉降效费				
2.2.2.6	其他费用				
3	其他项目费	暂列金额＋暂估价＋计日工＋总承包服务费＋材料检验试验费＋预算包干费＋工程优质费＋其他费用			0.00
3.1	暂列金额	分部分项工程费			
3.2	暂估价	专业工程暂估价			
3.3	计日工	计日工			
3.4	总承包服务费	总承包服务费			
3.5	材料检验试验费	分部分项工程费	0.00		0.00
3.6	预算包干费	分部分项工程费	0.00		0.00
3.7	工程优质费	分部分项工程费	0.00		0.00
4	规费	工程排污费＋施工噪声排污费＋危险作业意外伤害保险费			0.00
4.1	工程排污费	按有关部门的规定计算			
4.2	施工噪声排污费	按有关部门的规定计算			
4.3	危险作业意外伤害保险费	分部分项工程费＋措施项目费＋其他项目费	0.00		0.00
5	不含税工程造价	分部分项工程费＋措施项目费＋其他项目费＋规费			0.00
6	堤围防护费与税金	不含税工程造价	0.00		
7	含税工程造价	不含税工程造价＋堤围防护费与税金			0.00

本节习题

一、单选题

1. 根据《广东省市政工程综合定额(2010)》规定,在路面工程量计算中,各种井所占面积(   )。
   A. 应扣除   B. 扣除50%   C. 不扣除   D. 视情况而定
2. 根据《广东省市政工程综合定额(2010)》,关于人行道侧缘石等工程量计算规则的描述,下列错误的是(   )。

A. 人行道垫层按设计图示尺寸以 m^2 计算

B. 人行道铺设、铺砖按设计面积以 m^2 计算，扣除树池面积

C. 人行道铺设、铺砖按设计面积以 m^2 计算，不扣除树池面积及各种井占面积

D. 侧缘石后座混凝土按设计图示尺寸以 m^3 计算，模板制作按实际接触面积以 m^2 计算

3. 在混凝土路面纵缝两个板块之间设置的钢筋叫作(　　)。

　A. 传力杆　　　　B. 锚杆　　　　C. 拉杆　　　　D. 伸缩杆

4. 为满足热胀冷缩的需要，混凝土路面的接缝较多，主要有(　　)。

　A. 平缝、伸缝、缩缝　　　　　　B. 纵缝、施工缝、缩缝

　C. 纵缝、切缝、缩缝　　　　　　D. 纵缝、伸缝、缩缝

5. 根据《广东省市政工程综合定额(2010)》，路床整形包括平均厚度为(　　)cm 以内的人工挖高填低土方。

　A. 3　　　　　B. 5　　　　　C. 10　　　　　D. 15

二、多选题(至少有两个正确答案)

根据《广东省市政工程综合定额(2010)》，关于道路工程的定额工程量计算，以下说法中正确的有(　　)

A. 计算道路钢筋工程量时，非设计接驳及下料损耗在相应的钢筋子目中考虑，不得另计

B. 树池砌筑按设计图示中心线长度以 m^3 计算

C. 道路路面箭头区分不同规格按设计图示漆画实漆面积以 m^2 计算

D. 道路工程的伸缝、缩缝按缝长度×缝深度以 m^2 计算

E. 水泥混凝土路面，已综合考虑了前台的运输工具不同所影响的工效及有筋、无筋等不同的工效

三、软件操练

在计价软件中完成本节【例 3-12】~【例 3-19】计算。

计价软件中套用
定额实操任务

实操任务
答案讲解

第三节　桥涵工程定额计量与计价

根据定额计价的四个步骤分步通过案例演示桥涵工程计量与计价，定额计价的四个步骤的具体计算原理见第二章"定额计价的步骤"相关内容，本节具体演示实例计算。

涵洞三维模型视频

【本节引例】如图 3-4~图 3-11 所示为某涵洞工程图，图纸中尺寸除钢筋外均以 cm 为单位。

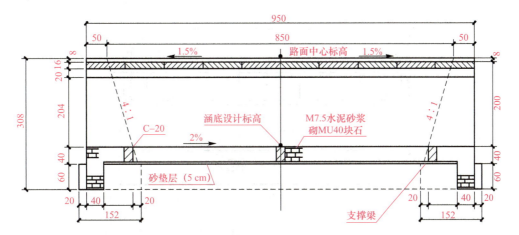

图 3-4　涵洞洞身纵向布置图

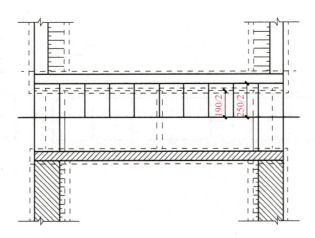

图 3-5　涵洞平面布置图

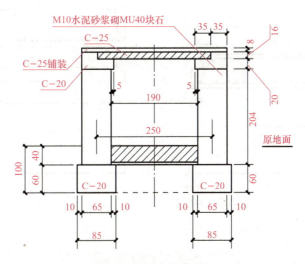

图 3-6　涵洞断面布置图

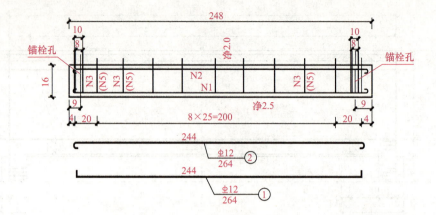

图 3-7　盖板纵断面配筋图

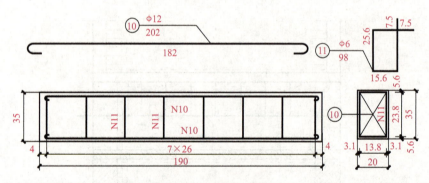

图 3-8　支撑梁配筋图

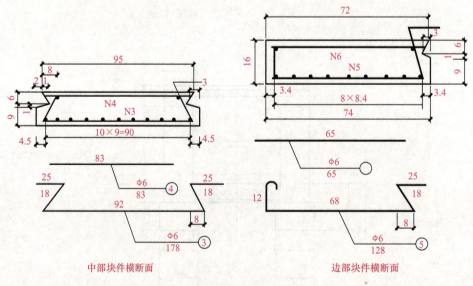

中部块件横断面　　　　　边部块件横断面

图 3-9　涵盖板横断面配筋图

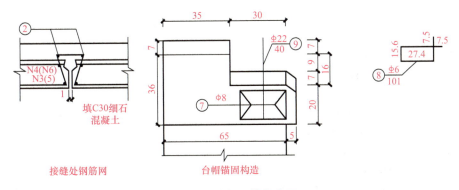

图 3-10 台帽配筋构造图

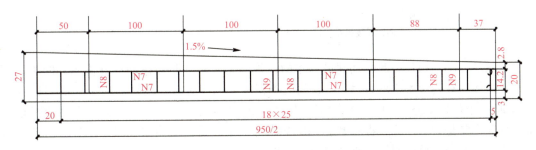

图 3-11 台帽纵向钢筋构造图

一、列项算量

(一)列项练习

【**例 3-20**】 图 3-4～图 3-11 所示为某涵洞构造设计图,该涵洞位置的土质为密实的黄土,不考虑地下水,基坑开挖多余土方就地弃置,列出各分部分项工程名称及特征。

解:从图纸可以看出,该涵洞标准跨径为 2.5 m,净跨径为 1.9 m。下部结构的工程内容包括:C20 现浇混凝土台帽,M10 水泥砂浆砌 MU40 块石墙身,C20 现浇混凝土基础,M7.5 水泥砂浆砌 MU40 块石底板,厚度为 5 cm 砂垫层,两涵洞底板设 3 道支撑梁等。列项见表 3-33。

表 3-33 涵洞工程项目列项表

序号	项目名称及特征
1	C20 混凝土基础
2	砂垫层
3	M10 水泥砂浆砌 MU40 块石墙身
4	M7.5 水泥砂浆砌 MU40 块石底板
5	C20 支撑梁
6	C20 台帽
7	C25 预制盖板
8	C25 混凝土面层
9	基础模板

续表

序号	项目名称及特征
10	支撑梁模板
11	台帽模板
12	盖板模板
13	HPB300 级钢筋 φ10 以内
14	HPB300 级钢筋 φ10 以外
15	HRB335 级钢筋 Φ10 以内
16	HRB335 级钢筋 Φ10 以外
17	预制 HPB300 级钢筋 φ10 以内
18	预制 HPB300 级钢筋 φ10 以外
19	预制 HRB335 级钢筋 Φ10 以内
20	预制 HRB335 级钢筋 Φ10 以外

从例题可知，列项一定要列到最基本的计价单元，而且要描述基本计价单元的关键特征。具体体现在列混凝土项目时，一定要列到混凝土强度等级、混凝土构件，如"C20 混凝土基础"，也可以简述，如"C20 台帽"，因为 C20 已经代表混凝土，所以，混凝土可以省略。列项主要是为了计算工程量和套用定额服务，不是最终的成果文件，所以，有些地方可以简写。列项要简单明了，重点突出，不拖泥带水。

钢筋的列项要特别注意，初学者对钢筋列项容易出现图 3-12 的错误。

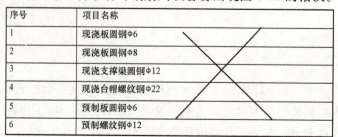

图 3-12 钢筋列项错误示意图

这种列项方式未按定额最小计价单元来列项，而是按构件（板、梁、台帽）列项，按直径列项，每个直径的钢筋都列一个子目。这样列项造成的后果是钢筋子目繁多，不能有效汇总工程量。列项是以汇总表的形式把各最小计价单元的工程量汇总，为计价做准备，计价是以最小计价单元为单位套用定额单价。所以，列项不等同于工程量计算。钢筋工程量计算时必须分开构件，一个构件逐渐计算，每个构件内又要区分不同直径不同级别钢筋分别计算。列项的最终目则是要根据最小计价单元的特征，汇总出各最小计价单元的工程总量。

(二)工程量计算练习

根据图纸内容和尺寸信息计算各子目工程量，首先要熟悉工程量计算规则。根据《广东省市政工程综合定额(2010)》，桥涵工程工程量计算规则如下：

1. 砌筑工程

砌筑工程量按设计图示尺寸以 m^3 计算，不扣除嵌入砌体中的钢管、沉降缝、伸缩缝以及单孔面积 $0.30\ m^2$ 以内的预留孔所占体积。

> **规则解读**
>
> 即按图纸的几何尺寸以体积计算。不扣除砌体中的钢管、沉降缝、伸缩缝所占体积。但是砌体内的洞口要分情况,单孔面积 0.3 m² 以内的预留孔所占体积不扣除,单孔面积 0.30 m² 以上的预留孔所占体积要从工程量中扣除。根据《广东省市政工程综合定额(2010)》总说明,单孔面积 0.3 m² 以内包含 0.3 m² 本身。

2. 钢筋工程

(1)钢筋工程,应区别现浇、预制构件、不同钢种和规格,分别按设计图示尺寸以 t 计算。

> **规则解读**
>
> "按设计图示尺寸以 t 计算"即钢筋工程量按质量计算,定额单位为 t。计算工程量时先根据图纸尺寸计算出钢筋的长度,再根据钢筋的直径计算出截面面积,截面面积×长度=钢筋体积,钢筋体积×钢筋密度=钢筋质量。钢筋的密度一般按 7 850 kg/m³ 计算。

"区别现浇、预制构件、不同钢种和规格",不同钢种是指圆钢、螺纹钢等,规格是指钢筋的直径,现浇构件钢筋、预制构件钢筋、圆钢、螺纹钢以及不同直径的钢筋,从钢筋的加工、运输、绑扎等施工工艺和施工难易程度各有不同,施工单价也各有差异。定额关于钢筋的子目设置是首先区分现浇构件钢筋和预制构件钢筋,然后再区分圆钢和螺纹钢,然后再区别直径范围(10 mm 以内,10 mm 以外,25 mm 以外)。因此,计算钢筋工程量时应结合定额子目设置情况分开汇总计算。

(2)计算钢筋工程量时,钢筋搭接长度按设计规定计算,非设计接驳及下料损耗在相应的钢筋子目中考虑,不另计算。

> **规则解读**
>
> "钢筋搭接长度"分为设计搭接和非设计搭接两种。设计搭接是指在构件的节点处为加强节点稳定性构件内钢筋必须满足一定长度的重复搭接,一般设计搭接在图纸或钢筋平法图集会注明搭接位置和搭接长度;非设计搭接是指设计图纸或钢筋平法图集上未反映,而由于施工原因需要搭接,例如,钢筋定尺长度的原因等。钢筋的定尺长度是指钢筋出厂时的原始长度,螺纹钢出厂时都是一根根的直段,有一个固定长度,一般为 9 m 或 12 m。在实践钢筋安装时,如果构件长度超出钢筋的定尺长度,必然需要搭接。例如,筏形基础长度 20 m,筏板的受力钢筋沿筏板通长布置,钢筋长度约为 20 m,而钢筋的定尺长度是 12 m,需要用两根钢筋搭接布置满足总长。计算工程量时要注意,设计搭接根据设计图纸或钢筋平法图集上的布置要求计算,非设计搭接不用计算工程量,非设计搭接部分的工程量在定额消耗量里面综合考虑。

(3)预埋铁件,按设计图示尺寸以 t 计算。

(4)T 形梁连接钢板子目按设计图示尺寸以 t 计算。

(5)先张法的预应力钢筋及后张法的预应力钢筋、钢丝束、钢绞线按设计图示尺寸按 t 计算。

(6)锚具工程量按设计用量乘以系数计算:锥形锚:1.02;OVM 锚:1.02;墩头锚:1.00,以套计算。

(7)构件预留的孔压浆管道安装按设计图示孔道长度以 m 计算。

(8)管道压浆孔按构件的设计图示张拉孔道断面面积乘以管道长度以 m^3 计算,不扣除钢筋体积。

3. 现浇混凝土工程

(1)现浇混凝土工程量,按以下规定计算:

1)现浇混凝土浇捣及泵送增加工程量,除另有规定外,均按混凝土实体积以 m^3 计算(不包括空心板、梁的空心体积),不扣除钢筋、钢丝、预埋铁件、预留压浆孔道、螺栓所占体积。

> **规则解读**
>
> 现浇混凝土构件浇捣工程量按构件图示尺寸以实体体积计算,空心部分不含,例如,箱梁的中部空心部分不计。预留压浆孔道是在后张法预应力构件施工时预留在混凝土构件中的孔道,计算混凝土工程量时不扣除。

2)现浇构筑物混凝土制作工程量,按现浇混凝土浇捣相应子目的定额混凝土含量计算。

> **规则解读**
>
> 现浇混凝土构件混凝土制作工程量按相对应的混凝土构件浇捣工程量乘以混凝土构件浇捣子目中的混凝土含量系数计算。例如,现浇台帽浇捣工程量为 4.09 m^3,现浇台帽浇捣子目中混凝土含量系数为 1.01,因此,台帽中混凝土的制作工程量应为 4.09×1.01=4.14(m^2)。主要是考虑混凝土的制作过程中会有一定的施工损耗,因而,混凝土的制作工程量略大于混凝土的浇捣工程量。

3)砂浆制作工程量按砌筑工程或其他使用砂浆的定额子目的砂浆含量计算。

> **规则解读**
>
> 考虑砂浆的制作过程中会有一定的施工损耗,砂浆的制作工程量略大于理论使用量。使用砂浆的定额子目的砂浆含量已经包含理论使用量和施工损耗量。

(2)现浇混凝土墙、板上单孔面积在 0.30 m^2 以内的孔洞体积不予扣除,洞侧壁模板面积也不再计算;单孔面积在 0.30 m^2 以上时,应予扣除。

> **规则解读**
>
> 混凝土浇捣工程量按实体积计算，模板制作安装工程量按混凝土与模板的接触面积计算。单孔面积在 0.30 m² 以内的孔洞计算混凝土浇捣工程量时不扣除洞口处体积，计算模板制作安装工程量时洞口侧壁的模板面积也不增加。单孔面积在 0.30 m² 以上时，计算混凝土浇捣工程量时扣除洞口处体积，计算模板制作安装工程量时洞口侧壁的模板面积要增加。

下面通过表 3-34 展示墙空洞混凝土浇捣与模板制作安装工程量计算。

表 3-34 墙空洞混凝土浇捣与模板制作安装工程量计算示例

墙(长×高×厚)/(mm×mm×mm)	洞口(长×宽)/(mm×mm)	洞口面积	墙混凝土浇捣工程量	墙模板制作安装工程量
2 000×2 500×200	500×500	小于 0.30 m²	2×2.5×0.2	2×2.5×2
2 000×2 500×200	500×1 000	大于 0.30 m²	2×2.5×0.2－0.5×1×0.2	2×2.5×2－0.5×1×2+(0.5+1)×2×0.2

4. 预制混凝土工程

(1)预制混凝土构件的混凝土制作工程量，按预制混凝土构件制作相应子目的定额混凝土含量计算。

(2)预制混凝土构件制作工程量，均不扣除构件内钢筋、铁件及预应力钢筋预留孔洞所占的体积。

(3)预制桩工程量按设计图示桩长度(包括桩尖长度)乘以桩横断面面积以 m³ 计算。

> **规则解读**
>
> 预制桩根据桩截面形状一般有预制管桩和预制方桩。桩尖焊接在桩头位置，带桩身进入土层，起引导和封堵作用。桩尖根据材质分，有混凝土桩尖和钢桩尖。混凝土桩尖一般做成圆锥形，钢桩尖一般为十字形，由 3 块钢板焊接而成。严格来讲，桩尖的横断面面积小于桩身的横断面面积。注意预制桩按体积计算，桩长包含桩尖长度，桩横断面面积是指桩身的横断面面积。

(4)预制空心构件按设计图示尺寸扣除空心体积，以实体积计算。空心板梁的堵头板体积不计入工程量内，其消耗量已在定额中考虑。

(5)预制空心板梁采用橡胶囊做内模的，考虑其压缩变形因素，可增加混凝土数量，当梁长在 16 m 以内时，可按设计计算体积增加 7%；当梁长大于 16 m 时，则增加 9% 计算。如设计图已注明考虑橡胶囊变形时，不再增加计算。

(6)预应力混凝土构件的封锚混凝土数量并入构件混凝土工程量计算。

5. 箱涵预制顶进工程

(1)箱涵滑板下的肋楞，其工程量并入板内计算。

(2)箱涵外壁及滑板面处理按设计图示表面积以 m² 计算。

(3)箱涵混凝土工程量按设计图示实体积以 m³ 计算,不扣除单孔面积 0.30 m² 以内的预留孔洞体积。

(4)箱涵顶进项目分空顶、无中继间实土顶和有中继间实土顶三类,工程量计算如下:

1)空顶工程量按空顶的单节箱涵质量乘以箱涵位移距离计算。

2)实土顶工程量按被顶箱涵的质量乘以箱涵位移距离分段累计计算。

(5)气垫只考虑在预制箱涵底板上使用,按箱涵底面积计算,气垫的使用天数由施工组织设计确定,但采用气垫后在套用顶进项目时乘以系数 0.70。

6. 安装工程

(1)预制混凝土构件的运输和安装工程量,按设计图示构件混凝土实体积(不包括空心部分)以 m³ 计算,不扣除构件内钢筋、铁件及预应力钢筋预留孔洞所占的体积。

(2)钢箱梁和钢梯道钢构件制作、运输、安装工程量按设计图示尺寸以 t 计算(不包括螺栓、焊缝质量),单个孔洞面积在 0.10 m² 以内的不予扣除,单孔洞面积在 0.10 m² 以上应予扣除。

(3)钢管栏杆、扶手制作安装按设计图示尺寸以 t 计算;不锈钢管栏杆按设计图示尺寸以 t 计算;弯头安装按设计图示数量以个计算。

(4)支座安装区分不同类型按设计图示以 t、cm³、个或 m² 计算。

(5)桥面泄水管安装按设计图示尺寸以 m 计算。

(6)桥梁伸缩装置按设计图示尺寸以延长米计算。

(7)沉降缝安装按设计图示尺寸以 m² 计算。

7. 临时工程

(1)搭拆打桩工作平台面积计算(图 3-13)。

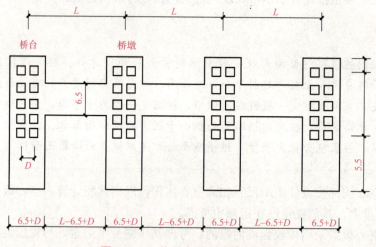

图 3-13 工作平台面积计算示意图

(注:图中尺寸均为 m,桩中心距为 D,通道宽 6.5)

1)桥梁打桩:$F = N_1 \cdot F_1 + N_2 \cdot F_2$

每座桥台(桥墩):$F_1 = (5.5 + A + 2.5) \times (6.5 + D)$

每条通道:$F_2 = 6.5 \times [L - (6.5 + D)]$

2)钻孔灌注桩：$F=N_1 \cdot F_1+N_2 \cdot F_2$

每座桥台(桥墩)：$F_1=(A+6.5)\times(6.5+D)$

每条通道：$F_2=6.5\times[L-(6.5+D)]$

式中　F——工作平台总面积；

　　　F_1——每座桥台(桥墩)工作平台面积；

　　　F_2——桥台至桥墩间或桥墩至桥墩间通道工作平台面积；

　　　N_1——桥台和桥墩总数量；

　　　N_2——通道总数量；

　　　D——两排桩之间的距离；

　　　L——桥梁跨径或护岸的第一根桩中心至最后一根桩中心之间的距离；

　　　A——桥台(桥墩)每排桩的第一根桩中心至最后一根桩中心之间的距离。

(2)凡台与墩或墩与墩之间不能连续施工时(如不能断航、断交通或拆迁工作不能配合)，每个墩、台可计一次组装、拆卸柴油打桩架及设备运输费。

(3)桥涵拱盔、支架空间体积计算。

1)桥涵拱盔体积按拱线以上弓形侧面面积乘以(桥宽+2.00 m)以 m^3 计算。

2)桥涵满堂式钢管支架体积为结构底至原地面(水上支架为水上支架平台顶面)平均标高乘以纵向距离再乘以(桥宽+2.00 m)以 m^3 计算。

3)桁架式支架以 t 计算。

4)支架预压的工程量按支架上设计图示现浇板、梁混凝土的实体积计算。

5)水上钢平台以 t 计算。

8. 模板制作安装工程

(1)拱圈底模工程量按模板接触砌体的面积以 m^2 计算。

> **规则解读**
>
> 一般砌体工程不需要模板定型，但是拱圈形状位置特殊，必须有模板才能维持拱圈的形状，所以，砌筑拱圈应计算模板制作安装工程量，按模板接触砌体的面积以 m^2 计算。

(2)现浇混凝土模板工程。

1)现浇混凝土模板工程量按模板接触混凝土的面积以 m^2 计算。

2)现浇混凝土洞侧壁模板面积并入墙、板工程量之内计算。

(3)预制混凝土构件模板工程。

1)预制构件中预应力混凝土构件及 T 形梁、I 形梁、双曲拱、桁架拱等构件均按模板接触混凝土的面积(包括侧模、底模)以 m^2 计算。

2)灯柱、端柱、栏杆等小型构件按模板接触混凝土的面积以 m^2 计算。

3)预制构件中非预应力构件按模板接触混凝土的面积以 m^2 计算，不包括胎模、地模。

> **规则解读**
>
> 注意与混凝土浇捣工程量计算规则统一，墙、板上单孔面积在0.30 m^2 以内的孔洞面积不予扣除，洞侧壁模板面积也不再计算。

4)空心板中空心部分,按模板接触混凝土的面积计算工程量。

5)预制混凝土工程量不包括地模、胎模工程量,胎模、地模的占用面积可按施工方案计算。施工方案没有明确时,大型预制构件 T 形梁、I 形梁等截面箱梁,每根占用平面面积的工程量按下式计算:

平面面积=(梁长+2.00 m)×(梁宽+1.00 m)

知识拓展

钢筋工程量计算

钢筋工程量计算较复杂,要综合各方面的知识,首先要求能够看懂配筋图,然后要熟悉钢筋长度的计算方法,最后要结合物理知识计算钢筋重量。

根据第二章内容,工程量计算成果一般有工程量计算明细表和工程量汇总表两类。工程量计算明细表一般根据一定的计算顺序,保证工程量不漏算的原则,把全部工程量逐一列明,详细列出计算过程。工程量汇总表则根据列项表的基本计价单元汇总工程总量。钢筋工程量的计算最复杂,下面详细介绍钢筋工程量计算方法。

(一)钢筋配筋图识读基本知识

图纸中会标注钢筋的直径、等级和根数。例如,3⏀20,其中"3"表示钢筋的根数,"⏀"表示钢筋等级直径符号,"20"表示钢筋直径。板内分布筋标注时会标明间距,根数通过间距和构件尺寸计算得出,例如,φ8@200,"φ"表示钢筋等级直径符号,"8"表示钢筋直径,"@200"表示相邻钢筋的中心距。梁箍筋包括钢筋级别、直径、加密区与非加密区间距及肢数。箍筋加密区与非加密区的不同间距及肢数需用斜线"/"分隔。例如,φ10@100/200(2),表示箍筋为 HPB300 级钢筋,直径φ10,加密区间距为 100,非加密区间距为 200,均为双肢箍。

(二)钢筋长度计算方法

读懂配筋图后,接下来就是计算钢筋长度,钢筋长度的计算分为以下三种情况。

1. 直线钢筋

直线钢筋示意图如图 3-14 所示。

图 3-14 直线钢筋示意图

其计算公式为

直线钢筋下料长度=构件长度-保护层厚度+弯钩增加长度

构件长度是指钢筋所在的梁板柱、基础等结构构件的图示外围尺寸。

保护层是指在混凝土构件中,起到保护钢筋避免钢筋直接裸露的那一部分混凝土。保护层厚度是指从混凝土表面到最外层钢筋公称直径外边缘之间的最小距离,一般梁、板、柱的保护层厚度为 25 mm,基础保护层厚度为 30 mm。

弯钩增加长度是指在实际钢筋加工中,会把钢筋两端弯成各种角度的弯钩,以加强钢筋和混凝土的粘结性。计算钢筋下料长度时必须加上弯钩的长度,不同角度的弯钩的增加长度不同,见表 3-35。

表 3-35 钢筋弯钩增加长度计算示例

钢筋弯钩类型	半圆弯钩	直弯	斜弯
弯钩图例			
单个弯钩增加长度	6.25d	3d	4.9d

2. 弯起钢筋

弯起钢筋示意图，如图 3-15 所示。

其计算公式为

图 3-15 弯起钢筋示意图

弯起钢筋下料长度＝直段长度＋斜段长度－量度差值（弯曲调整值）＋弯钩增加长度

式中，直段长度和斜段长度都可以根据构件图示尺寸和保护层厚度，利用几何数学公式进行计算。弯钩增加长度计算方法同直线钢筋。

量度差值即弯曲调整值，是指钢筋外皮尺寸与中轴线尺寸的差额，通常计量计价时按钢筋的外皮尺寸计算预算长度，但是施工下料时以钢筋中轴线尺寸计算下料长度，所以，如果有弯曲的钢筋，预算长度与下料长度会有差异。钢筋弯曲调整值见表 3-36。

表 3-36 钢筋弯曲调整值

弯曲角度	30°	45°	60°	90°	135°
调整值	0.35d	0.5d	0.85d	2d	2.5d

3. 分布钢筋

分布钢筋主要是在板或板式基础中使用，用于大面积的构件内，纵横均匀分布。单根分布钢筋的长度计算同直线钢筋，主要要弄清楚分布筋根数。其计算公式为

分布筋根数＝配筋长度/间距＋1

4. 箍筋

箍筋（图 3-16）主要用于柱或梁等条形构件，用于固定纵筋和抵抗细长性构件侧面受扭，箍筋一般为矩形。

图 3-16 箍筋示意图

箍筋下料长度计算公式为

$$箍筋下料长度 = 箍筋周长 + 箍筋调整值$$

式中，箍筋周长 $= 2($外包宽度$+$外包长度$)$；外包宽度$= b - 2c + 2d$；外包长度$= h - 2c + 2d$；$b \times h =$构件横截面宽$\times$高（c指纵向钢筋的保护层厚度，d指箍筋直径）。

箍筋调整值见表 3-37。

表 3-37 箍筋调整值

箍筋形式	使用结构	箍筋弯钩不直段长度 L_p	箍筋直径										
			HPB300 级				HRB335 级			CRB550 级			
			6	8	10	12	8	10	12	5	6	7	8
90°/90°	一般结构	$L_p \geq 5d$	5d				6d			5.28d			
			30	40	50	60	50	60	70	30	30	40	40
135°/135°	抗震结构	$L_p \geq 10d$	18d				20d			18.4d			
			110	140	180	220	160	200	240	90	110	130	150

箍筋形式如图 3-17 所示。

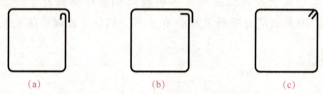

图 3-17 箍筋形式
(a) 90°/180°； (b) 90°/90°； (c) 135°/135°

在市政工程中箍筋计算时，我们可以简化为

$$箍筋下料长度 = 箍筋周长 = 2 \times (b + h)$$

（三）钢筋质量计算

工程图纸反映各种规格的钢筋的长度，而定额里面钢筋的计量单位是 t，所以，需要根据钢筋长度计算钢筋质量。物理学质量计算公式为

$$m = \rho V \tag{3-1}$$

钢筋的密度一般按 7.85 t/m³ 或 7 850 kg/m³ 计算。由于钢筋的几何空间形状是细长的圆柱体，所以，钢筋的体积公式为

$$V = \pi r^2 L = \frac{\pi D^2 L}{4} \tag{3-2}$$

结合式(3-1)和式(3-2)可以推出钢筋质量的简化公式：

$$钢筋质量 = 0.006\ 17 \times D^2 \times L \tag{3-3}$$

式中，钢筋质量单位为 kg；D 为钢筋直径，以 mm 为单位；L 为钢筋长度，以 m 为单位。

【例 3-21】根据图 3-4～图 3-11 计算该涵洞的台帽钢筋工程量。

解：由台帽结构图可知，台帽中有 3 种钢筋即 N7、N8、N9，计算工程量时逐一计算各种钢筋的质量，列项时参考定额子目汇总。计算结果见表 3-38 和表 3-39。

表 3-38 钢筋工程量计算明细表

部位	类别	直径 /mm	单位长度质量 /(kg·m⁻¹)	单根长度 /m	根数	构件数量	总质量 /kg
台帽钢筋							
N7	HPB300	8	0.395	9.55	4	2	30.17
N8	HPB300	6	0.222	1.01	19	4	17.05
N9	HRB335	22	2.986	0.4	19	4	90.78

表 3-39 钢筋工程量汇总表

项目名称及特征	单位	工程量
HPB300 钢筋 φ10 以内	kg	47.22
HRB335 钢筋 Φ10 以外	kg	90.78

钢筋定额子目的计量单位是 t，但是在计算工程量时为减少因为小数点原因造成的误差，一般都先按 kg 计算，套用定额时再转换单位。

【随堂练习 3-8】 根据图 3-4～图 3-11 计算该涵洞的支撑梁钢筋工程量。其钢筋工程量计算明细表见表 3-40，钢筋工程量汇总表见表 3-41。

表 3-40 支撑梁钢筋工程量计算明细表

部位	类别	直径 /mm	单位长度质量 /(kg·m⁻¹)	单根长度 /m	根数	构件数量	总质量 /kg
支撑梁钢筋							

表 3-41 支撑梁钢筋工程量汇总表

项目名称及特征	单位	工程量

【例 3-22】 根据图 3-4～图 3-11 和【例 3-20】的列项表，计算该涵洞全部工程量。

解：要注意施工工艺，凡是有混凝土浇捣的构件，必然需要支模，有混凝土构件，就一定要计算模板工程量。前面列项主要是根据工程图纸反映的工程内容进行列项，模板并不在图纸上反映，而是施工需要。所以，前面列项时初学者容易漏掉模板，列项时漏掉还可补救。随着计价工作的开展，前面列项漏了，在后面要不断检查完善。在后面的算量套价过程中，将模板的工程量增加进来。计算结果见表 3-42 和表 3-43。

表 3-42　涵洞工程量计算表

序号	项目名称及特征	单位	工程量	工程量计算式
1	C20 混凝土基础	m²	10.10	0.85×0.6×9.9×2
2	砂垫层	m²	0.83	8.7×1.9×0.05
3	M10 水泥砂浆砌 MU40 块石墙身	m²	25.19	0.65×2.04×9.5×2
4	M7.5 水泥砂浆砌 MU40 块石底板	m²	6.82	9.5×1.9×0.4−0.4（支撑梁体积）
5	C20 支撑梁	m²	0.40	0.35×0.2×1.9×3
6	C20 台帽	m²	4.09	(0.35×0.43+0.35×0.27+0.35×0.36+0.3×0.2)/2×9.5×2
7	C25 预制盖板	m²	3.80	2.5×9.5×0.16
8	C25 混凝土面层	m²	2.43	9.5×3.2×0.08
9	基础模板	m²	23.76	0.6×2×9.9×2
10	支撑梁模板	m²	3.99	0.35×2×1.9×3
11	台帽模板	m²	40.66	[(0.43+0.7)×2+(0.36+0.65)×2]/2×9.5×2
12	盖板模板	m²	3.80	2.5×9.5×0.16
13	HPB300 级钢筋　Φ10 以内	kg	52.44	见钢筋工程量计算明细表
14	HPB300 级钢筋　Φ10 以外	kg	21.54	见钢筋工程量计算明细表
15	HRB335 级钢筋　Φ10 以内	kg	0.00	见钢筋工程量计算明细表
16	HRB335 级钢筋　Φ10 以外	kg	90.78	见钢筋工程量计算明细表
17	预制 HPB300 级钢筋　Φ10 以内	kg	60.45	见钢筋工程量计算明细表
18	预制 HPB300 级钢筋　Φ10 以外	kg	0.00	见钢筋工程量计算明细表
19	预制 HRB335 级钢筋　Φ10 以内	kg	0.00	见钢筋工程量计算明细表
20	预制 HRB335 级钢筋　Φ10 以外	kg	497.26	见钢筋工程量计算明细表

表 3-43　钢筋工程量计算明细表

部位	类别	直径/mm	单位长度质量/(kg·m⁻¹)	单根长度/m	根数	构件数量	总质量/kg
支撑梁钢筋							
纵筋 N10	HPB300	12	0.888	2.02	4	3	21.54
N11	HPB300	6	0.222	0.98	8	3	5.22
台帽钢筋							
N7	HPB300	8	0.395	9.55	4	2	30.17
N8	HPB300	6	0.222	1.01	19	4	17.05
N9	HRB335	22	2.986	0.4	19	4	90.78
中部预制板钢筋							
N4	HPB300	6	0.222	0.83	11	8	16.22
N2	HRB335	12	0.888	2.64	11	8	206.41
N3	HPB300	6	0.222	1.78	11	8	34.79
N1	HRB335	12	0.888	2.64	11	8	206.41
边部预制板钢筋							
N6	HPB300	6	0.222	0.65	11	2	3.18
N2	HRB335	12	0.888	2.64	9	2	42.22

续表

部位	类别	直径/mm	单位长度质量/(kg·m⁻¹)	单根长度/m	根数	构件数量	总质量/kg
N5	HPB300	6	0.222	1.28	11	2	6.25
N1	HRB335	12	0.888	2.64	9	2	42.22
合计							722.46

二、定额套用

(一)定额说明解读

1. 砌筑工程

(1)本章定额包括浆砌块石、料石、混凝土预制砌块、砖砌块和干砌块石等内容。

(2)砌筑子目中未包括垫层、拱背和台背的填充项目，如发生上述项目，可套用定额第一册《通用项目》相应项目。

(3)拱圈底模子目按模板制作安装工程相应项目执行，且底模子目中不包括拱盔和支架，可按临时工程相应项目执行。

【解读】拱盔是拱桥现浇或砌筑所需要的起拱线以上的拉梁、柱、斜撑、夹木、托木、拱弦木等，俗称拱架的帽子。拱盔下面还需架设支架，拱圈底还需底模。底模、拱盔、支架分别套用三个不同的子目。

2. 钢筋工程

(1)本章定额包括桥涵工程各种钢筋、高强度钢丝、钢绞线、预埋铁件的制作安装，以及安装压浆管道和压浆等内容。

(2)子目中钢筋按φ10以内及φ10以外两种分列，φ10以内采用HPB235钢，φ10以外采用16Mn钢，钢板均按HPB235钢计列，预应力筋采用HRB500级钢、钢绞线和高强度钢丝。因设计要求采用钢材与子目不符时，可予调整。

(3)因束道长度不等，故子目中未列锚具数量，锚具数量按设计图计算。但已包括锚具安装人工费。

(4)先张法预应力筋制作、安装子目，未包括张拉台座，该部分可套用临时工程相应项目。

(5)压浆管道定额中的铁皮管、波纹管均已包括套管及三通管安装费用，但未包括三通管材料费用，可另行计算。

(6)本章项目中钢绞线按φ15.24 mm、束长在40 m以内考虑，如规格不同或束长超过40 m时，应另行计算。

3. 现浇混凝土工程

(1)本章定额包括混凝土和砂浆的制作以及现浇混凝土浇捣等内容。

【解读】混凝土的制作和浇捣分开两个不同的定额子目，砂浆的制作和使用也是分开不同的定额子目，商品混凝土或预拌砂浆则不用再套用制作子目，商品混凝土和预拌砂浆的材料价格已包含制作、运输等费用。

(2)本章定额适用于桥涵工程各种混凝土构筑物。

(3)本章定额中嵌石混凝土的块石含量如与设计不同时，可以换算，但人工及机械不得调整。

【解读】例如，毛石混凝土基础，定额子目D3-3-37中，毛石和混凝土的含量比是8.63：2.43，当实际配比与此配比不同时，可以手动换算毛石和混凝土的含量。

(4)本章定额均未包括预埋的铁件，如设计要求预埋铁件时，可按设计用量套用本册D.3.2钢筋工程相应项目。

(5)子目中混凝土强度等级应按设计要求计算。

【解读】套用各混凝土浇筑子目时，定额中混凝土属于未计价材料，只列明含量，没有具体的材料价格。套用定额时，应根据实际的混凝土强度等级换算。还应考虑混凝土是采用现场搅拌混凝土还是商品混凝土，若采用现场搅拌混凝土，则需再套用混凝土制作子目。

(6)本章除混凝土桥面铺装及梁板之间灌缝项目综合考虑所需模板外，其余混凝土项目所需的模板费用执行模板制作安装工程相应项目。

【解读】凡是混凝土浇筑子目必然存在模板制作安装，计价时注意不要漏计模板。

(7)混凝土若掺入钢纤维用量少于等于60 kg/m³，则混凝土配合比及制作人工、机械不调整；若掺入量大于60 kg/m²，只按实际调整相应混凝土配合比。

4. 预制混凝土工程

(1)本章定额包括预制桩、柱、板、梁和构件等内容。

(2)本章定额适用于桥涵工程现场制作的预制构件。

(3)本章定额均未包括预埋铁件，如设计要求预埋铁件时，可按设计用量套用钢筋工程相应项目。

(4)本章定额不包括地模、胎模费用，需要时可按临时工程有关规定计算。胎模、地模的占用面积可按施工方案计算。大型预制构件T形梁、I形梁等截面箱梁，每根占用平面面积的工程量按下式计算：

$$平面面积 = (梁长 + 2.00 \text{ m}) \times (梁宽 + 1.00 \text{ m})$$

(5)空心板梁中空部分，均采用橡胶囊抽拔，其摊销量已包括在子目中，不再计算空心部分模板工程量。

(6)本章各混凝土项目所需的模板应执行定额D.3.8章模板制作安装工程相应项目。

【解读】预制混凝土工程跟现浇混凝土一样，包括混凝土制作、混凝土浇捣、模板制作安装等工作内容，只是预制混凝土是在固定的预制场地浇筑构件，而现浇混凝土是在构件原位浇筑。

5. 安装工程

(1)本章定额包括安装排架立柱、墩台管节、板、梁、小型构件、栏杆扶手、支座和伸缩缝，以及构件运输内容。

(2)本章定额适用于桥涵工程混凝土构件和钢构件的安装等项目。

(3)钢箱梁和钢梯道定额已包括一遍防锈漆，其他表面涂刷套用《广东省建筑与装饰工程综合定额(2010)》相应项目。

(4)安装预制构件定额均未包括脚手架，如需要用脚手架时，可套定额用第一册《通用项目》相应项目。

(5)钢箱梁定额未包括载重预压和探伤，如发生时另外计算。

(6)安装预制构件，应根据施工现场具体情况，采用合理的施工方法，套用相应项目。

(7)除安装梁分陆上、水上安装外，其他构件安装均未考虑船上吊装，发生时可增计船只费用。驳船不包括进出场费。

(8)混凝土小型构件是指单件实体体积在 0.04 m³ 以内,质量在 100 kg 以内的各类小型构件。混凝土小型构件、半成品运输是指预制、加工场地取料中心至施工现场堆放使用中心距离超出 150 m 的运输。小型混凝土构件安装已包括 150 m 场内运输,超过 150 m 的执行定额第一册《通用项目》相应项目,其他构件未包括场内运输,应套用本章相应项目。

(9)本章运输项目适用于运距在 30 km 以内的运输,超过 30 km 部分按每增加 1 km 相应定额子目乘以系数 0.65 计算。

(10)在构件运输过程中,如遇路桥限载(限高),而发生的加固、扩宽等费用及交通管理部门收取的相关费用另外计算。

【解读】安装工程主要有预制混凝土构件和钢构件两种构件。预制混凝土构件在固定的预制场地浇筑成型后再运输至施工现场安装就位。

7. 临时工程

(1)本章定额包括桩基础支架平台、木垛、支架的搭拆,打桩机械、船排、万能杆件的组拆,挂篮的安拆和推移,胎地模的筑拆及桩顶混凝土凿除等内容。

(2)本章定额支架平台适用于陆上、支架上打桩及钻孔灌注桩。支架平台分陆上平台与水上平台两类。

(3)桥涵拱盔、支架均不包括底模及地基加固在内。

(4)组装、拆卸船排定额中已包括压舱费用。压舱材料取定为大石块,并按船排总吨位的 30% 计取(包括装、卸在内 150 m 的二次运输费)。

(5)挂篮的压重费按施工组织设计计算。

(6)搭、拆水上工作平台定额已综合考虑了组装、拆卸船排及组装、拆卸打拔桩架工作内容,不得重复计算。

8. 模板制作安装工程

(1)本章定额包括现浇混凝土模板制作安装,预制混凝土模板制作安装和预制箱涵模板制作安装等内容。

(2)砖砌拱圈底模拱盔和支架,可按临时工程相应项目执行。

(3)现浇混凝土承台可分为有底模及无底模两种,应按不同的施工方法套用本章相应项目。

(4)现浇混凝土定额中模板以木模、工具式钢模为主(除防撞护栏采用定型钢模外)。

(5)现浇混凝土梁、板等模板子目中均已包括底模内容,但未包括支架部分。如发生时可套用临时工程相应项目。

(6)预制混凝土空心板梁中空心部分,若采用橡胶囊抽拔,其摊销量已包括在子目中,不再计算空心部分模板工程量。空心板梁中空心部分,可按模板内接触混凝土面积计算工程量。

(7)临时工程现浇混凝土中模板费用套用本章相应项目。

(二)定额套用练习

【例 3-23】 根据图 3-4~图 3-11 和【例 3-22】的工程量计算表,套用《广东省市政工程定额(2010)》。

解:套用各混凝土浇筑子目时,要注意换算主材信息,定额中混凝土属于未计价材料,只列明含量,没有具体的材料价格。套用定额时应根据实际的混凝土强度等级换算。还应考虑混凝土是采用现场搅拌混凝土还是商品混凝土,目前一般工程都采用商品混凝土,只有零星工程用的混凝土数量较少时才采用现场搅拌。所以,定额套用时应结合施工方案。

同理，浆砌块石里面用的砂浆也是未计价材料，定额套用时应根据实际采用的砂浆强度等级换算主材，砂浆一般采用现场搅拌制作。定额套用见表3-44。

表3-44 涵洞工程定额套用表

序号	项目名称及特征	定额子目编号	定额子目名称及特征	定额单位	定额工程量	备注
1	C20 混凝土基础	D3-3-38 换	现浇基础 混凝土换为[C20混凝土40石(配合比)]	10 m³	1.009 8	未计价主材换算
2	砂垫层	D3-3-35 换	现浇基础 砂垫层	10 m³	0.082 65	
3	M10 水泥砂浆砌 MU40 块石墙身	D3-1-1 换	浆砌块石 墩台身 合并制作子目 砂浆制作 现场搅拌砌筑砂浆 水泥砂浆 M10	10 m³	2.519	未计价主材换算
4	M7.5 水泥砂浆砌 MU40 块石底板	D3-1-3 换	浆砌块石 基础护底 合并制作子目 砂浆制作 现场搅拌砌筑砂浆 水泥砂浆 M7.5	10 m³	0.682	未计价主材换算
5	C20 支撑梁	D3-3-40 换	现浇承台、支撑梁与横梁 支撑梁换为[C20混凝土10石(配合比)]	10 m³	0.04	未计价主材换算
6	C20 台帽	D3-3-48 换	现浇墩身、台身 台帽换为[C20混凝土10石(配合比)]	10 m³	0.409	未计价主材换算
7	C25 预制盖板	D3-4-5 换	预制板 矩形板换为[C25混凝土20石(配合比)]	10 m³	0.38	未计价主材换算
8	C25 混凝土面层	D3-3-76 换	桥面混凝土铺装 车行道换为[C25混凝土20石(配合比)]	10 m³	0.243	未计价主材换算
9	基础模板	D3-8-2	现浇混凝土模板制作、安装 混凝土基础	10 m²	2.376	
10	支撑梁模板	D3-8-5	现浇混凝土模板制作、安装 支撑梁	10 m²	0.399	
11	台帽模板	D3-8-13	现浇混凝土模板制作、安装 台帽	10 m²	4.066	
12	盖板模板	D3-8-42	预制混凝土模板制作、安装 矩形板	10 m²	0.38	
13	HPB300 级钢筋 φ10 以内	D3-2-4	钢筋制作、安装 现浇混凝土 φ10以内	t	0.052	
14	HPB300 级钢筋 φ10 以外	D3-2-5	钢筋制作、安装 现浇混凝土 φ10以外	t	0.022	
15	HRB335 钢筋 φ10 以外	D3-2-6	钢筋制作、安装 现浇混凝土 φ10以外	t	0.091	
16	预制 HPB300 级钢筋 φ10 以内	D3-2-1	钢筋制作、安装 预制混凝土 φ10以内	t	0.06	
17	预制 HRB335 级钢筋 φ10 以外	D3-2-3	钢筋制作、安装 预制混凝土 φ10以外	t	0.497	

(三)定额调整换算练习

【例 3-24】 调整未计价材料价格,在【例 3-20】~【例 3-23】的基础上进行定额调整换算,加入未计价材料的价格。本工程采用商品混凝土和预拌砂浆,按一类地区考虑,C20、C25 商品混凝土的价格分别为 240 元/m²、250 元/m²,M10、M7.5 水泥砂浆的价格分别为 191.35 元/m²、172.01 元/m²。

解: 以"C20 混凝土基础"为例,子目 D3-3-38 定额基价为 698.6 元/10 m³,该基价中未包含 C20 混凝土的材料价格,根据定额该子目混凝土消耗量为 10.1 m²/10 m³,C20 混凝土的材料单价为 240 元/m²,故 C20 混凝土的材料价格为 10.1×240=2 424(元),调整后的定额基价=698.6+2 424=3 122.6(元/10 m³),其他子目计算同理,计算结果见表 3-45。

表 3-45　涵洞工程定额未计价材料计算表

序号	项目名称及特征	定额子目编号	定额单位	定额基价/元	调整内容	调整后定额基价/元	工程量	合价/元
1	C20 混凝土基础	D3-3-38 换	10 m³	698.6	添加主材混凝土费用	3 122.6	1.0 098	3 153.20
2	砂垫层	D3-3-35 换	10 m³	1 131.41		1 131.41	0.082 65	93.51
3	M10 水泥砂浆砌 MU40 块石墙身	D3-1-1 换	10 m³	1 776.09	添加主材水泥砂费用	2 478.34	2.519	6 242.94
4	M7.5 水泥砂浆砌 MU40 块石底板	D3-1-3 换	10 m³	1 179.39	添加主材水泥砂费用	1 810.67	0.682	1 234.88
5	C20 支撑梁	D3-3-40 换	10 m³	810.7	添加主材混凝土费用	3 234.7	0.04	129.39
6	C20 台帽	D3-3-48 换	10 m³	981.72	添加主材混凝土费用	3 405.72	0.409	1 392.94
7	C25 预制盖板	D3-4-5 换	10 m³	1 238.7	添加主材混凝土费用	3 763.7	0.38	1 430.21
8	C25 混凝土面层	D3-3-76 换	10 m³	1 494.13	添加主材混凝土费用	4 019.13	0.243	976.65
9	基础模板	D3-8-2	10 m²	337.04		337.04	2.376	800.81
10	支撑梁模板	D3-8-5	10 m²	518.48		518.48	0.399	206.87
11	台帽模板	D3-8-13	10 m²	598.12		598.12	4.066	2 431.96
12	盖板模板	D3-8-42	10 m²	266.47		266.47	0.38	101.26
13	HPB300 级钢筋 ⌀10 以内	D3-2-4	t	4 661.91		4 661.91	0.052	242.42
14	HPB300 级钢筋 ⌀10 以外	D3-2-5	t	4 619.96		4 619.96	0.022	101.64
15	HRB335 级钢筋 ⌀10 以外	D3-2-6	t	4 435.15		4 435.15	0.091	403.60
16	预制 HPB300 级钢筋 ⌀10 以内	D3-2-1	t	4 503.59		4 503.59	0.06	270.22
17	预制 HRB335 级钢筋 ⌀10 以外	D3-2-3	t	4 436.01		4 436.01	0.497	2 204.70
	合计				定额分部分项工程费			21 417.17

【随堂练习 3-9】 定额基价调整，根据【例 3-24】的计算结果，查阅《广东省市政工程综合定额(2010)》，列出除"C20 混凝土基础"外的其余子目定额基价调整的计算过程。

三、调整价差

本例题采用按实调整法调整价差，调差原理与方法详见第二章，为简化计算，案例仅考虑人工价格有变化，只需调整人工价差，材料和机械价格不变，演示人工价差调整方法。

【例 3-25】 调整价差根据【例 3-23】和【例 3-24】结果，如果施工期间工日单价为 102 元/工日，其他材料和机械信息价不调整，计算该工程分部分项工程费。

解：以子目 D3-1-1 为例，查看定额项目表，其中，综合工日的消耗量是 14.859 工日。另外，这个子目下面还有一种材料 M10 水泥砂浆，这是混合材料，需要配制，配制过程中必然要消耗人工，所以，M10 水泥砂浆的制作费用是会随着人工价格变化而变化，这部分也要调整人工价差。查看定额消耗量可知，每 10 m³ 浆砌墩身需消耗 M10 水泥砂浆 3.67 m³。再查阅水泥砂浆制作子目可知，每 1m³ 水泥砂浆制作需要耗用 0.3 工日，从而推出每 10 m³ 浆砌墩身在水泥砂浆制作上需耗用的工日＝3.67×0.3＝1.101。

故该子目的定额工日消耗量为：14.859＋1.101＝15.96(工日/10 m³)

同理，分别查出每个子目中的工日定额消耗量，每个子目的工日定额消耗量乘以子目定额工程量即得该子目的工日数量，每个子目的工日数量相加，计算出该工程的工日总量，工日总量乘以工日单价差即计算出人工价差，计算结果见表 3-46。

表 3-46 涵洞工程人工价差计算表

序号	项目名称及特征	定额子目编号	定额单位	定额人工消耗量	工程量	工日数量
1	C20 混凝土基础	D3-3-38 换	10 m³	6.879	1.009 8	6.95
2	砂垫层	D3-3-35 换	10 m³	5.869	0.082 65	0.49
3	M10 水泥砂浆砌 MU40 块石墙身	D3-1-1 换	10 m³	15.96	2.519	40.20
4	M7.5 水泥砂浆砌 MU40 块石底板	D3-1-3 换	10 m³	9.22	0.682	6.29
5	C20 支撑梁	D3-3-40 换	10 m³	8.919	0.04	0.36
6	C20 台帽	D3-3-48 换	10 m³	10.229	0.409	4.18
7	C25 预制盖板	D3-4-5 换	10 m³	13.729	0.38	5.22
8	C25 混凝土面层	D3-3-76 换	10 m³	14.569	0.243	3.54
9	基础模板	D3-8-2	10 m²	1.818	2.376	4.32
10	支撑梁模板	D3-8-5	10 m²	2.916	0.399	1.16

续表

序号	项目名称及特征	定额子目编号	定额单位	定额人工消耗量	工程量	工日数量
11	台帽模板	D3-8-13	10 m²	3.213	4.066	13.06
12	盖板模板	D3-8-42	10 m²	1.8	0.38	0.68
13	HPB300级钢筋 φ10以内	D3-2-4	t	11.997	0.052	0.62
14	HPB300级钢筋 φ10以外	D3-2-5	t	6.57	0.022	0.14
15	HRB335级钢筋 Φ10以外	D3-2-6	t	4.419	0.091	0.40
16	预制HPB300级钢筋 φ10以内	D3-2-1	t	9.279	0.06	0.56
17	预制HRB335级钢筋 Φ10以外	D3-2-3	t	4.275	0.497	2.12
①工日数量合计						90.30
②工日单价差						51.00
③人工价差（③＝①×②）						4 605.3

【随堂练习3-10】 根据【例3-23】和【例3-24】结果，参考【例3-25】的计算思路，列式计算该工程"中砂"的材料价差，已知中砂的当期信息价为89.76元/m²。

四、取费汇总

取费汇总练习

【例3-26】 在【例3-20】～【例3-25】基础上计算工程造价，取费程序根据广州市市政工程计费程序表。

解： 单位工程预算造价文件（定额计价）一般包括封面、单位工程预算汇总表、定额分部分项工程预算表、措施项目预算表、其他项目预算表、人工机械材料价差表等。本案例的信息价采用2013年广州市第四季度信息价。涵洞工程造价文件展示见表3-47～表3-49。

表3-47　涵洞工程预算汇总表

工程名称：涵洞9.5×3.2　　　　　　　　　　　　　　　　　　　　　第1页　共1页

序号	费用名称	计算基础	金额/元
1	分部分项工程费	定额分部分项工程费＋价差＋利润	28 807.36
1.1	定额分部分项工程费	人工费＋材料费＋机械费＋管理费	20 512.49
1.1.1	人工费	分部分项人工费	4 625.24

续表

序号	费用名称	计算基础	金额/元
1.1.2	材料费	分部分项材料费+分部分项主材费+分部分项设备	13 251.87
1.1.3	机械费	分部分项机械费	1 573.05
1.1.4	管理费	分部分项管理费	1 062.33
1.2	价差	人工价差+材料价差+机械价差	6 695.08
1.2.1	人工价差	分部分项人工价差	4 262.48
1.2.2	材料价差	分部分项材料价差	1 832.02
1.2.3	机械价差	分部分项机械价差	600.58
1.3	利润	人工费+人工价差	1 599.79
2	措施项目费	安全文明施工费+其他措施项目费	1 172.25
2.1	安全文明施工费	安全防护、文明施工措施项目费	1 172.25
2.2	其他措施项目费	其他措施费	
3	其他项目费	其他项目合计	316.88
3.1	暂列金额	暂列金额	
3.2	暂估价	专业工程暂估价	
3.3	计日工	计日工	
3.4	总承包服务费	总承包服务费	
3.5	材料检验试验费	材料检验试验费	57.62
3.6	预算包干费	预算包干费	
3.7	工程优质费	工程优质费	
3.8	索赔费用	索赔	
3.9	现场签证费用	现场签证	
3.10	其他费用	其他费用	
4	规费	工程排污费+施工噪声排污费+防洪工程维护费+危险作业意外伤害保险费	1 687.51
5	税金	分部分项工程费+措施项目费+其他项目费+规费	1 100.25
6	含税工程造价	分部分项工程费+措施项目费+其他项目费+规费+税金	33084.25

表 3-48 涵洞工程定额分部分项工程预算表

工程名称：涵洞 9.5×3.2

序号	项目编码	项目名称	计量单位	工程数量	定额基价/元	合价/元
1	D3-23-238 换	现浇基础 混凝土换为[C20 混凝土 40 石(配合比)]	10 m³	1.009 8	2 596.69	2 622.14
2	D3-23-235 换	现浇基础 砂垫层	10m³	0.08265	1050	86.78
3	D3-21-21 换	浆砌块石 墩台身 合并制作子目 砂浆制作 现场搅拌砌筑砂浆 水	0 m³	2.519	2 501.29	6 300.75

续表

序号	项目编码	项目名称	计量单位	工程数量	定额基价/元	合价/元
4	D3-21-23 换	浆砌块石 基础护底 合并制作子目 砂浆制作 现场搅拌砌筑砂浆	10 m³	0.682	1 833.61	1 250.52
5	D3-23-240 换	现浇承台、支撑梁与横梁 支撑梁换为[C20混凝土10石(配合合比)]	10 m³	0.04	2 847.06	113.88
6	D3-23-248 换	现浇墩身、台身 台帽换为[C20混凝土10石(配合比)]	10 m³	0.409	3 018.08	1 234.39
7	D3-24-25 换	预制板 矩形板换为[C25混凝土20石(配合比)]	10 m³	0.38	3 336.27	1 267.78
8	D3-23-276 换	桥面混凝土铺装 车行道换为[C25混凝土20石(配合比)]	10 m³	0.243	3 591.69	872.78
9	D3-28-22	现浇混凝土模板制作、安装 混凝土基础	10 m²	2.376	337.04	800.81
10	D3-28-25	现浇混凝土模板制作、安装 支撑梁	10 m²	0.399	518.48	206.87
11	D3-28-13	现浇混凝土模板制作、安装 台帽	10 m²	4.066	598.12	2 431.96
12	D3-28-242	预制混凝土模板制作、安装 矩形板	10 m²	0.38	266.47	101.26
13	D3-22-24	钢筋制作、安装 现浇混凝土 φ10以内	t	0.052	4 661.91	242.42
14	D3-22-25	钢筋制作、安装 现浇混凝土 φ10以外	t	0.022	4 619.96	101.64
15	D3-22-26	钢筋制作、安装 现浇混凝土 φ10以外	t	0.091	4 435.15	403.60
16	D3-22-1	钢筋制作、安装 预制混凝土 φ10以内	t	0.06	4 503.59	270.22
17	D3-22-23	钢筋制作、安装 预制混凝土 φ10以外	t	0.497	4 436.01	2 204.70
		分部小计				20 512.50

表 3-49 涵洞工程措施项目预算表

工程名称：涵洞 9.5×3.2　　　　　　　　　　　　　　　第 1 页　共 1 页

序号	项目名称	单位	数量	单价/元	合价/元
1	安全文明施工项目费				1 172.25
1.1	综合脚手架	项	1	336.84	336.84
1.2	靠脚手架安全挡板	项	1		
1.3	独立安全防护挡板	项	1		
1.4	围尼龙编织布	项	1		
1.5	现场围挡、围墙	项	1		
1.6	文明施工与环境保护、临时设施、安全施工	项	1	835.41	835.41
	小计				1 172.25

本节习题

一、单选题

1. 某预制钢筋混凝土盖板尺寸为 1.2 m×1.2 m，φ10 分布钢筋两端采用 90°弯钩，保护层厚度为 30 mm，单根钢筋的预算长度为（　）m。
   A. 1.18　　　　　B. 1.21　　　　　C. 1.24　　　　　D. 1.27

2. 打预制混凝土管桩按桩长度乘以桩横断面面积，减去（　）计算。
   A. 桩长　　　　B. 送桩体积　　　C. 空心部分体积　　D. 桩尖体积

3. 陆上打桩时，以原地面平均标高增加（　）m 为界，界线以下至设计桩顶面标高之间的打桩实体积为送桩工程量。
   A. 1.2　　　　　B. 1　　　　　　C. 0.8　　　　　D. 0.5

4. 市政工程中的桥涵工程适用于单跨（　）m 以内的桥梁工程。
   A. 150　　　　　B. 200　　　　　C. 100　　　　　D. 250

5. 打钢管桩按成品桩考虑，以（　）计算。
   A. m　　　　　　B. t　　　　　　C. 延长米　　　　D. m²

6. 在架上打桩时，以当地施工期间的最高水位增加（　）m 为界线，界线以下至设计桩顶标高之间的打桩时体积为送桩工程量。
   A. 1.5　　　　　B. 0.5　　　　　C. 1　　　　　　D. 0.8

二、多选题（至少有两个正确答案）

1. 桥梁的下部结构指（　）。
   A. 桥墩和桥台　　　　　　　　　B. 支座和桥墩
   C. 桥墩、桥台及护坡　　　　　　D. 桥墩、桥台及基础

2. 按桥梁的主要承重体系分类，桥梁可分为（　）。
   A. 梁式桥　　　　B. 拱式桥　　　　C. 钢架桥　　　　D. 悬索桥

3. 关于钢筋工程量计算的叙述，下列正确的选项有（　）。
   A. 钢筋按设计数量按质量以"t"计算（损耗不包括在定额中）
   B. 钢筋按设计数量按质量以"t"计算（损耗已包括在定额中）
   C. 钢筋理论质量计算：钢筋质量计算公式 $=0.006\ 17 \times d^2$
   D. 直钢筋长度计算=构件长度-保护层厚度+搭接长度+弯钩长度

三、软件操练

在计价软件中完成本节【例 3-20】～【例 3-25】计算。

第四节　给水工程定额计量与计价

根据定额计价的四个步骤分步通过案例演示给水工程计量与计价，定额计价的四个步骤的具体计算原理见第二章"定额计价的步骤"相关内容，本节具体演示实例计算。

【本节引例】图 3-18 和图 3-19 所示为某市政工程给水管道图纸，设计说明文件如下：

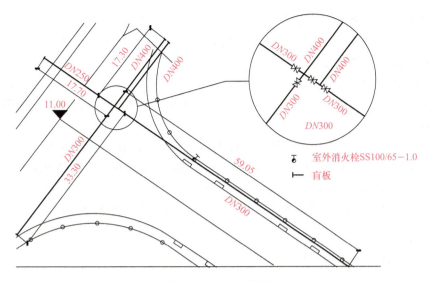

图 3-18 给水平面图

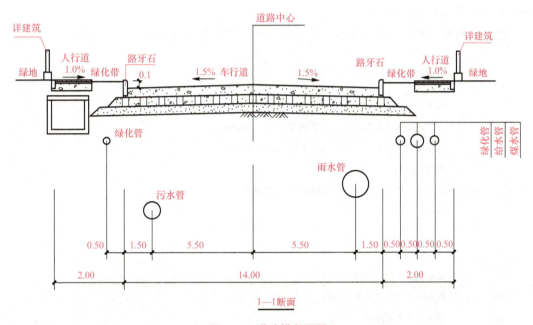

图 3-19 道路横断面图

(1)本图高程采用黄海高程系，定位坐标采用北京市坐标系。

(2)图中尺寸管径(均指内径)以毫米计，其余均以米计。

(3)给水水源为市政给水，市政给水在引入管接管处(黄海高程 12.500 m)水压为 0.35 MPa。

(4)给水管材：当 $DN \geqslant 200$ mm 时，选用 K9 级球墨给水铸铁管，橡胶圈 T 形滑入式接口；当 $DN \leqslant 150$ mm 时，采用 PE 给水管，1.0 MPa，热熔连接。

(5)给水管道管顶覆土厚度一般为 0.7 m，特殊情况可适当调整。

(6)当给水管道敷设于车行道下时，除注明外，一般距路边为 0.30 m。

(7)室外消火栓采用地上式消火栓，敷设在住户围栏边。消火栓间距不大于 120 m，消火栓前设蝶阀。室外消火栓安装详见国家建筑标准设计图集13S201。

(8)给水阀门，当$DN \geqslant 65$ mm时采用闸阀，敷设在阀门井里；当$DN \leqslant 50$ mm时采用截止阀；双向通水时采用闸阀。

(9)给水阀门井采用砖砌圆形阀门井收口式，直径为1.2 m，井深为1.6 m，详见国家建筑标准设计图集05S502。给水管道的最高处设排气阀，最低处设泄水阀，选用及安装详见国家建筑标准设计图集05S502。

(10)埋地钢管外防腐采用加强级环氧煤沥青防腐，从内到外的结构为：底漆＋面漆＋玻璃布＋面漆＋面漆，干膜厚度不小于0.4 mm。球墨给水铸铁管出厂时要求管内壁做水泥砂浆衬里，管外壁做锌层涂覆。

(11)未尽事宜，详见现行国家标准《给水排水管道工程施工及验收规范》(GB 50268—2008)。

一、列项算量

(一)列项练习

【例3-27】 根据【本节引例】设计文件，结合《广东省市政工程综合定额(2010)》列出该给水工程各分部分项工程名称及特征。

解：根据给水管的材质、管径、管件的类型、规格等分开列项，见表3-50。

表3-50 给水工程列项表

序号	项目名称及特征
1	球墨给水铸铁管$DN250$，橡胶圈T形滑入式接口
2	球墨给水铸铁管$DN300$，橡胶圈T形滑入式接口
3	球墨给水铸铁管$DN400$，橡胶圈T形滑入式接口
4	闸阀$DN300$
5	室外消火栓SS100/65－1.0$DN300$，前设蝶阀
6	盲板$DN300$
7	盲板$DN250$
8	盲板$DN400$
9	给水四通$DN300 \times 300 \times 300 \times 400$
10	给水三通$DN300 \times 300 \times 400$
11	给水大小头$DN300 \times 250$
12	砖砌圆形阀门井

(二)工程量计算练习

根据图纸内容和尺寸信息计算各子目工程量，首先要熟悉工程量计算规则。根据《广东省市政工程综合定额(2010)》，给水工程工程量计算规则如下。

1. 管道安装

(1)管道安装工程量按设计图示中心线长度以m计算。

1)支管长度从主管中心开始计算到支管末端交接处的中心，管件、阀门和法兰所占长度已在管道施工损耗中综合考虑，计算工程量时均不扣除其所占长度。

2)遇新旧管连接时，管道安装计算到碰头的阀门处，阀门及阀门相连的承(插)盘短管、法兰盘的安装均包括在新旧管连接内,不再另计工程量。

(2)新旧管连接按设计图示数量以处计算。

(3)管道试压、管道消毒冲洗按管道安装工程量计算。

【解读】管道试压、管道消毒冲洗在施工图纸上面不会反映,但这是施工工艺的要求,必须计量计价,不能漏项。

2. 管件制作安装

管件、止水栓、分水栓、马鞍卡子、二合三通、消火栓、水表与阀门的安装按设计图示数量以个或组计算。

3. 管道附属构筑物

(1)各种井均按设计图示数量以座计算。

(2)管道支墩以设计图示尺寸以 m^2 计算,不扣除钢筋、铁件所占的体积。

4. 管道除锈防腐蚀工程

管道除锈、防腐蚀工程量按定额第六册《燃气工程》规定计算。

【解读】管道除锈按其表面积以 m^2 计算;管道防腐蚀按管道中心线长度以 m 计算,不扣除管件、阀门所占长度。

【例 3-28】 根据【例 3-27】的列项,计算该给水工程工程量。

解:根据工程量计算规则,管道安装工程量按设计图示中心线长度以 m 计算,管件、止水栓、分水栓、马鞍卡子、二合三通、消火栓、水表与阀门的安装按设计图示数量以个或组计算,各种井均按设计图示数量以座计算,见表 3-51。

表 3-51 给水工程算量表

序号	项目名称及特征	单位	工程量
1	球墨给水铸铁管 DN250,橡胶圈 T 形滑入式接口	m	17.7
2	球墨给水铸铁管 DN300,橡胶圈 T 形滑入式接口	m	92.35
3	球墨给水铸铁管 DN400,橡胶圈 T 形滑入式接口	m	34.6
4	闸阀 DN300	个	4
5	室外消火栓 SS100/65−1.0 DN300,前设蝶阀	组	1
6	盲板 DN300	组	1
7	盲板 DN250	组	1
8	盲板 DN400	组	2
9	给水四通 DN300×300×300×400	个	1
10	给水三通 DN300×300×400	个	1
11	给水大小头 DN300×250	个	1
12	砖砌圆形阀门井	座	1

二、定额套用

(一)定额说明解读

《广东省市政工程综合定额(2010)》第四册《给水工程》包括管道安装、管件制作安装、管道附属构筑物、取水工程、管道防腐等内容。

1. 通用说明

(1)本定额管道、管件安装均按沟深 3 m 内考虑,如超过 3 m 时,其人工和机械乘以系数 1.15,沿山坡(坡度≥30)铺设和架空施工时,其人工和机械乘以系数 1.15。

(2)本定额均按无地下水考虑。

(3)与安装工程管道的划分以水表井为界,无水表井者,以与安装工程管道碰头点为界。

(4)以下与给水相关的工程项目,执行其他册的相应项目。

1)给水管道沟槽和给水构筑物的土石方工程、打拔工具桩、围堰工程、支撑工程、脚手架工程、拆除工程、井点降水、临时便桥、水平定向钻牵引等均执行定额第一册《通用项目》相应项目。

2)给水管过河工程及取水头部工程中的桥管基础、承台、混凝土桩及钢筋的制作安装等执行定额第三册《桥涵工程》相应项目。

3)给水工程的沉井工程、构筑物工程、顶管工程,均执行定额第五册《排水工程》相应项目。

4)塑料管熔接、活动法兰承插铸铁管(机械接口)管道及管件安装均执行定额第六册《燃气工程》相应项目。

(5)当管道安装总工程量不足 50 m 时,除土石方工程外,其余项目的人工、机械乘以系数 1.30。

【解读】在其他册有的定额子目不重复编列,编制给水工程预算时应与其他定额结合。

2. 管道安装

(1)本章定额包括铸铁管、混凝土管、钢管、塑料管、钢塑管安装,铸铁管、球墨铸铁管、钢管、塑料管及钢塑管新旧管连接、管道试压、消毒冲洗、不停水开孔、焊口氮气试验等内容。

(2)本章定额管节长度是综合取定的,当其与实际不同时,不做调整。

(3)钢管安装如采用钢制成品管件连接时,应扣除钢制成品管件所占长度后的钢管净用量加损耗量计算管道主材用量。

(4)套管内的管道铺设按相应的管道安装人工、机械乘以系数 2.00。

(5)混凝土管安装不是胶圈接口时,按定额第五册《排水工程》相应项目执行。

(6)消毒冲洗项目中的水量是消毒浸管所需水量,不包括接驳、冲洗所需用水,接驳冲洗所需耗水量按实另计,消毒冲洗后的水质检测费按实另计。

【解读】此工作内容图纸不反映,属施工工艺要求,所有给水管道安装完成后都应进行管道冲洗消毒。

(7)新旧管线连接项目所指的管径是指新旧管中最大的管径,遇新旧管连接不设置阀门时,执行本章不含阀门安装相应项目。

(8)管道安装均不包括管件(指三通、弯头、异径管等)、阀门和法兰的安装,钢塑管安装已包括管件的安装但不包括管件本身价值,管件数量按实另计。

【解读】实际做法与定额说明中的做法不同时,应按说明中的方法调整执行。管件、阀门和法兰的安装另外套用定额,钢塑管管件的安装不需要另外套用定额,但是应将管件的价格加入管道安装定额基价。

3. 管件制作安装

(1)本章定额包括钢制管件制作安装,铸铁管件、承插式预应力混凝土转换件、盲堵板、法兰管件、塑料管件、止水栓、分水栓、马鞍卡子、二合三通、铸铁穿墙管、消火栓、水表与阀门安装等内容。

(2)管件安装均不包括管件本身价值,如执行管件制作项目时,则不能再计取成品管件价值。

【解读】两种套法,如只套管件安装子目,则子目中应计算管件的主材价格;如另外套用管件制作子目,则管件安装子目中不计管件主材价格。

(3)铸铁管件安装适用于铸铁三通、弯头、套管、乙字管、异径管、短管的安装,并综合考虑了承口、插口、带盘的接口,与盘连接的阀门或法兰应另计。

(4)铸铁管件安装(胶圈接口)也适用于球墨铸铁管件的安装。

(5)承插式预应力混凝土管转换件(胶圈接口)的安装只包含与混凝土管连接那一面的工作量,另一面与其他管连接时按相应的管件安装项目执行。

(6)管件制作项目中的钢板卷管是考虑管件制作时的损耗,管件材料用量已在管道安装项目中综合考虑,不另计算。当焊接弯头≥11°30′才能执行弯头制作项目,90°焊接弯头制作执行45°弯头制作相应项目乘以系数1.70。

(7)焊接短管安装时,执行焊接弯头安装的相应项目。

(8)钢制加固环安装,按盲堵板安装项目乘以系数1.20。

(9)法兰管件安装,如螺栓用量定额与实际不符,可按实调整,人工不变。

(10)管件、阀门拆除,按相应项目的人工、机械计算;钢制管件拆除,按安装相应项目的人工、机械、材料乘以系数0.40计算。

(11)马鞍卡子安装所列直径是指主管直径。

(12)法兰式水表组成与安装定额内无缝钢管、焊接弯头所采用壁厚与设计不同时,允许调整其材料预算价格,其他不变。

(13)分水栓安装,如管件是钢塑材料时,价格可作调整,人工不变。

(14)法兰阀门安装均不含法兰安装,焊接法兰安装执行定额第六册《燃气工程》相应项目。

4. 管道附属构筑物

(1)本章定额包括砖砌圆形阀门井、砖砌矩形卧式阀门井、砖砌矩形水表井、消火栓井、圆形排泥湿井、管道支墩工程等内容。

(2)砖砌圆形阀门井是按《市政给水管道工程及附属设施》07MS101标准图集的市政给水阀门井编制的,且全部按无地下水考虑。如果是非标准图集井时,执行定额第五册《排水工程》D.5.3非定型井的相应项目。

(3)本章定额所指的井深是指垫层顶面至铸铁井盖顶面的距离。当井深大于1.50 m时,执行定额第一册《通用项目》相应项目计取脚手架搭拆费。

【解读】由于井深不同,费用有差异,故井深的概念一定要把握准确。同时,当井深大于1.5 m时要计算脚手架费用。本章各井的制安子目中不含脚手架费用。

(4)排气阀井,可执行阀门井的相应项目。

(5)矩形卧式阀门井筒每增0.20 m定额,包括2个井筒同时增0.20 m。

(6)模板安装和拆除、钢筋制作安装,如发生时,执行定额第五册《排水工程》相应项目。

【解读】本章各井的制安子目中不含模板安拆、钢筋制作安装,应另外计算。

(7)预制盖板、成型钢筋的场外运输,如发生时,执行定额第一册《通用项目》相应项目。

5. 管道防腐

(1)本章定额包括管道一般防腐、钢管冷缠胶带防腐补口等内容。

(2)钢管内、外防腐除锈，执行定额第六册《燃气工程》相应项目。

【解读】管道除锈按其表面积以 m^2 计算；管道防腐蚀按管道中心线长度以 m 计算，不扣管件、阀门所占长度；胶带防腐以 m^2 计算。

(二)定额套用练习

【例 3-29】 根据【例 3-27】和【例 3-28】的工程内容套用《广东省市政工程综合定额(2010)》。

解：管道试压和管道冲洗消毒虽然前面列项时图纸里面未反应，但这是实际施工工艺中必要的流程，计量计价时注意不要漏计。根据工程量计算规则，管道试压、管道消毒冲洗按管道安装工程量计算。结果见表 3-52。

表 3-52 给水工程定额套用

序号	项目名称及特征	定额子目编号	定额子目名称及特征	定额单位	定额工程量	备注
1	球墨给水铸铁管 DN250，橡胶圈 T 形滑入式接口	D4-1-16	球墨铸铁管安装(胶圈接口) 公称直径(mm 以内)300	10 m	1.77	主材换算
2	球墨给水铸铁管 DN300，橡胶圈 T 形滑入式接口	D4-1-16	球墨铸铁管安装(胶圈接口) 公称直径(mm 以内)300	10 m	9.235	主材换算
3	球墨给水铸铁管 DN400，橡胶圈 T 形滑入式接口	D4-1-17	球墨铸铁管安装(胶圈接口) 公称直径(mm 以内)400	10 m	3.46	主材换算
4	闸阀 DN300	D4-2-304	法兰阀门安装(不带管件) 公称直径(mm 以内)300	个	4	主材换算
5	室外消火栓 SS100/65-1.0 DN300，前设蝶阀	D4-2-290	消火栓安装 地上式 100	组	1	主材换算
6		D4-2-325	蝶阀安装 公称直径(mm 以内)600	个	1	主材换算
7	盲板 DN300	D4-2-173	盲堵板安装 公称直径(mm 以内)300	组	1	主材换算
8	盲板 DN250	D4-2-173	盲堵板安装 公称直径(mm 以内)300	组	1	主材换算
9	盲板 DN400	D4-2-174	盲堵板安装 公称直径(mm 以内)400	组	2	主材换算
10	给水四通 DN300×300×300×400	D4-2-34 换	铸铁管件安装(胶圈接口) 公称直径(mm 以内)400 DN300×300×300×400	个	1	主材换算
11	给水三通 DN300×300×400	D4-2-33	铸铁管件安装(胶圈接口) 公称直径(mm 以内)300 DN300×300×400	个	1	主材换算
12	给水大小头 DN300×250	D4-2-33	铸铁管件安装(胶圈接口) 公称直径(mm 以内)300 DN300×250	个	1	主材换算
13	砖砌圆形阀门井	D4-3-1 换	收口式井 内径为 1.2 m 井深为 1.6 m 合并制作子目 砂浆制作现场搅拌砌筑砂浆 水泥砂浆 M7.5	座	1	主材换算

续表

序号	项目名称及特征	定额子目编号	定额子目名称及特征	定额单位	定额工程量	备注
14		D4-1-197	管道试压　公称直径(mm 以内)400	100 m	0.346	图纸上没反映施工工艺要求
15		D4-1-215	管道消毒冲洗　公称直径(mm 以内)400	100 m	0.346	
16		D4-1-196	管道试压　公称直径(mm 以内)300	100 m	1.100 5	
17		D4-1-214	管道消毒冲洗　公称直径(mm 以内)300	100 m	1.100 5	

知识拓展

管道试压

管道安装完毕后，应按设计要求对管道系统进行压力试验，确保管道满足设计的压力标准。除真空管道系统和有防火要求的管道系统外，多数管道只做强度试验和严密性试验。管道系统的强度试验与严密性试验，一般采用水压试验，如因设计结构或其他原因，不能采用水压试验时，可采用气压试验。

管道冲洗消毒

给水管道在安装、水压试验完毕后，在竣工验收投入使用前，必须进行管道的冲洗消毒，直至出水口处浊度、色度与入水口处浊度、色度相同并符合生活饮用水的卫生规范要求为止，这是给水工程水质管理工作中一个非常重要的环节。

(三)定额调整换算练习

【例 3-30】 根据【例 3-29】计算结果以及表 3-53，进行定额调整换算，按一类地区考虑，计算调整后的定额基价。

表 3-53　材价信息表

序号	材料名称	单位	材料单价/元
1	球墨铸铁管 DN250	m	230
2	球墨铸铁管 DN300	m	270
3	球墨铸铁管 DN400	m	410
4	橡胶圈 DN250	个	15
5	橡胶圈 DN300	个	21
6	橡胶圈 DN400	个	30
7	钢筋混凝土管 DN300	m	200
8	铸铁四通 DN300×300×300×400	个	900
9	铸铁大小头 DN300×250	个	330
10	铸铁三通 DN300×300×400	个	620
11	法兰阀门 DN300	个	1 250

续表

序号	材料名称	单位	材料单价/元
12	盲堵板 DN250	组	150
13	盲堵板 DN300	组	220
14	盲堵板 DN400	组	280
15	蝶阀 DN300	个	1 560
16	消火栓安装 地上式 100	套	1 800
17	铸铁井盖、井座 直径 700 重型	套	950
18	C20 混凝土	m²	395
19	M7.5 水泥砂浆	m²	350

解： 以子目 D4-1-16 球墨铸铁管 DN250 安装为例，定额基价未包含主材费用，所以，要把主材费用计入。

$$主材费用 = \sum 主材单价 \times 主材消耗量$$

查阅定额可知，球墨铸铁管 DN250 安装包括球墨铸铁管 DN250 和橡胶圈 DN250，消耗量分别是 10 和 1.72。故

$$主材费用 = 230 \times 10 + 15 \times 1.72 = 2\,325.8(元)$$

$$调整后定额基价 = 定额基价 + 主材费用 = 132.58 + 2\,325.8 = 2\,458.38(元)$$

由此可见，管道安装工程中主材费用占总价的比重是非常大的，主材费用占总价的 80%～90%，甚至更高比例。各子目调整换算见表 3-54。

表 3-54 给水工程定额调整换算表

序号	定额子目名称及特征	定额子目编号	定额单位	定额基价/元	调整内容	调整后定额基价/元
1	球墨铸铁管安装（胶圈接口） 公称直径(mm 以内)300	D4-1-16	10 m	132.58	增加未计价主材价格	2 458.38
2	球墨铸铁管安装（胶圈接口） 公称直径(mm 以内)300	D4-1-16	10 m	132.58	增加未计价主材价格	2 868.7
3	球墨铸铁管安装（胶圈接口） 公称直径(mm 以内)400	D4-1-17	10 m	176.75	增加未计价主材价格	4 328.35
4	法兰阀门安装(不带管件) 公称直径(mm 以内)300	D4-2-304	个	258.07	增加未计价主材价格	1 508.07
5	消火栓安装 地上式 100	D4-2-290	组	77.35	增加未计价主材价格	1 877.35
6	蝶阀安装 公称直径(mm 以内)600	D4-2-325	个	706.22	增加未计价主材价格	2 266.22
7	盲堵板安装 公称直径（mm 以内)300	D4-2-173	组	80.04	增加未计价主材价格	230.04
8	盲堵板安装 公称直径（mm 以内)300	D4-2-173	组	80.04	增加未计价主材价格	300.04

续表

序号	定额子目名称及特征	定额子目编号	定额单位	定额基价/元	调整内容	调整后定额基价/元
9	盲堵板安装 公称直径（mm以内）400	D4-2-174	组	115.22	增加未计价主材价格	395.22
10	铸铁管件安装（胶圈接口） 公称直径（mm以内）400 DN300×300×300×400	D4-2-34换	个	150.08	增加未计价主材价格	865.87
11	铸铁管件安装（胶圈接口） 公称直径（mm以内）300 DN300×300×400	D4-2-33	个	85.34	增加未计价主材价格	1 059.5
12	铸铁管件安装（胶圈接口） 公称直径（mm以内） DN300×250	D4-2-33	个	85.34	增加未计价主材价格	452.42
13	收口式井 内径为1.2 m 井深为1.6 m 合并制作子目 砂浆制作 现场搅拌砌筑砂浆 水泥砂浆M7.5	D4-3-1换	座	788.67	增加未计价主材价格	2 154.02
14	管道试压 公称直径（mm以内）400	D4-1-197	100 m	370.54	无	370.54
15	管道消毒冲洗 公称直径（mm以内）400	D4-1-215	100 m	141.61	无	141.61
16	管道试压 公称直径（mm以内）300	D4-1-196	100 m	278.29	无	278.29
17	管道消毒冲洗 公称直径（mm以内）300	D4-1-214	100 m	112.72	无	112.72

【随堂练习3-11】 根据【例3-30】的计算结果，查阅《广东省市政工程综合定额（2010）》，列出【例3-30】中计算结果表中第2项至第6项各子目定额基价调整的计算过程。

三、调整价差

本案例采用按实调整法调整价差,调差原理与方法详见第二章,为简化计算,案例仅考虑人工价格有变化,只需调整人工价差,材料和机械价格不变,演示人工价差调整方法。

【例 3-31】 根据【例 3-29】和【例 3-30】结果,如果施工期间工日单价为102元/工日,其他信息价不变,求该工程直接工程费。

解: 以子目 D4-2-304 为例,查看定额项目表,其中综合工日的消耗量是2.86,定额的人工工日单价是51元/工日,因此

人工价差=人工消耗量×人工单价差额=2.86×(102-51)=145.86(元)

故:

调整价差后的定额基价=调整价差前的定额基价+人工价差
= 1 508.07+145.86=1 653.93(元/个)

该子目的直接工程费=调整价差后的定额基价×工程量
= 1 653.93×4=6 615.72(元)

其他子目价差调整和直接工程费计算见表3-55。

表3-55 给水工程直接工程费计算表

序号	项目名称及特征	定额子目编号	定额单位	定额基价/元	调整主材后定额基价/元	再调整人工价差后的定额基价	工程量	直接工程费/元
1	球墨铸铁管安装(胶圈接口) 公称直径(mm 以内)300	D4-1-16	10 m	132.58	2 458.38	2 523.56	1.77	4 466.70
2	球墨铸铁管安装(胶圈接口) 公称直径(mm 以内)300	D4-1-16	10 m	132.58	2 868.7	2 933.88	9.235	27 094.38
3	球墨铸铁管安装(胶圈接口) 公称直径(mm 以内)400	D4-1-17	10 m	176.75	4 328.35	4 418.78	3.46	15 288.98
4	法兰阀门安装(不带管件) 公称直径(mm 以内)300	D4-2-304	个	258.07	1 508.07	1 653.93	4	6 615.72
5	消火栓安装 地上式 100	D4-2-290	组	77.35	1 877.35	1 936.1	1	1 936.10
6	蝶阀安装 公称直径(mm 以内)600	D4-2-325	个	706.22	2 266.22	2 600.27	1	2 600.27
7	盲堵板安装 公称直径(mm 以内)300	D4-2-173	组	80.04	230.04	265.79	1	265.79
8	盲堵板安装 公称直径(mm 以内)300	D4-2-173	组	80.04	300.04	335.79	1	335.79
9	盲堵板安装 公称直径(mm 以内)400	D4-2-174	组	115.22	395.22	449.28	2	898.56
10	铸铁管件安装(胶圈接口) 公称直径(mm 以内)400 DN 300×300×300×400	D4-2-34 换	个	150.08	865.87	946.19	1	946.19

续表

序号	项目名称及特征	定额子目编号	定额单位	定额基价/元	调整主材后定额基价/元	再调整人工价差后的定额基价/元	工程量	直接工程费/元
11	铸铁管件安装（胶圈接口）公称直径（mm 以内）300 $DN\ 300×300×400$	D4-2-33	个	85.34	1 059.5	1 112.28	1	1 112.28
12	铸铁管件安装（胶圈接口）公称直径（mm 以内）300 $DN\ 300×250$	D4-2-33	个	85.34	452.42	505.2	1	505.20
13	收口式井 内径1.2 m 井深1.6 m 合并制作子目 砂浆制作现场搅拌砌筑砂浆水泥砂浆 M7.5	D4-3-1 换	座	788.67	2 154.02	2 410.86	1	2 410.86
14	管道试压公称直径（mm 以内）400	D4-1-197	100 m	370.54	370.54	528.89	0.346	183.00
15	管道消毒冲洗 公称直径（mm 以内）400	D4-1-215	100 m	141.61	141.61	219.43	0.346	75.92
16	管道试压 公称直径（mm 以内）300	D4-1-196	100 m	278.29	278.29	401.3	1.1 005	441.63
17	管道消毒冲洗 公称直径（mm 以内）300	D4-1-214	100 m	112.72	112.72	182.33	1.1 005	200.65
					合计			65 378.03

【随堂练习 3-12】 根据【例 3-29】和【例 3-30】结果，参考【例 3-31】的计算思路，列式计算【例 3-31】中计算结果表中第 6 条至第 10 条子目直接工程费的计算过程。

四、取费汇总

单位工程预算造价文件（定额计价）一般包括封面、单位工程预算汇总表、定额分部分项工程预算表、措施项目预算表、其他项目预算表、人工机械材料价差表等。本案例给水工程造价文件展示见表 3-56～表 3-62。

表 3-56　封面

　　　　　　　　　某小区道路给水　　　　　　　　　　工程

预　算　价

预算价(小写)：　　　　　74 515.93

　(大写)：　　柒万肆仟伍佰壹拾伍元玖角叁分

表 3-57　编制说明

1. 本预算根据《广东省市政工程综合定额(2010)》编制，按《市政工程广州市计价程序表》取费。
2. 本预算人工工日单位采用 102 元/工日。
3. 本预算主材价格按下表计算。

序号	材料名称	单位	材料单价/元
1	球墨铸铁管 DN250	m	230
2	球墨铸铁管 DN300	m	270
3	球墨铸铁管 DN400	m	410
4	橡胶圈 DN250	个	15
5	橡胶圈 DN300	个	21
6	橡胶圈 DN400	个	30
7	钢筋混凝土管 DN300	m	200
8	铸铁四通 DN300×300×300×400	个	900
9	铸铁大小头 DN300×250	个	330
10	铸铁三通 DN300×300×400	个	620
11	法兰阀门 DN300	个	1 250
12	盲堵板 DN250	组	150
13	盲堵板 DN300	组	220
14	盲堵板 DN400	组	280
15	蝶阀 DN300	个	1 560
16	消火栓安装　地上式　100	套	1 800
17	铸铁井盖、井座　直径 700　重型	套	950
18	C20 混凝土	m³	395
19	M7.5 水泥砂浆	m³	350

表 3-58　单位工程预算汇总表

工程名称：某小区道路给水工程　　　　　　　　　　第 1 页　共 1 页

序号	费用名称	计算基础	金额/元
1	分部分项工程费	定额分部分项工程费＋价差＋利润	69 878.62
1.1	定额分部分项工程费	人工费＋材料费＋机械费＋管理费	65 378.03
1.1.1	人工费	分部分项人工费	5 844.94
1.1.2	材料费	分部分项材料费＋分部分项主材费＋分部分项设备费	57 664.62
1.1.3	机械费	分部分项机械费	1 050.31
1.1.4	管理费	分部分项管理费	818.16
1.2	价差	人工价差＋材料价差＋机械价差	2 922.46
1.2.1	人工价差	分部分项人工价差	2 922.46
1.2.2	材料价差	分部分项材料价差	
1.2.3	机械价差	分部分项机械价差	

续表

序号	费用名称	计算基础	金额/元
1.3	利润	人工费＋人工价差	1 578.13
2	措施项目费	安全文明施工费＋其他措施项目费	2 026.48
2.1	安全文明施工费	安全防护、文明施工措施项目费	2 026.48
2.2	其他措施项目费	其他措施费	
3	其他项目费	其他项目合计	0.28
3.1	暂列金额	暂列金额	
3.2	暂估价	专业工程暂估价	
3.3	计日工	计日工	
3.4	总承包服务费	总承包服务费	
3.5	材料检验试验费	材料检验试验费	139.76
3.6	预算包干费	预算包干费	
3.7	工程优质费	工程优质费	
3.8	索赔费用	索赔	
3.9	现场签证费用	现场签证	
3.10	其他费用	其他费用	
4	规费	工程排污费＋施工噪声排污费＋防洪工程维护费＋危险作业意外伤害保险费	71.91
5	税金	分部分项工程费＋措施项目费＋其他项目费＋规费	2 538.64
6	含税工程造价	分部分项工程费＋措施项目费＋其他项目费＋规费＋税金	74 515.93

表 3-59 定额分部分项工程预算表

工程名称：某小区道路给水工程　　　　　　　　　　　　　　　　第 1 页　共 1 页

序号	项目编码	项目名称	计量单位	工程数量	单价/元	合价/元
1	D4-1-16	球墨铸铁管安装（胶圈接口）　公称直径（mm 以内）300	10 m	1.77	2 523.56	4 466.71
2	D4-1-16	球墨铸铁管安装（胶圈接口）　公称直径（mm 以内）300	10 m	9.235	2 933.88	27 094.38
3	D4-1-17	球墨铸铁管安装（胶圈接口）　公称直径（mm 以内）400	10 m	3.46	4 418.78	15 288.98
4	D4-2-304	法兰阀门安装（不带管件）　公称直径（mm 以内）300	个	4	1 653.93	6 615.72
5	D4-2-290	消火栓安装　地上式　100	组	1	1 936.10	1 936.10
6	D4-2-325	蝶阀安装　公称直径（mm 以内）600	个	1	2 600.27	2 600.27
7	D4-2-173	盲堵板安装　公称直径（mm 以内）300	组	1	265.79	265.79
8	D4-2-173	盲堵板安装　公称直径（mm 以内）300	组	1	335.79	335.79
9	D4-2-174	盲堵板安装　公称直径（mm 以内）400	组	2	449.28	898.56

续表

序号	项目编码	项目名称	计量单位	工程数量	单价/元	合价/元
10	D4-2-34 换	铸铁管件安装（胶圈接口） 公称直径(mm以内)400 DN300×300×300×400	个	1	946.19	946.19
11	D4-2-33	铸铁管件安装（胶圈接口） 公称直径(mm以内)300 DN300×300×400	个	1	1 112.28	1 112.28
12	D4-2-33	铸铁管件安装（胶圈接口） 公称直径(mm以内) DN300×250	个	1	505.20	505.20
13	D4-1-197	管道试压 公称直径(mm以内)400	100 m	0.346	528.89	183
14	D4-1-215	管道消毒冲洗 公称直径(mm以内)400	100 m	0.346	219.43	75.92
15	D4-1-196	管道试压 公称直径(mm以内)300	100 m	1.100 5	401.3	441.63
16	D4-1-214	管道消毒冲洗 公称直径(mm以内)300	100 m	1.100 5	182.33	200.65
17	D4-3-1 换	收口式 井内径1.2 m 井深1.6 m 合并制作子目 砂浆制作现场 搅拌砌筑砂浆 水泥砂浆 M7.5	座	1	2 410.86	2 410.86
		分部小计				65 378.03

表 3-60 措施项目预算表

工程名称：某小区道路给水工程　　　　　　　　　　　第1页　共1页

序号	项目名称	单位	数量	单价/元	合价/元
1	安全文明施工项目费				2026.48
1.1	综合脚手架	项	1		
1.2	靠脚手架安全挡板	项	1		
1.3	独立安全防护挡板	项	1		
1.4	围尼龙编织布	项	1		
1.5	现场围挡、围墙	项	1		
1.6	文明施工与环境保护、临时设施、安全施工	项	1	2 026.48	2 026.48
	小计				2 026.48
2	其他措施费				
2.1	夜间施工增加费	项	1		
2.2	交通干扰工程施工增加费	项	1		
2.3	赶工措施费	项	1		
2.4	文明工地增加费	项	1		
2.5	地下管线交叉降效费	项	1		
2.6	其他费用	项	1		
2.7	围堰工程	项	1		
2.8	大型机械设备进出场及安拆	项	1		
2.9	其他工程	项	1		

表 3-61 其他项目预算表

工程名称：某小区道路给水工程　　　　　　　　　　　　　　　　　　　第1页　共1页

序号	项目名称	单位	合价/元
1	暂列金额	项	
2	暂估价	项	
2.1	材料暂估价	项	
2.2	专业工程暂估价	项	
3	计日工	项	
4	总承包服务费	项	
5	材料检验试验费	项	0.28

表 3-62 人工材料机械价差表

工程名称：某小区道路给水工程　　　　　　　　　　　　　　　　　　　第1页　共1页

序号	名称	等级、规格、产地(厂家)	单位	数量	定额价/元	市场价/元	价差/元	合价/元
1	人工							
1.1	综合工日		工日	57.303	5.1	102	51	2 922.45

本节习题

一、填空题

1. 定额管节长度是_____取定的，_____调整。
2. 套管内管道铺设按相应的安装人工、机械乘以系数_____。
3. 新旧管线连接项目所指的管径是指新旧管中_____的管径。
4. 根据《给水工程》定额，当管道安装总长度不足_____ m 时，除土石方外其余项目人工机械乘以系数1.3。
5. 给水管道安装工程量以施工图_____计算，不扣除管件、阀门所占长度。
6. 给水管道中，一般金属管道的覆土深度不小于_____ m。

二、单选题

1. 下列不属于市政给水管道组成的是(　　)。
   A. 配水管道　　B. 取水构筑物　　C. 水处理构筑物　　D. 泵站
2. 下列不属于市政工程管件的是(　　)。
   A. 三通　　B. 堵头　　C. 弯头　　D. 阀门
3. 管道工程防腐按 m^2 计算的是(　　)。
   A. 管道刷红丹油防腐　　　　　B. 管道焊口防腐
   C. 管道石油沥青　　　　　　　D. 铸铁管地面离心机械内涂

三、软件操练

在计价软件中完成本节案例计算。

第五节　排水工程定额计量与计价

根据定额计价的四个步骤，分步通过案例演示排水工程计量与计价。定额计价的四个步骤的具体计算原理见第二章"定额计价的步骤"相关内容，本节具体演示实例计算。

【本节引例】如图 3-20～图 3-22 所示为某市政污水管道图纸，设计说明文件如下：

(1)本图高程采用黄海高程系，定位坐标采用北京市坐标系。

(2)图中尺寸管径(均指内径)以 mm 计，其余均以 m 计。

(3)污水管道采用硬聚氯乙烯(PVC-U)双壁波纹管，安装见皖 2002S203。

(4)污水管道检查井采用砖砌圆形污水检查井。当检查井位于车行道、停车场等场所时，选用 $\phi700$ 重型球墨铸铁井盖及支座；当检查井位于人行道、绿地、巡逻道等场所时，选用 $\phi700$ 轻型灰口铸铁井盖及支座。

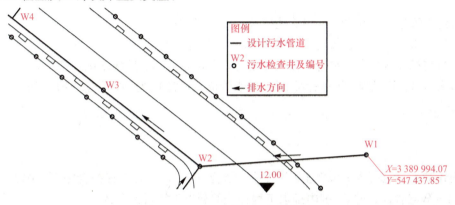

图 3-20　污水管平面布置图

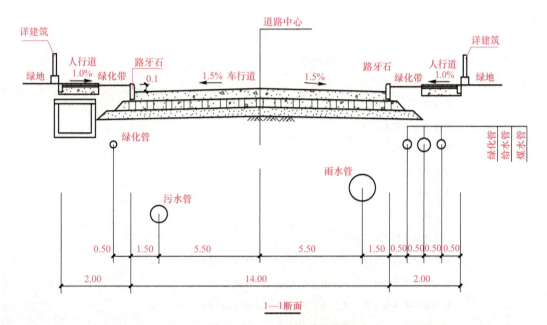

图 3-21　道路横断面图

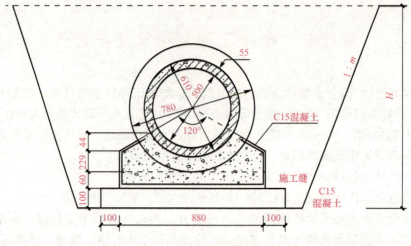

图 3-22 管道基础详图

(5)污水管道检查井中心位置除注明外,距围栏位置均为 0.75 m。
(6)当污水检查井位置与建筑单体不同时,以总图为准。
(7)当与相邻地块有污水管道接入接出时,还应参照相邻地块水施图施工。
(8)未尽事宜详见现行国家标准《给水排水管道工程施工及验收规范》(GB 50268—2008)。

一、列项算量

(一)列项练习

【例 3-32】 根据【本节引例】设计文件,结合《广东省市政工程综合定额(2010)》列出污水井 W1～W4(含检查井)范围内排水工程各分部分项工程名称及特征。

解: 管道基础分成平基和底座两部分计算,混凝土和模板工程量分开列项,见表 3-63。

表 3-63 排水工程列项表

序号	项目名称及特征
1	挖沟槽土方 一二类土 机械挖土
2	管沟土方回填
3	基础垫层 C10 混凝土
4	管道平基混凝土 C15
5	管道管座混凝土 C15
6	垫层模板
7	平基模板
8	管座模板
9	双壁波纹管铺设 DN500
10	砖砌圆形雨水检查井 直径为 1 000 mm,井深为 3.32 m
11	砖砌圆形雨水检查井 直径为 1 000 mm,井深为 4.12 m
12	砖砌圆形雨水检查井 直径为 1 000 mm,井深为 3.68 m
13	砖砌圆形雨水检查井 直径为 1 000 mm,井深为 3.26 m

知识拓展

混凝土排水管管道基础分两次浇捣。第一次浇捣到管底，用平板振动器振实、抹平；第二次浇捣管座混凝土，用插入式振动棒振实。当平基混凝土抗压强度大于 5 N/mm² 时，方可进行安管、接口，然后进行第二次混凝土浇捣。第二次浇捣混凝土时，用钢钎先将平基混凝土面凿毛并冲洗干净，将管子与平基混凝土面接触的部位用高强度砂浆填满、捣实，再浇捣混凝土。

(二)工程量计算练习

根据图纸内容和尺寸信息计算各子目工程量，首先要熟悉工程量计算规则。根据《广东省市政工程综合定额(2010)》，排水工程工程量计算规则如下。

1. 定型管道基础及铺设

(1)混凝土管道基础按设计图示尺寸以 m³ 计算，长度换算可参考《定型混凝土管道基础长度换算体积表》。

(2)各种管道基础及铺设按设计图示井中至井中的中心线长度以延长米计算，并按以下原则扣除井所占的长度：

1)每座圆形检查井扣除长度为井内径减 0.3 m。
2)每座矩形井扣除长度为顺管线方向井内净空尺寸。

(3)管道接口区分管径和做法，按设计图示接口数量以个计算。
(4)管道闭水试验，按设计图示中心线长度以延长米计算，不扣除井所占的长度。
(5)管道出水口区分形式、材质及管径，按设计图示数量以处计算。

【解读】定型管道是指按标准图集里管道的设计施工，有标准的管道基础做法、管道接口做法，管道基础等配件都有标准的尺寸。消耗量都有固定的标准，管道基础可以作为一个整体列项，计量计价简便快捷。

2. 定型井

(1)各种井区分不同井深、井径按设计图示数量以座计算。
(2)各类井的井深按井底基础面至井盖顶以 m 计算。

【解读】定型井是指按标准图集的检查井做法规格施工，定型井的定额子目基本包含了图集中注明的全部做法，检查井可以作为一个整体列项，以座为单位，计量计价简便快捷。

3. 非定型井、渠、管道基础及砌筑

(1)砌筑按设计图示实体积以 m³ 计算。
(2)抹灰、勾缝按设计图示尺寸以 m² 计算。
(3)井的预制构件按设计图示实体积以 m³ 计算，井构件安装按设计图示数量以套计算。
(4)各种井、渠垫层、基础按设计图示尺寸以 m³ 计算。
(5)沉降缝区分材质按设计图示沉降缝的断面面积或铺设长度分别以 m² 或 m 计算。
(6)混凝土盖板制作按设计图示尺寸以 m³ 计算，安装区分单件(块)体积以 m³ 计算。
(7)检查井筒砌筑按设计图示数量以座计算。
(8)方沟(包括存水井)闭水试验按设计闭水长度的用水量以 m³ 计算。
(9)现浇混凝土渠箱按设计图示尺寸以 m³ 计算。

【解读】非定型井是指不是按标准图集施工,有另外单独的设计图纸,不能套用定额中定型井子目,必须把检查井各部件拆分分别套用各部件做法子目,其计量计价烦琐,要分别计算各部件工程量,分别套用各部件定额子目。

4. 钢筋混凝土池

(1)钢筋混凝土构件按设计图示尺寸以 m^3 计算,不扣除 $0.3\ m^2$ 以内的孔洞体积。

(2)各类池盖中的进人孔、透气孔盖以及与盖相连接的结构,合并在池盖中计算。

(3)池底按设计图示尺寸以 m^3 计算。

(4)池壁按设计图示尺寸以 m^3 计算。

(5)无梁柱的柱高,自池底上表面算至池盖的下表面,并包括柱座、柱帽的体积。

5. 预制混凝土构件

(1)预制钢筋混凝土滤板按图示尺寸以 m^3 计算,不扣除滤头套管所占体积。

(2)除钢筋混凝土滤板外其他预制混凝土构件均按设计图示尺寸以 m^3 计算,不扣除 $0.3\ m^2$ 以内孔洞所占体积。

6. 防水工程

(1)防水层按设计图示尺寸以 m^2 计算,不扣除 $0.3\ m^2$ 以内孔洞所占面积。

(2)平面与立面交接处的防水层,其上卷高度小于 $0.5\ m$ 时,并入平面防水层计算;大于 $0.5\ m$ 时,按立面防水层计算。

7. 模板、钢筋、井字架工程

(1)现浇混凝土构件模板按构件与模板的接触面积以 m^2 计算。

(2)预制混凝土构件模板按设计实体积以 m^3 计算。

(3)井字架按设计图示数量以座计算。

(4)井底流槽模板按浇筑的混凝土与模板的接触面积以 m^2 计算。

(5)钢筋工程按设计图示尺寸以 t 计算。

(6)在计算钢筋工程量时,钢筋搭接长度按设计规定计算;非设计接驳在相应的钢筋项目中考虑,不另计算。

(7)钢筋混凝土构件预埋铁件,按设计图示尺寸以 t 计算。

【例 3-33】 根据【例 3-32】的列项,计算该排水工程工程量。

解:首先计算土方工程量,计算见表 3-64。

表 3-64 管沟土方计算表

管段编号	埋设深度		挖土深度			管长 L/m	基槽宽 B/m	工作面 C/m	放坡系数 K	挖土方 V/m³
	上端	下端	上端	下端	平均(H)					
W1~W2	3.320	4.117	3.764	4.561	4.1625	38	1.08	0.3	0.75	759.54
W2~W3	4.117	3.679	4.561	4.123	4.342	28	1.08	0.3	0.75	600.16
W3~W4	3.679	3.258	4.123	3.702	3.9125	26	1.08	0.3	0.75	469.40
合计										1 829.10
乘以系数 1.05 后										1 920.56

计算详解:

1)沟槽开挖工程量:$V=(B+KH+2C)\times H\times L$。

2)挖土深度＝管道埋设深度＋管道壁厚＋管外底至管基底高度＋垫层厚度。

3)查表3-4可知，管道基础两侧工作面为300 mm。

4)查表3-3可知，机械开挖，坑上作业，放坡系数为0.75。

5)根据定额第一册《通用项目》工程量计算规则"计算管道沟土方工程量时，各种井类及管道接口等处需加宽增加的土方量按管道开挖的总土方量乘以系数计算：排水管沟乘以1.05"。

6)沟槽回填工程量＝挖方体积扣减管道外形体积。

7)根据图3-22管道基础详图，计算管道外形体积为

[1.08×0.1(垫层)＋0.88×0.289(基础)＋0.5×0.88×(0.044＋0.5×0.61/2)(基础与120°管围闭三角形)＋2/3×3.14×(0.78/2)²(2/3管道)]×(38＋28＋26)(管长)＝70.58 (m³)

所以，管沟回填土＝1 920.56－70.58＝1 849.98(m³)

其他工程量计算见表3-65。

表3-65　排水工程算量表

序号	项目名称及特征	单位	工程量	工程量计算式
1	挖沟槽土方　一二类土　机械挖土	m²	1 920.56	
2	管沟土方回填	m²	1 849.98	
3	基础垫层　C10混凝土	m²	9.936	0.1×(0.88＋0.1＋0.1)×(38＋28＋26)
4	管道平基混凝土C15	m²	4.857 6	0.06×0.88×(38＋28＋26)
5	管道管座混凝土C15	m²	26.494 16	[0.229×0.88＋0.5×0.88×(0.044＋0.5×0.305)]×(38＋28＋26)
6	垫层模板	m²	18.4	0.1×2×(38＋28＋26)
7	平基模板	m²	11.04	0.06×2×(38＋28＋26)
8	管座模板	m²	9.825 6	0.1×(0.229＋0.305)×2×(38＋28＋26)
9	双壁波纹管铺设DN500	m	89.2	(38＋28＋26)－(1－0.3)×4
10	砖砌圆形雨水检查井　直径为1 000 mm，井深为3.32 m	座	1	
11	砖砌圆形雨水检查井　直径为1 000 mm，井深为4.12 m	座	1	
12	砖砌圆形雨水检查井　直径为1 000 mm，井深为3.68 m	座	1	
13	砖砌圆形雨水检查井　直径为1 000 mm，井深为3.26 m	座	1	

表3-65中管道长度扣减是根据工程量计算规则，管道铺设按设计图示井中至井中的中心线长度以延长米计算，并扣除井所占的长度，每座圆形检查井扣除长度为井内径减0.3 m。

知识拓展

表格法计算管沟土方：混凝土排水管管道基础土方工程量计算较复杂，排水管的铺设有坡度，隔一定距离设置排水检查井，每个点的挖土深度都不相同。所以，要分段计算，一般采用表格计算法。

【随堂练习 3-13】 参考【例 3-32】的计算方法，根据表 3-66 所示污水管渠设计数据一览表，计算 W4～W7 段的挖土和填土工程量。

表 3-66　污水管渠设计数据一览表

管段编号	管径 D /mm	坡度 i /‰	管长 L /m	管渠材料	地面标高/m		管内底标高/m		埋设深度/m		检查井		
					上端	下端	上端	下端	上端	下端	编号	井径/mm	井深/m
W1～W2	500	1.5	38.0	HEPE	11.000	11.740	7.680	7.623	3.320	4.117	W1	1 000	3.320
W2～W3	500	1.5	28.0	HEPE	11 740	11.160	7.623	7.581	4.117	3.679	W2	1 000	4.117
W3～W4	500	1.5	26.0	HEPE	11.260	10.800	7.581	7.542	5.679	3.258	W3	1 000	3.679
W4～W5	500	1.5	32.5	HEPE	10.800	10.800	7.542	7.493	3.258	3.307	W4	1 000	3.258
W5～W6	500	15	29.5	HEPE	10.800	10.800	7.493	7.448	3.307	3.352	W5	1 000	3.307
W6～W7	500	1.5	28.0	HEPE	10.800	10.800	7.448	7.406	3.352	3 394	W6	1 000	3.352
W7～W8	500	1.5	29.0	HEPE	10.800	10.800	7.406	7.362	3.394	3 438	W7	1 000	3.394
W8～W9	500	15	40.0	HEPE	10.800	10.800	7.362	7.302	3.438	3.498	W8	1 000	3.438
											W9	1 000	3.498

二、定额套用

(一)定额说明解读

《广东省市政工程综合定额(2010)》第五册《排水工程》包括管道基础及铺设、定型井、非定型井、渠基础及砌筑、顶管、给水排水构筑物、钢筋、模板及井字架工程等内容。

1. 通用说明

(1)本定额适用于城镇范围内新建、扩建、改建的市政排水管渠工程。

(2)本定额与建筑、安装定额的界限划分及执行范围：

1)给水排水构筑物工程中的泵站上部建筑工程以及本定额中未包括的建筑工程，按《广东省建筑与装饰工程综合定额(2010)》相应项目执行。

2)市政排水管道与厂、区室外排水管道以接入市政管道的第一个检查井、接户井为界，凡检查井、(接户井)以外的管道，均执行本定额。

(3)本定额所涉及的土、石方挖、填、运输、脚手架、支撑、围堰、打拔桩、降水、便桥、拆除等工程，除各章另有说明外，按定额第一册《通用项目》相应项目执行。

(4)当本定额中的混凝土和砂浆强度等级与设计不同时，强度等级允许换算，但消耗量不变。

(5)各类井的井深按井底基础面至井盖顶以 m 计算。

(6)本定额是按无地下水考虑的，如有地下水，需在降水时执行定额第一册《通用项目》相应项目；需设排水盲沟时执行定额第二册《道路工程》相应项目；在基础需铺设垫层时，执行非定型管道基础中相应子目；采用混凝土排水时执行定额第一册《通用项目》相应项目。

2. 管道基础及铺设

(1)包括混凝土管道基础、管道铺设、管道接口、闭水试验、管道出水口等内容。依据《市政排水管道工程及附属设施》(06MS201)标准图集计算，适用于市政雨水、污水及合流混凝土排水管道工程。

(2)D150~D250 管为人工下管、D300~D700 管为人工下管和人机配合下管，D800~D3 000 为人机配合下管。

(3)铺设混凝土管以有基础为准，如无基础时，其人工、机械乘以系数 1.18。

(4)若在枕基上铺设缸瓦(陶土)管，人工乘以系数 1.18。

(5)自(预)应力混凝土承插管、钢筋混凝土承插口管、钢筋混凝土企口管胶圈接口采用定额第四册《给水工程》的相应项目。

(6)如工程项目的设计要求与本定额所采用的标准图集不同时，执行非定型的相应项目。

(7)企口管的膨胀水泥砂浆接口适用于 360°，其他接口均是按管座 120°和 180°列项的。如管座角度不同，按相应材质的接口做法，以管道接口调整表进行调整(表 3-67)。

表 3-67 管道接口调整表

序号	项目名称	实做角度	采用调整基数或材料	调整系数
1	水泥砂浆抹带接口	90°	120°定额基价	1.330
2	水泥砂浆抹带接口	135°	120°定额基价	0.890
3	钢丝网水泥砂浆抹带接口	90°	120°定额基价	1.330
4	钢丝网水泥砂浆抹带接口	135°	120°定额基价	0.890
5	企口管水泥砂浆抹带接口	90°	定额中 1:2 水泥砂浆	0.750
6	企口管膨胀水泥砂浆抹带接口	120°	定额中 1:2 水泥砂浆	0.670
7	企口管膨胀水泥砂浆抹带接口	135°	定额中 1:2 水泥砂浆	0.625
8	企口管膨胀水泥砂浆抹带接口	180°	定额中 1:2 水泥砂浆	0.500

注：现浇混凝土外套环，变形缝接口，适用于平口、企口管。

(8)定额中的水泥砂浆抹带、钢丝网水泥砂浆接口均不包括内抹口，如设计要求内抹口时，按抹口周长每 100 延长米增加水泥砂浆 0.042 m²、人工 9.22 工日计算。

(9)定额中分别计列了砖砌和石砌的一字式、门子式、八字式，适用于 D300~D2 400 不同复土厚度的出水口，是按《市政排水管道工程及附属设施》(06MS201)标准图集，应对应选用，非定型或材质不同时可执行第一册《通用项目》和非定型相应项目。

(10)本章管道铺设采用钢筋混凝土管，损耗率为 1‰；如采用素混凝土管其损耗率为 2‰。

(11)塑料管道铺设安装未含管道与井身接口处理费用，可按设计图纸计算套相应项目。

(12)切管糊口未包括在定额内，实际发生时另行计算。

(13)管道砂石基础套用非定型渠(管)道垫层及基础相应项目。

3. 定型井

(1)本章定额包括各种砖砌定型检查井、收水井的砌筑等内容，适用于管径≤2 000、管顶覆土≤4 m的雨水管，管径≤1 500、管顶覆土≤6 m的污水管所设的检查井和收水井。

(2)各类井是按《市政排水管道工程及附属设施》(06MS201)标准图集编制，实际设计与定额不同时，执行非定型相应项目。

(3)各类井均以砖砌，如为石砌时，执行非定型相应项目；如为混凝土井时，除井壁执行现浇钢筋混凝土池壁的相应项目外，其余均执行非定型相应项目。

(4)砖砌雨水检查井只计列了内抹灰，如设计要求外抹灰时，执行非定型相应项目。砖砌污水检查井、跌水井、污水闸槽井已计列了内外抹灰(扇形污水检查井除外)。混凝土井抹灰，执行防水工程的相应项目。

(5)各类井的井盖、井座、井箅如采用钢筋混凝土预制件，若为现场预制时执行非定型相应项目。

(6)各类检查井，当井深大于1.5 m时，可视井深、井字架材质执行措施项目中相应子目。

(7)当井深不同时，除本章中列有增(减)调整项目外，其余均按检查井井筒砌筑的相应项目调整。

(8)《市政排水管道工程及附属设施》(06MS201)标准图集中，定额里面没有计列的定型井，执行非定型章相应项目。

(9)各类井均安装铸铁爬梯，如实际无安装时，应相应扣减所含的铸铁爬梯材料费，人工不变。

(10)各类井的钢筋数量参照《市政排水管道工程及附属设施》(06MS201)标准图集数量，执行钢筋工程相应项目。

(11)各类混凝土井壁的模板加工，执行模板工程中构筑物及池类的池壁(隔墙)项目。

(12)当各类井混凝土盖板厚度与定额不同时，可按实际厚度调整。

4. 非定型井、渠、管道基础及砌筑

(1)本章定额包括非定型井、渠、管道及构筑物垫层、基础，砌筑，抹灰，混凝土构件的制作、安装，检查井筒砌筑，混凝土渠箱浇筑等内容。

(2)本章各项目均不包括脚手架，当井深超过1.5 m，执行井字脚手架项目；砌墙高度超过1.2 m，抹灰高度超过1.5 m所需脚手架执行定额第一册《通用项目》相应项目。

(3)收水井的混凝土过梁制作、安装执行小型构件的相应项目。

(4)跌水井跌水部位的抹灰，按流槽抹面项目执行。

(5)混凝土枕基和管座不分角度均按相应项目执行。

(6)干砌、浆砌出水口的平坡、锥坡、翼墙执行定额第一册《通用项目》相应项目。

(7)本章小型构件是指单件体积在0.04 m³以内的构件。凡0.04 m³以外的检查井过梁，执行混凝土过梁制作安装项目。

(8)拱(弧)形混凝土盖板的安装，按相应体积的矩形板定额人工、机械乘以系数1.15。

(9)定额只计列了井内抹灰的子目，如井外壁需要抹灰，砖、石井均按井内侧抹灰项目人工乘以系数0.80，其他不变。

(10)砖砌检查井的升高，执行检查井井筒砌筑相应项目，降低则执行定额第一册《通用项目》拆除砖石构筑物相应项目。

(11)给水排水构筑物的垫层执行本章定额相应项目,其中,人工乘以系数 0.87,其他不变;如构筑物池底混凝土垫层需要找坡时,人工不变。

(12)现浇混凝土方沟底板,采用渠(管)道基础中平基的相应项目。

(13)方沟井筒的砌筑,区分高度以"座"计,如高度与定额不同时采用每增减 0.5 m 计算。

5. 给水排水构筑物

给水排水构筑物包括沉井、现浇钢筋混凝土池、预制混凝土构件、折(壁)板、滤料铺设、防水工程、施工缝、井池渗漏试验等内容。

(1)沉井包括沉井制作、沉井下沉、封底、钢封门安拆等。

(2)沉井定额按矩形和圆形综合取定,无论采用何种形状的沉井,定额不作调整。

(3)定额中列有几种沉井下沉方法,套用哪种沉井定额由批准的合理施工组织设计确定。挖土下沉不包括土方外运费,水力出土不包括砌筑集水坑及排泥处理。

(4)水力机械出土下沉及钻吸法吸泥下沉等子目均包括井内、外管路及附属设备的费用。

(5)沉井如采用不排水吸泥下沉(潜水员操作),可根据实际施工方案,参考其他相关专业定额。

(6)预制混凝土滤板中已包括所设置预埋件 ABS 塑料滤头的套管用工,不得另计。

(7)除混凝土滤板、铸铁滤板、支墩安装外,其他预制混凝土构件安装均执行异型构件安装项目。

(8)施工缝各种材质填缝的断面取定见表 3-68。

表 3-68 施工缝断面尺寸表

序号	项目名称	断面尺寸
1	建筑油膏、聚氯乙烯胶泥	3 cm×2 cm
2	油浸木丝板	2.50 cm×15 cm
3	紫铜板止水带	展开宽 45 cm
4	氯丁橡胶止水带	展开宽 30 cm
5	其余	均为 15 cm×3 cm

如实际设计的施工缝断面与表 3-68 不同,则材料用量可以换算,其他不变。

(9)各项目的工作内容。

1)油浸麻丝:熬制沥青、调配沥青麻丝、填塞。

2)油浸木丝板:熬制沥青、浸木丝板、嵌缝。

3)玛琋脂:熬制玛琋脂、灌缝。

4)建筑油膏、沥青砂浆:熬制油膏沥青、拌和沥青砂浆、嵌缝。

5)贴氯丁橡胶片:清理;用乙酸乙酯洗缝;隔纸,用氯丁胶粘剂贴氯丁橡胶片,最后在氯丁橡胶片上涂胶铺砂。

6)紫铜板止水带:铜板剪裁、焊接成型、铺设。

7)聚氯乙烯胶泥:清缝、水泥砂浆勾缝、垫牛皮纸、熬灌取聚氯乙烯胶泥。

8)预埋止水带:止水带制作、接头及安装。

9)镀锌薄钢板盖板:平面埋木砖、钉木条、木条上钉镀锌薄钢板;立面埋木砖、木砖上钉镀锌薄钢板。

6. 钢筋工程

(1)本章定额包括钢筋、铁件的加工制作等内容,适用于本册定额及第四册《给水工程》中的管道附属构筑物和取水工程。

(2)各项目中的钢筋规格是综合计算的,子目中的钢筋规格是指主筋最大规格,凡 ϕ10 以内的构造筋均执行 ϕ10 以内的子目。

(3)预应力钢筋制作安装按定额第三册《桥涵工程》相应项目执行。

7. 模板、井字架工程

(1)本章定额包括现浇、预制混凝土工程所用不同材质模板的制、安、拆,井字脚手架等内容,适用于本册定额及第四册《给水工程》中的管道附属构筑物和取水工程。

(2)模板是分别按钢模钢撑、复合木模木撑、木模木撑分别列项的,其中,钢模模数差部分采用木模。

(3)预制构件模板中不包括地模、胎模,须设置者,地模可按定额第一册《通用项目》平整场地的相应项目执行;水泥砂浆、混凝土砖地、胎模可按定额第三册《桥涵工程》相应项目执行。

(4)管道模板安拆以槽(坑)深 3 m 为准,超过 3 m 时,人工增加 8%,其他不变。

(5)现浇混凝土梁、板、柱、墙的模板,支模高度是按 3.6 m 考虑的,超过 3.6 m 时,超过部分的工程量另按超高的项目执行。

(6)模板的预留洞,按水平投影面积计算,小于 0.3 m² 者:圆形洞每 10 个增加 0.72 工日;方形洞每 10 个增加 0.62 个工日。

(7)小型构件是指单件体积在 0.04 m³ 以内的构件;地沟盖板项目适用于单块体积在 0.3 m³ 内的矩形板;井盖项目适用于井口盖板,井室盖板按矩形板项目执行。

(8)砖、石拱圈的拱盔和支架均以拱盔与圈弧弧形接触面积计算,执行定额第三册《桥涵工程》相应项目。

(二)定额套用练习

【例 3-34】 根据【例 3-32】和【例 3-33】的工程内容套用《广东省市政工程综合定额(2010)》。

解:土方类别按一二类土考虑,回填土夯实机夯实,检查井的深度,定额子目是按 2.5 m 内考虑,实际深度各不相同。根据定额说明"当井深不同时,除本章中列有增(减)调整项目外,其余均按 D5.3.10 检查井筒砌筑的相应项目调整"。所以,检查井要进行深度换算。定额套用见表 3-69。

表 3-69 排水工程定额套用

序号	项目名称及特征	定额子目编号	定额子目名称及特征	定额单位	定额工程量	备注
1	挖沟槽土方 一二类土 机械挖土	D1-1-29	挖土机挖沟槽、基坑土方 一二类土	1 000 m³	1.921	
2	管沟土方回填	D1-1-125	回填土 夯实机夯实槽、坑	100 m³	18.5	

续表

序号	项目名称及特征	定额子目编号	定额子目名称及特征	定额单位	定额工程量	备注
3	基础垫层 C10 混凝土	D5-3-39	垫层 混凝土	10 m³	0.994	需主材换算
4	管道平基混凝土 C15	D5-3-47	混凝土平基 混凝土	10 m³	0.486	需主材换算
5	管道管座混凝土 C15	D5-3-53	混凝土管座	10 m³	3.549	需主材换算
6	垫层模板	D5-7-1	混凝土基础垫层 木模	100 m²	0.184	需主材换算
7	平基模板	D5-7-52	管、渠道及其他管、渠道平基复合木模	100 m²	0.11	需主材换算
8	管座模板	D5-7-54	管、渠道及其他 管座 复合木模	100 m²	0.098	需主材换算
9	双壁波纹管铺设 DN500	D5-1-140	双壁波纹管安装[HDPE](承插式胶圈接口)管径(mm以内)500	10 m	8.92	需主材换算
10	砖砌圆形雨水检查井 直径为1 000 mm,井深为3.32 m	D5-2-8	砖砌圆形污水检查井 适用管径200~600,井径1 000,井深2.5 m以内	座	1	需主材换算 需换算深度
11	砖砌圆形雨水检查井 直径为1 000 mm,井深为4.12 m	D5-2-8	砖砌圆形污水检查井 适用管径200~600,井径1 000,井深2.5 m以内	座	1	需主材换算 需换算深度
12	砖砌圆形雨水检查井 直径为1 000 mm,井深为3.68 m	D5-2-8	砖砌圆形污水检查井 适用管径200~600,井径1 000,井深2.5 m以内	座	1	需主材换算 需换算深度
13	砖砌圆形雨水检查井 直径为1 000 mm,井深为3.26 m	D5-2-8	砖砌圆形污水检查 井适用管径200~600,井径1 000,井深2.5 m以内	座	1	需主材换算 需换算深度

(三)定额调整换算练习

【例3-35】 根据例【3-34】计算结果以及表3-70,进行定额调整换算,按一类地区考虑,计算调整后的定额基价。

表3-70 排水工程材价信息表

序号	材料名称	单位	材料单价/元
1	HDPE 双壁波纹管(直管)4 kN/m²	m	175
2	橡胶圈 DN500	个	35
3	C20 预拌混凝土	m²	395
4	C15 预拌混凝土	m²	380
5	铸铁井盖、井座 直径1 000 重型	套	1 450
6	C10 预拌混凝土	m²	370

解: 以子目 D5-1-140 双壁波纹管 DN500 安装为例,定额基价未包含主材费用,所以,

要把主材费用计入。

$$主材费用 = \sum 主材单价 \times 主材消耗量$$

查阅定额可知,双壁波纹管安装主材包括双壁波纹管DN500和橡胶圈DN500,消耗量分别是10.1和2.06。故

$$主材费用 = 175 \times 10.1 + 35 \times 2.06 = 1\ 839.6(元)$$

$$调整后定额基价 = 定额基价 + 主材费用 = 123.22 + 1\ 839.6 = 1\ 962.82(元)$$

各子目调整换算见表3-71。

表3-71 排水工程定额调整换算

序号	项目名称及特征	定额子目编号	定额单位	定额基价/元	调整内容	调整后定额基价/元
1	挖沟槽土方 一二类土 机械挖土	D1-1-29	1 000 m³	3 481.84		3 481.84
2	管沟土方回填	D1-1-125	100 m³	815.45		815.45
3	基础垫层 C10混凝土	D5-3-39	10 m³	492.2	换算C10混凝土	4 266.2
4	管道平基混凝土 C15	D5-3-47	10 m³	1 009.99	换算C15混凝土	4 885.99
5	管道管座混凝土 C15	D5-3-53	10 m³	1 370.91	换算C15混凝土	5 246.91
6	垫层模板	D5-7-1	100 m²	2 676.91	换算水泥砂浆	2 679.94
7	平基模板	D5-7-52	100 m²	2 667.44	换算水泥砂浆	2 670.47
8	管座模板	D5-7-54	100 m²	3 252.3	换算水泥砂浆	3 255.33
9	双壁波纹管铺设 DN500	D5-1-140	10 m	123.22	换算双壁波纹管和橡胶圈	1 962.82
10	砖砌圆形雨水检查井 直径为1 000 mm,井深为3.32 m	D5-2-8	座	1 006.91	换算混凝土、水泥砂浆、井盖井座;换算井深	3 062.96
11	砖砌圆形雨水检查井 直径为1 000 mm,井深为4.12 m	D5-2-8	座	1 006.91		3 265.27
12	砖砌圆形雨水检查井 直径为1 000 mm,井深为3.68 m	D5-2-8	座	1 006.91		3 164.12
13	砖砌圆形雨水检查井 直径为1 000 mm,井深为3.26 m	D5-2-8	座	1 006.91		3 062.96
14	木制井字架,井深为4 m以内		座	104.72		104.72
15	木制井字架,井深为6 m以内		座	130.46		130.46

表中增补了井字架子目,因为根据施工工艺要求,各类检查井,当井深大于1.5 m时,应搭设脚手架。检查井脚手架按井字架材质执行D.5.7章相应项目。

【随堂练习3-14】 根据【例3-35】的计算结果,查阅《广东省市政工程综合定额(2010)》,列出【例3-35】中计算结果表中第10项至第13项各子目定额基价调整的计算过程。

三、调整价差

本案例采用按实调整法调整价差,调差原理与方法详见第二章,为简化计算,案例仅考虑人工价格有变化,只需调整人工价差,材料和机械价格不变,演示人工价差调整方法。

【例 3-36】 根据【例 3-34】和【例 3-35】结果,如果施工期间工日单价为 102 元/工日,灰砂砖 240×115×53 单价为 350 元/千块,其他信息价不变,求该工程直接工程费。

解: 以子目"砖砌圆形雨水检查井直径为 1 000 mm,井深为 3.32 m"为例,查看定额项目表,定额的人工工日单价为 51 元/工日,综合工日的消耗量是 7.579,经过深度换算后,工日消耗量增加到 9.051 4,因此

人工价差=人工消耗量×人工单价差额=9.051 4×(102−51)=461.62(元)

查看定额项目表,灰砂砖的定额单价是 270 元/千块,消耗量是 1.481,经过深度换算后,灰砂砖消耗量增加到 1.825,因此

材料价差=材料消耗量×材料单价差额=1.825×(350−270)=146(元)

故调整价差后的定额基价=调整价差前的定额基价+人工价差+材料价差
=3 062.96+461.62+146=3 670.58(元/座)

该子目的直接工程费=调整价差后的定额基价×工程量=3 670.58×1=3 670.58(元)
其他子目价差调整和直接工程费计算见表 3-72。

表 3-72 排水工程价差调整

序号	项目名称及特征	定额子目编号	定额单位	定额基价/元	调整主材后定额基价/元	再调整人工价差后的定额基价/元	工程量	直接工程费/元
1	挖沟槽土方 一二类土 机械挖土	D1-1-29	1 000 m³	3 481.84	3 481.84	3 812.32	1.921	7 321.75
2	管沟土方回填	D1-1-125	100 m³	815.45	815.45	1 385.53	18.5	25 631.89
3	基础垫层 C10 混凝土	D5-3-39	10 m³	492.2	4 266.2	4 659.97	0.994	4 630.15
4	管道平基混凝土 C15	D5-3-47	10 m³	1 009.99	4 885.99	5 601.52	0.486	2 720.99
5	管道管座混凝土 C15	D5-3-53	10 m³	1 370.91	5 246.91	6 184.8	3.549	16 386.11
6	垫层模板	D5-7-1	100 m²	2 676.91	2 679.94	3 131.17	0.184	576.14
7	平基模板	D5-7-52	100 m²	2 667.44	2 670.47	3 492.98	0.11	385.62

续表

序号	项目名称及特征	定额子目编号	定额单位	定额基价/元	调整主材后定额基价/元	再调整人工价差后的定额基价/元	工程量	直接工程费/元
8	管座模板	D5-7-54	100 m²	3 252.3	3 255.33	4 590.28	0.098	451.02
9	双壁波纹管铺设 DN500	D5-1-140	10 m	123.22	1 962.82	2 046.36	8.92	18 253.53
10	砖砌圆形雨水检查井 直径1 000 mm,井深3.32 m	D5-2-8	座	1 006.91	3 062.96	3 670.58	1	3 670.58
11	砖砌圆形雨水检查井 直径1 000 mm,井深4.12 m	D5-2-8	座	1 006.91	3 265.27	3 952.54	1	3 952.54
12	砖砌圆形雨水检查井 直径1 000 mm,井深3.68 m	D5-2-8	座	1 006.91	3 164.12	3 811.56	1	3 811.56
13	砖砌圆形雨水检查井 直径1 000 mm,井深3.26 m	D5-2-8	座	1 006.91	3 062.96	3 670.58	1	3 670.58
14	木制井字架,井深4 m以内		座	104.72	104.72	165.31	3	495.93
15	木制井字架,井深6 m以内		座	130.46	130.46	207.72	1	207.72
			合计					92 166.11

【随堂练习3-15】 根据【例3-34】和【例3-35】结果,参考【例3-36】的计算思路,列式计算【例3-36】计算结果表中第11条至第13条子目直接工程费的计算过程。

四、取费汇总

取费汇总练习

单位工程预算造价文件(定额计价)一般包括封面、单位工程预算汇总表、定额分部分项工程预算表、措施项目预算表、其他项目预算表、人工机械材料价差表等。本案例排水工程造价文件展示见表3-73~表3-79。

表 3-73 封面

___某小区市政排水_____ 工程

预　算　价

预算价(小写)：_____134 919.69_____

（大写）：____壹拾叁万肆仟玖佰壹拾玖元陆角玖分____

建 设 单 位：_____
　　　　　　　　　（单位盖章）

工 程 造 价
咨 询 企 业：_____
　　　　　　　　　（企业资质专用章）

法定代表人
或其授权人：_____
　　　　　　　　（签字或盖章）

法定代表人
或其授权人：_____
　　　　　　　　（签字或盖章）

编 制 人：_____
　　　　　（造价人员签字盖专用章）

复 核 人：_____
　　　　　（造价工程师签字盖专用章）

表 3-74　编制说明

工程名称：某小区市政排水工程　　　　　　　　　　　　　　　　　　　第 1 页　共 1 页

1. 本预算根据《广东省市政工程综合定额(2010)》编制，按《市政工程广州市计价表》取费。
2. 预算人工工日单价采用 102 元/工日，灰砂砖 240 mm×115 mm×53 mm 单价为 350 元/千块。
3. 预算主材价格按下表计算。

序号	材料名称	单位	材料单价/元
1	HDPE 双壁波纹管(直管)4 kN/m²	m	175
2	橡胶圈 DN500	个	35
3	C20 预拌混凝土	m³	395
4	C15 预拌混凝土	m³	380
5	铸铁井盖、井座　直径 1 000 重型	套	1 450
6	C10 预拌混凝土	m³	370

表 3-75　单位工程预算汇总表

工程名称：某小区市政排水工程　　　　　　　　　　　　　　　　　　　第 1 页　共 1 页

序号	费用名称	计算基础	金额/元
1	分部分项工程费	定额分部分项工程费＋价差＋利润	126 512.96
1.1	定额分部分项工程费	人工费＋材料费＋机械费＋管理费	94 210.11
1.1.1	人工费	分部分项人工费	35 443.55
1.1.2	材料费	分部分项材料费＋分部分项主材费＋分部分项设备费	46 449.76
1.1.3	机械费	分部分项机械费	9 519.44
1.1.4	管理费	分部分项管理费	2 797.36
1.2	价差	人工价差＋材料价差＋机械价差	22 733.10
1.2.1	人工价差	分部分项人工价差	17 721.72
1.2.2	材料价差	分部分项材料价差	5 011.38
1.2.3	机械价差	分部分项机械价差	
1.3	利润	人工费＋人工价差	9 569.75
2	措施项目费	安全文明施工费＋其他措施项目费	3 679.47
2.1	安全文明施工费	安全防护、文明施工措施项目费	3 679.47
2.2	其他措施项目费	其他措施费	
3	其他项目费	其他项目合计	0.51
3.1	暂列金额	暂列金额	
3.2	暂估价	专业工程暂估价	
3.3	计日工	计日工	
3.4	总承包服务费	总承包服务费	
3.5	材料检验试验费	材料检验试验费	0.51
3.6	预算包干费	预算包干费	
3.7	工程优质费	工程优质费	
3.8	索赔费用	索赔	
3.9	现场签证费用	现场签证	
3.10	其他费用	其他费用	

续表

序号	费用名称	计算基础	金额/元
4	规费	工程排污费＋施工噪声排污费＋防洪工程维护费＋危险作业意外伤害保险费	130.19
5	税金	分部分项工程费＋措施项目费＋其他项目费＋规费	4 596.50
6	含税工程造价	分部分项工程费＋措施项目费＋其他项目费＋规费＋税金	134 919.63

表 3-76　定额分部分项工程预算表

工程名称：某小区市政排水工程　　　　　　　　　　　　第 1 页　共 1 页

序号	项目编码	项目名称	计量单位	工程数量	单价/元	合价/元
1	D1-21-29	挖土机挖沟槽、基坑土方　一二类土	1 000 m³	1.920 55	3 812.32	7 321.75
2	D1-21-2125	回填土　夯实机夯实槽、坑	100 m³	18.499 7	1 385.53	25 631.89
3	D5-23-239 换	垫层　混凝土	10 m³	0.993 6	4 659.97	4 630.15
4	D5-23-247 换	混凝土平基　混凝土	10 m³	0.485 76	5 601.52	2 720.99
5	D5-23-253 换	混凝土管座	10 m³	2.649	6 184.8	16 383.54
6	D5-27-21 换	混凝土基础垫层　木模	100 m²	0.184	3 131.17	576.14
7	D5-27-252 换	管、渠道及其他　管、渠道平基　复合木模	100 m²	0.110 4	3 492.98	385.62
8	D5-27-254 换	管、渠道及其他　管座　复合木模	100 m²	0.098 3	4 590.28	451.22
9	D5-21-2140	双壁波纹管安装［PVC－2U 或 HDPE］（承插式胶圈接口）　管径(mm 以内)500	10 m	9.92	2 046.36	20 299.89
10	D5-22-28 换	砖砌圆形污水检查井　适用管径200～600　井径 1 000　井深 2.5m 以内　实际深度(m)：3.32　换为[混凝土 C20]	座	1	3 670.58	3 670.58
11	D5-22-28 换	砖砌圆形污水检查井　适用管径200～600　井径 1 000　井深 2.5 m 以内　实际深度(m)：4.12　换为[混凝土 C20]	座	1	3 952.54	3 952.54
12	D5-22-28 换	砖砌圆形污水检查井　适用管径200～600　井径 1 000　井深 2.5 m 以内　实际深度(m)：3.68　换为[混凝土 C20]	座	1	3 811.56	3 811.56
13	D5-22-28 换	砖砌圆形污水检查井　适用管径200～600　井径 1 000　井深 2.5 m 以内　实际深度(m)：3.26　换为[混凝土 C20]	座	1	3 670.58	3 670.58
14	D5-27-286	木制井字架　井深(m 以内)4	座	3	165.31	495.93
15	D5-27-287	木制井字架　井深(m 以内)6	座	1	207.72	207.72
		分部小计				94 210.11

表 3-77 措施项目预算表

工程名称：某小区市政排水工程　　　　　　　　　　　　　　　　第1页　共1页

序号	项目名称	单位	数量	单价/元	合价/元
1	安全文明施工项目费				3 679.47
1.1	综合脚手架	项	1		
1.2	靠脚手架安全挡板	项	1		
1.3	独立安全防护挡板	项	1		
1.4	围尼龙编织布	项	1		
1.5	现场围挡、围墙	项	1		
1.6	文明施工与环境保护、临时设施、安全施工	项	1	3 679.47	3 679.47
	小计				3 679.47

表 3-78 其他项目预算表

工程名称：某小区市政排水工程　　　　　　　　　　　　　　　　第1页　共1页

序号	项目名称	单位	合价/元	备注
1	暂列金额	项		
2	暂估价	项		
2.1	材料暂估价	项		
2.2	专业工程暂估价	项		
3	计日工	项		
4	总承包服务费	项		
5	材料检验试验费	项	0.51	
6	预算包干费	项		
7	工程质优费	项		
8	其他费用	项		

表 3-79 人工材料机械价差表

工程名称：某小区市政排水工程　　　　　　　　　　　　　　　　第1页　共1页

序号	名称	等级、规格、产地/厂家	单位	数量	定额价/元	市场价/元	价差/元	合价/元
1	人工							
1.1	综合工日		工日	347.484 8	51	102	51	17 721.72
2	材料							
2.1	标准砖	240×115×53	千块	7.816	270	350	80	625.28
2.2	普通预拌混凝土	C10	m³	10.134 7	230	370	140	1 418.86
2.3	混凝土	C15	m³	31.974 6	287.2	380	92.8	2 967.24
2.4	橡胶圈	DN500	个	20.435 2	17.12	35	17.88	365.38

本节习题

一、单选题

1. 各类井的井深以( )按 m 计算。
   A. 井底基础底至井盖顶 B. 井底基础面至井盖顶
   C. 井底基础面至井盖底 D. 井底垫层面至井盖顶

2. 下列说法正确的是( )。
   A. 管道闭水试验，按设计图示中心线长度以延长米计算，并扣除井所占长度
   B. 排水工程砌筑高度超过 1.2 m，抹灰高度超过 1.5 m，应计算脚手架并执行定额第一册《通用项目》
   C. 砖砌定型雨水井的基价已考虑了井内外的抹灰
   D. 排水管道按设计井中至井中的中心线长度计算，并且每个检查井处扣除 0.7 m

3. 关于井的扣除，下列说法正确的是( )。
   A. 每座圆形检查井扣除长度为井内径减 0.3 m
   B. 圆形井不扣井长
   C. 每座矩形检查井扣除长度为 0.3 m
   D. 矩形井不扣井长

4. 管径为 DN800 的 HDPE 双壁缠绕管沟槽土方有支撑开挖，沟槽深为 3.5 m，开挖宽度设计无明确说明的，则编制施工图预算时沟槽开挖宽度为( )mm。
   A. 800　　　　B. 860　　　　C. 1 500　　　　D. 1 700

二、简答题

常用的排水管道有哪四类？

三、计算题

根据图 3-23 计算排水管的定额工程量。

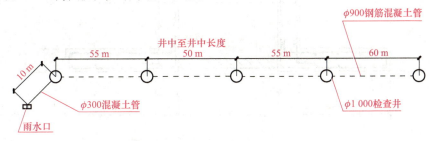

图 3-23　排水管平面图

四、软件操练

在计价软件中完成本节案例计算。

第六节 隧道工程定额计量与计价

根据定额计价的四个步骤分步通过案例演示隧道工程计量与计价,定额计价的四个步骤的具体计算原理见第二章"定额计价的步骤"相关内容,本节具体演示实例计算。

一、列项算量

(一)列项练习

【例 3-37】 图 3-24 所示为某连续墙结构图,共 5 副连续墙,总长为 30 m,已知连续墙每副长度为 6 m,厚度为 0.8 m,列出各分部分项工程名称及特征。

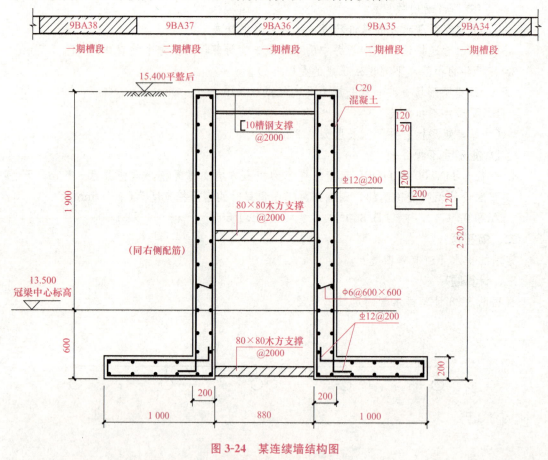

图 3-24 某连续墙结构图

解: 根据图纸工程内容和定额子目列项,见表 3-80。

表 3-80 地下连续墙列项表

序号	项目名称及特征
1	导墙混凝土:混凝土等级 C25,开挖、外运、模板计入综合单价
2	导墙钢筋:材质:HPB300

续表

序号	项目名称及特征
3	地下连续墙混凝土：①深度：小于25 m，具体详见设计图；②宽度：800 mm；③混凝土强度等级：水下C35，开挖、外运、清底置换、锁口管吊拔综合考虑
4	地下连续墙钢筋：材质：HRB400，工字钢钢板封口综合考虑
5	凿除地下连续墙桩头：按0.5 m凿除，外弃运距综合考虑

> **知识拓展**
>
> 连续墙施工总体上分为3个阶段，即成槽、吊装钢筋笼、混凝土浇筑。单个槽段的成槽顺序为：采用液压抓斗进行每个槽段的成槽—成孔完毕时孔内进行清渣及沉渣厚度检查—钢筋笼吊入至槽段，并进行沉渣厚度检查—浇筑混凝土。

【例3-38】 图3-25所示为某隧道结构图，列出道路基层面层各分部分项工程名称及特征。

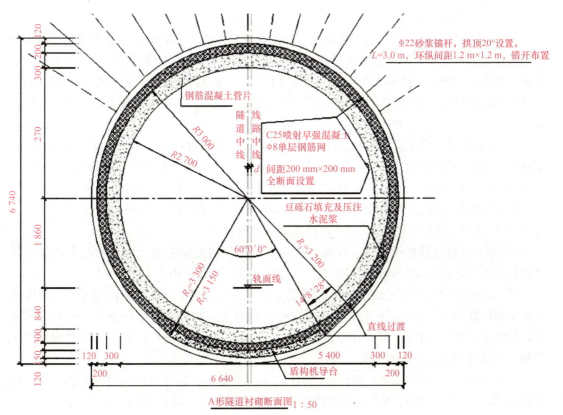

图3-25 某隧道断面结构图

解：根据图纸工程内容和定额子目列项，见表3-81。

表 3-81　隧道工程列项表

序号	项目名称及特征
1	暗挖石方：按厚度为 50 mm 超挖，爆破开挖，外运距离自行考虑
2	回填混凝土：C25 早强混凝土
3	钢筋网：φ8 间距 200 mm×200 mm，全断面设置
4	砂浆锚杆：ΦB22(HRB335 级钢)拱顶 120°设置，$L=3.0$ m
5	喷射混凝土：C25 早强混凝土 120 mm
6	豆砾石：豆砾石充填密实
7	压密注浆：管片背后注水泥浆
8	钢筋混凝土导台：C30 钢筋混凝土，HPB300 级钢筋
9	钢筋混凝土管片：管片外径为 6 000 mm，厚度为 300 mm，宽度为 1 200 mm，钢筋等级 HPB300、HRB400，混凝土强度等级 C55，抗渗等级 P12

(二) 工程量计算练习

根据图纸内容和尺寸信息计算各子目工程量，首先要熟悉工程量计算规则。根据《广东省市政工程综合定额(2010)》，隧道工程工程量计算规则如下。

1. 暗挖(矿山法)隧道

(1) 隧道开挖按设计图示断面面积乘以设计开挖长度以 m^3 计算，隧道开挖允许超挖量按规范计算。本定额采用光面爆破允许超挖量：拱部为 15 cm，边墙为 10 cm，若采用一般爆破，其允许超挖量：拱部为 20 cm，边墙为 15 cm。隧道内地沟的开挖，按设计图示断面尺寸乘以长度以 m^3 计算，不得另行计算允许超挖量。土石方清理按坍塌土石方虚方体积以 m^3 计算。

(2) 喷射拱部、边墙混凝土按设计断面面积乘以设计长度以 m^3 计算。超前小导管、管棚制作、安装均按设计图示尺寸以 m 计算。锚杆制作、安装均按设计图示尺寸以 m 计算。注浆按设计注浆液体以 m^3 计算。格栅钢架、钢筋网均按设计图示尺寸以 t 计算。

(3) 隧道衬砌混凝土按设计图所示尺寸加允许超挖量(拱部为 15 cm，边墙为 10 cm)以 m^3 计算，混凝土部分不扣除 $0.3\ m^2$ 以内孔洞所占体积。

(4) 隧道衬砌钢筋按设计以 t 计算，固定钢筋位置的支撑钢筋、双层钢筋用的架立筋(铁马)，伸出构件的锚固钢筋均按钢筋计算，并入钢筋工程量内。

(5) 竖井挖土石方按设计结构外围水平投影面积乘以高度以 m^3 计算，竖井高度指实际自然地面标高至竖井垫层底标高之差。竖井喷射混凝土、衬砌混凝土按设计图示断面尺寸乘以设计厚度以 m^3 计算。竖井锁口圈混凝土，按设计图示尺寸以 m^3 计算。竖井钢筋和钢爬梯，按设计图示尺寸以 t 计算。

(6) 隧道竖井和洞内回填，按设计图示尺寸以 m^3 计算。拆除洞内临时支护混凝土，按设计图示尺寸以 m^3 计算。拆除临时钢结构，按设计图示尺寸以 t 计算。

2. 地下连续墙

(1) 地下连续墙成槽土方量按连续墙设计长度、宽度和槽深+0.5 m(超深部分)以 m^3 计算。混凝土浇筑量按连续墙设计长度、宽度和槽深，以 m^3 计算。

(2) 锁口管及清底置换以段计算(段是指槽壁单元槽段)，锁口管吊拔按连续墙段数加 1

段计算。

(3)连续墙工字形钢板封口制作、安装按设计图示尺寸以 t 计算。

(4)凿地下连续墙(平、立面)按设计图示尺寸以 m^3 计算。

(5)连续墙入岩按穿越该层厚度乘以设计截面面积以 m^3 计算。

3. 地下混凝土结构

(1)现浇混凝土按设计图示尺寸以 m^3 计算，不扣除单孔 $0.30\ m^2$ 以内的孔洞所占体积。

(2)有梁板的柱高，自柱基础顶面至梁、板顶面计算，梁高以设计高度为准。梁与柱交接，梁长算至柱侧面(即柱间净长)。

(3)预埋件另行计算。

(4)隧道路面沉降缝、变形缝工程量计算按定额第二册《道路工程》执行。

4. 防水工程

(1)防水卷材料、防水涂料、刚性防水均按设计图示尺寸以 m^2 计算，细石混凝土保护层按设计图示尺寸以 m^3 计算。

(2)接水槽(盒)、施工缝、变形缝分不同材料，按设计图示尺寸以 m 计算。

(3)防水堵漏按实际发生形状以点、m、m^2 计算。

5. 地基加固、监测

地基注浆加固按设计图示以孔、m^2 计算。监测点布置的工程量由设计图示以孔、个计算。监控测试以组日计算，监测时间由施工组织设计确认。

【例 3-39】 根据图 3-24 所示为某连续墙结构图，以及【例 3-37】列项结果，计算各分部分项工程的工程量。

解：导墙混凝土：$(2.52+0.8)\times 0.2\times 2\times 30=39.84\ (m^2)$

导墙钢筋：经图纸计算，导墙工程量为 4.14 t，此处不列明详细的计算公式。

地下连续墙混凝土：$6\times 0.8\times 20\times 5=480\ (m^2)$

地下连续墙钢筋：经图纸计算，连续墙钢筋量为 86.4 t。

凿除地下连续墙桩头：$0.5\times 0.8\times 30=12\ (m^2)$

结果汇总见表 3-82。

表 3-82 地下连续墙算量表

序号	项目名称及特征	单位	工程量
1	导墙混凝土：混凝土强度等级 C25，开挖、外运、模板计入综合单价	m^2	39.84
2	导墙钢筋：材质 HPB300	t	4.14
3	地下连续墙混凝土 (1)深度：小于 25 m，具体详见设计图； (2)宽度：800 mm； (3)混凝土强度等级：水下 C35，开挖、外运、清底置换、锁口管吊拔综合考虑	m^2	480.00
4	地下连续墙钢筋：材质 HRB400，工字钢钢板封口综合考虑	t	86.40
5	凿除地下连续墙桩头：按 0.5 m 凿除，外弃运距综合考虑	m^2	12.00

【例 3-40】 根据图 3-24 所示某隧道结构图和【例 3-38】列项结果，计算各分部分项工程量，隧道长度为 10 m。

解：暗挖石方：$3.14×(3.42+0.05)^2×60°/360°+(3.2+0.12+0.05)^2×\tan14°8'28''/2×2+3.14(3.2+1.2+0.05)^2×271.724°/360°×10=452.74(m^2)$

回填混凝土：$\{3.14×[(3.42+0.5)^2-3.42^2]×60°/360°+3.37^2×\tan14°8'28''×2-3.32^2×\tan14°8'28''×2+3.14×[3.37^2-3.32^2]×271.724°/360°\}×10=24.74(m^2)$

钢筋网：$3.14×3.2×2×1/0.2×0.395+3.14×3.2×2/0.2×1×0.395×10=0.829(t)$

喷射混凝土：$3.14×(3.42^2-3.3^2)×60°/360°+3.32^2×\tan14°8'28''/2×2-3.14×3^2×14°8'28''/360°×2+3.14×(3.32^2-3.2^2)×271.724°/360°×10=28.33(m^2)$

砂浆锚杆：$3.14×3^2/1.2/1.2×120°/360°×3.0×10=300(m)$

豆砾石填充及管片背后注浆：$3.14×(3.15^2-3^2)×60°/360°+3.2^2×\tan14°8'28''/2×2-3.14×3^2×14°8'28''/360°×2+3.14×(3.2^2-3^2)×271.724°/360°×10=12.87(m^2)$

钢筋混凝土导台：$3.14×(3.3^2-3.15^2)60°/360°×10=5.07(m^2)$

钢筋混凝土管片：$3.14×(3^2-2.7^2)×10=53.69(m^2)$

结果汇总见表3-83。

表3-83　隧道工程算量表

序号	项目名称及特征	单位	工程量
1	暗挖石方：按50 mm厚超挖，爆破开挖，外运距离自行考虑	m²	481.35
2	回填混凝土：C25早强混凝土	m²	10.58
3	钢筋网：φ8 间距 200 mm×200 mm，全断面设置	t	0.829
4	砂浆锚杆：⌀22（HRB335级钢）拱项120°设置，$L=3.0$ m	m	300
5	喷射混凝土：C25早强混凝土 120 mm	m²	28.33
6	豆砾石：豆砾石充填密实	m²	12.87
7	压密注浆：管片背后注水泥浆	m²	12.87
8	钢筋混凝土导台：C30钢筋混凝土，HPB300级钢筋	m²	5.07
9	钢筋混凝土管片：管片外径为6 000 mm，厚度为300 mm，宽度为1 200 mm，钢筋等级HPB300、HRB400，混凝土等级C55，抗渗等级P12	m²	92.63

二、定额套用

(一)定额说明解读

(1)本章定额包括暗挖(矿山法)单、双线隧道土、石方开挖及清理，矿山法隧道喷射混凝土、钢格栅及钢筋网、超前小导管、管棚、锚杆注浆，矿山法隧道衬砌混凝土，矿山法隧道竖井开挖、衬砌、钢筋、钢爬梯、回填、拆除等内容。

(2)三线或三线以上大断面矿山法施工隧道土、石方开挖套用双线土、石方开挖相应子目。

(3)土石方清理子目仅适用于洞内抢险等特殊情况，正常开挖中不应使用。

(4)喷射混凝土部分结构部位，根据隧道设计结构形式执行相应子目；定额按素喷和网喷综合编制，并已包括回填及填平补齐的消耗量。

(5)临时支护喷射混凝土项目仅适用于施工过程中喷射掌子面及临设中隔壁混凝土等支护项目。

(6)超前小导管及管棚子目不含注浆,发生时应根据设计图纸注明的浆液材料分别执行本章预留孔注浆子目。

(7)砂浆锚杆和自行式锚杆分别按 $\Phi 25$ 的螺纹钢和 R32 N 中空锚杆编制,设计锚杆直径同时可调整主材价格。

(8)当注浆定额项目中的浆液配合比与设计配合比不同时,可按时调整。钻孔注浆适用于部分特殊部位需要钻孔并注浆的项目。

(9)隧道竖井采用其他围护结构时,执行定额第一册《通用项目》相应子目。

(10)竖井开挖土石方按深度划分,其中开挖土石方的深度为自然地面至设计底板底(或垫层底)面的高度。

(11)拆除洞内临时支护混凝土及拆除钢结构按隧道内施工因素考虑的,定额中包括了洞内废料水平运输及垂直运输,废料地面弃运应另行计算。

(二)定额套用练习

【例 3-41】 图 3-24 所示为某地下连续墙结构图,在【例 3-37】和【例 3-39】的基础上,通过列表方式列出各分部分项工程所应套用的定额子目编号、定额单位和定额工程量,并注明定额调整换算内容。

解:结果汇总见表 3-84。

表 3-84 地下连续墙定额套用

序号	项目名称及特征	定额子目编码	定额子目名称及特征	定额单位	定额工程量	定额调整换算
1	导墙混凝土:混凝土等级 C25,开挖,外运、模板计入综合单价	D7-3-1	导墙土方开挖	100 m²	0.398 4	运距按 15 km 进行换算
		D7-3-2	现浇混凝土导墙 换为[C25 水下混凝土 40 石(配合比)]	10 m³	3.984	
		D1-1-57	挖土机装土 自卸汽车运卸土方 运距1 km 实际运距(km)为 15	1 000 m³	0.039 84	
2	导墙钢筋:材质 HPB300	D7-3-3	导墙钢筋	t	4.41	无
3	地下连续墙混凝土:①深度:小于25 m,具体详见设计图;②宽度:800 mm;③混凝土强度等级:水下 C35,开挖、外运、清底置换,锁口管吊拔综合考虑	D7-3-5	履带式液压抓斗 25 m 以内	10 m³	480	无
		D1-1-57	挖土机装土 自卸汽车运卸土方 运距1 km 实际运距(km)为 15	1 000 m³	0.48	运距按 15 km 进行换算
		D7-3-20	清底置换	段	5	无
		D7-3-21	浇筑混凝土	10 m³	48	无
		D7-3-18	锁口管吊拔 25 m 以内	段	5	无

续表

序号	项目名称及特征	定额子目编码	定额子目名称及特征	定额单位	定额工程量	定额调整换算
4	地下连续墙钢筋：材质 HRB400，工字钢钢板封口综合考虑	D7-3-8	钢筋笼制作	t	86.4	无
		D7-3-10	钢筋笼吊运就位 25 m 以内	t	86.4	
		D7-3-12	连续墙工字形钢板封口制作	t	11.1	
		D7-3-18	连续墙工字形钢板封口安装	t	11.1	
5	凿除地下连续墙桩头：按 0.5 m 凿除，外弃运距综合考虑	D1-3-168	凿桩头 混凝土灌注桩、夯打桩、人工挖孔桩护壁	m²	12	运距按 15 km 进行换算
		D1-1-114	挖掘机挖石方、自卸汽车运卸松散石方 运距 1 km 实际运距(km)为 15	1 000 m³	12	

【随堂练习 3-16】 图 3-24 所示为某隧道结构图，在【例 3-38】和【例 3-40】的基础上，通过列表方式列出各分部分项工程所应套用的定额子目编号、定额单位和定额工程量，并注明定额调整换算内容，其定额套用见表 3-85。

表 3-85 隧道定额套用练习

序号	项目名称及特征	定额子目编码	定额子目名称及特征	定额单位	定额工程量	定额调整换算
1	暗挖石方：按 50 mm 厚超挖，爆破开挖，外运距离自行考虑					
2	回填混凝土：C25 早强混凝土					
3	钢筋网：Φ8 间距 200 mm×200 mm，全断面设置					
4	砂浆锚杆：Φ22（HRB335 级钢筋）拱顶 120°设置，L=3.0 m					
5	喷射混凝土：C25 早强混凝土 120 mm					
6	豆砾石：豆砾石充填密实					
7	压密注浆：管片背后注水泥浆					

续表

序号	项目名称及特征	定额子目编码	定额子目名称及特征	定额单位	定额工程量	定额调整换算
8	钢筋混凝土导台：C30钢筋混凝土，HPB300级钢筋					
9	钢筋混凝土管片：管片外径为6 000 mm，厚度为300 mm，宽度为1 200 mm，钢筋等级HPB300、HRB400，混凝土等级C55，抗渗等级P12					

三、调整价差

本案例采用按实调整法调整价差，调差原理与方法详见第二章，为简化计算，案例仅考虑人工价格有变化，只需调整人工价差，材料和机械价格不变，演示人工价差调整方法。

【例3-42】 在【例3-41】的基础上计算该工程定额直接工程费，如果施工期间工日单价为100元/工日，其他信息价不变，求该工程直接工程费。

解：结果汇总见表3-86。

表3-86 地下连续墙价差调整

序号	项目编码	项目名称	计量单位	工程数量	定额单价/元	定额直接工程费/元	单位工日数量	工日总量	人工价差/元
1	D7-3-1	导墙土方开挖	100 m³	0.398 4	1 966.11	783.30	12.48	4.97	243.63
2	D7-3-2	现浇混凝土导墙换为[C25水下混凝土40石（配合比）]	10 m³	3.984	1 724.48	6 870.33	16.48	65.66	3 217.16
3	D1-1-57	挖土机装土自卸汽车运卸土方距离1 km实际运距(km)：15	1 000 m³	0.039 84	30 781.2	1 226.32	3.53	0.14	6.90
4	D7-3-3	导墙钢筋	t	4.41	5 586	24 634.26	11.18	49.30	2 415.89
5	D7-3-5	履带式液压抓斗25 m以内	10 m³	48	5 243.03	251 665.44	9.90	475.20	23 284.80
6	D1-3-162	泥浆运输 运距1 km内实际运距(km)：15	10 m³	48	1 338.71	64 258.08	2.73	130.90	6 413.90
7	D7-3-20	清底置换	段	5	3 215.28	16 076.40	10.83	54.14	2 652.62
8	D7-3-21	浇注混凝土	10 m³	48	852.14	40 902.72	5.51	264.48	12 959.52
9	D7-3-18	锁口管吊拔25 m以内	段	5	2 589.37	12 946.85	2.74	13.68	670.32
10	D7-3-8	钢筋笼制作	t	86.4	5 687.55	491 404.32	9.56	825.81	40 464.75

续表

序号	项目编码	项目名称	计量单位	工程数量	定额单价/元	定额直接工程费/元	单位工日数量	工日总量	人工价差/元
11	D7-3-10	钢筋笼吊运就位25m以内	t	86.4	797.75	68 925.60	3.10	267.49	13 107.23
12	D7-3-12	连续墙工字形钢板封口制作	t	11.1	7 153.02	79 398.52	8.09	89.81	4 400.69
13	D7-3-18	连续墙工字形钢板封口安装	t	11.1	334.89	3 717.28	2.16	23.98	1 174.82
14	D1-3-168	凿桩头 混凝土灌注桩、夯打桩、人工挖孔桩护壁	m³	12	542.19	6 506.28	4.99	59.83	2 931.77
15	D1-1-114	挖掘机挖石方、自卸汽车运卸松散石方运距1km 实际运距(km)：15	1 000 m³	0.012	62 665.33	751.98	9.81	0.12	5.77
		合计				1 070 067.68			113 949.76
		直接工程费				1 184 017.44			

【随堂练习3-17】 图3-24所示为某隧道结构图，在【随堂练习3-16】的基础上，计算该工程定额直接工程费，如果施工期间工日单价为100元/工日，其他信息价不变，求该工程直接工程费，其汇总见表3-87。

表3-87 隧道价差调整练习

序号	项目编码	项目名称	计量单位	工程数量	定额单价/元	定额直接工程费/元	单位工日数量	工日总量	人工价差/元
		合计							
		直接工程费							

四、取费汇总

取费汇总练习见例3-43。

【例 3-43】 在【例 3-42】基础上计算工程造价,取费程序根据广州市市政工程计费程序表。

解: 结果汇总见表 3-88。

表 3-88 工程造价汇总计算表

序号	费用名称	计算基础说明	计算基础	费率/%	金额/元
1	分部分项工程费	定额分部分项工程费+价差+利润			1 225 876.54
1.1	定额分部分项工程费	分部分项人工费+分部分项材料费+分部分项主材费+分部分项设备费+分部分项机械费+分部分项管理费			1 070 067.68
1.2	价差	分部分项人材机价差			113 949.76
1.3	利润	分部分项人工费+分部分项人工价差	232 550.53	18	41 859.10
2	措施项目费	安全文明施工费+其他措施项目费			35 550.42
2.1	安全文明施工费	按定额子目计算的安全文明施工费+按系数计算措施项目费			35 550.42
2.1.1	按定额子目计算的安全文明施工费	安全防护、文明施工措施项目的技术措施费			0
2.1.1.1	定额安全文明施工费	安全防护、文明施工措施项目的技术措施费-价差-利润			
2.1.1.2	价差	安全防护、文明施工措施项目的技术措施人工价差+安全防护、文明施工措施项目的技术措施材料价差+安全防护、文明施工措施项目的技术措施机械价差			
2.1.1.3	利润	安全防护、文明施工措施项目的技术措施人工费+安全防护、文明施工措施项目的技术措施人工价差		18	
2.1.2	按系数计算措施项目费	分部分项工程费	1 225 876.54	2.9	35 550.42
2.2	其他措施项目费	按定额子目计算的其他措施项目费+措施其他项目费			0
2.2.1	按定额子目计算的其他措施项目费	其他措施项目的技术措施费			0
2.2.1.1	定额其他措施项目费	其他措施项目的技术措施费-价差-利润			
2.2.1.2	价差	其他措施项目的技术措施人工价差+其他措施项目的技术措施材料价差+其他措施项目的技术措施机械价差			

续表

序号	费用名称	计算基础说明	计算基础	费率/%	金额/元
2.2.1.3	利润	其他措施项目的技术措施人工费＋其他措施项目的技术措施人工价差		18	
2.2.2	措施其他项目费	夜间施工增加费＋交通干扰工程施工增加费＋赶工措施费＋文明工地增加费＋地下管线交叉降效费＋其他费用			0
2.2.2.1	夜间施工增加费			20	
2.2.2.2	交通干扰工程施工增加费			10	
2.2.2.3	赶工措施费	分部分项工程费		0	
2.2.2.4	文明工地增加费	分部分项工程费		0	
2.2.2.5	地下管线交叉降效费			0	
2.2.2.6	其他费用			0	
3	其他项目费	暂列金额＋暂估价＋计日工＋总承包服务费＋材料检验试验费＋预算包干费＋工程优质费＋其他费用			14 710.52
3.1	暂列金额	分部分项工程费		0	
3.2	暂估价	专业工程暂估价			
3.3	计日工	计日工			
3.4	总承包服务费	总承包服务费			
3.5	材料检验试验费	分部分项工程费	1 225 876.54	0.2	2 451.75
3.6	预算包干费	分部分项工程费	1 225 876.54	1	12 258.77
3.7	工程优质费	分部分项工程费		0	0
3.8	其他费用			0	
4	规费	工程排污费＋施工噪声排污费＋危险作业意外伤害保险费			1 276.14
4.1	工程排污费	按有关部门的规定计算			
4.2	施工噪声排污费	按有关部门的规定计算			
4.3	危险作业意外伤害保险费	分部分项工程费＋措施项目费＋其他项目费	1 276 137.48	0.1	1 276.14
5	不含税工程造价	分部分项工程费＋措施项目费＋其他项目费＋规费			1 277 413.61
6	堤围防护费与税金	不含税工程造价	1 099 647.29	3.527	45 054.38
7	含税工程造价	不含税工程造价＋堤围防护费与税金			1 322 467.99

第四章 清单计价原理

内容提要

我国从 2003 年开始推广使用工程量清单计价形式，在实践中不断探索与完善，先后推出《建设工程工程量清单计价规范》(GB 50500—2003)、《建设工程工程量清单计价规范》(GB 50500—2008)、《建设工程工程量清单计价规范》(GB 50500—2013)。新规范的推出是一个不断完善、与时俱进的过程，在旧版规范的实践应用中不断总结和反馈经验问题制定新版规范，旧版规范是新版规范的基础，新版规范是旧版规范的完善与提升。本书后文所讲"清单规范"如无特殊注明，均指《建设工程工程量清单计价规范》(GB 50500—2013)。目前，工程量清单计价日趋成熟，使用范围日益广泛，全国工程造价行业基本都采用清单计价计算工程造价。定额计价和清单计价可以从两个方面去理解，一方面是指一种计价方式，计算工程造价的方式；另一方面是指在承发包市场确定合同价的一种合同形成方式。定额计价是我国传统的计价方式。在招标投标时，无论是作为招标控制价（标底）还是投标报价，其招标人和投标人都需要按国家规定的统一工程量计算规则计算工程数量，然后按建设行政主管部门颁布的预算定额或单位估价表计算工、料、机的费用，再按有关费用标准记取其他费用，汇总后得到工程造价。在整个计价过程中，计价依据是固定的，即权威性的"定额"。工程量清单计价，是在建设工程过程中，招标人或委托具有资质的中介机构编制工程量清单，并作为招标文件的一部分提供给投标人，由投标人依据工程量清单进行自主报价，经评审合理低价中标的一种计价方式。清单计价鼓励市场竞争，提倡自主报价，不再规定必须按定额消耗量报价，鼓励有报价能力的单位自主报价，充分体现计价的市场性。

第一节 清单计价基本定义

一、与计量相关的名词术语

1. 工程量清单

工程量清单是指注明建设工程分部分项工程项目、措施项目、其他项目的名称和相应数量以及规费、税金项目等内容的明细清单。

2. 招标工程量清单

招标工程量清单是指招标人依据国家标准、招标文件、设计文件以及施工现场实际情况编制的，随招标文件发布供投标报价的工程量清单，包括其说明和表格。

3. 已标价工程量清单

已标价工程量清单是指构成合同文件组成部分的投标文件中已标明价格，经算术性错误修正（如有）且承包人已确认的工程量清单，包括其说明和表格。

4. 分部分项工程

分部工程是单项或单位工程的组成部分，是按结构部位、路段长度及施工特点或施工任务将单项或单位工程划分为若干分部的工程；分项工程是分部工程的组成部分，是按不同施工方法、材料、工序及路段长度等将分部工程划分为若干个分项或项目的工程。

5. 措施项目

措施项目是指为完成工程项目施工，发生于该工程施工准备和施工过程中的技术、生活、安全、环境保护等方面的项目。

6. 项目编码

项目编码是指分部分项工程和措施项目清单名称的阿拉伯数字标识。

7. 项目特征

项目特征是指构成分部分项工程项目、措施项目自身价值的本质特征。

8. 工程计量

工程计量是指发承包双方根据合同约定，对承包人完成合同工程的数量进行的计算和确认。

二、与计价相关的名词术语

1. 综合单价

综合单价是指完成一个规定清单项目所需的人工费、材料和工程设备费、施工机具使用费和企业管理费、利润以及一定范围内的风险费用。

2. 风险费用

风险费用是指隐含于已标价工程量清单综合单价中，用于化解发承包双方在工程合同中约定内容和范围内的市场价格波动风险的费用。

3. 工程造价信息

工程造价信息是指工程造价管理机构根据调查和测算发布的建设工程人工、材料、工程设备、施工机械台班的价格信息，以及各类工程的造价指数、指标。

4. 暂列金额

暂列金额是指招标人在工程量清单中暂定并包括在合同价款中的一笔款项。其用于工程合同签订时尚未确定或者不可预见的所需材料、工程设备、服务的采购，施工中可能发生的工程变更、合同约定调整因素出现时的合同价款调整以及发生的索赔、现场签证确认等的费用。

5. 暂估价

暂估价是指招标人在工程量清单中提供的用于支付必然发生但暂时不能确定价格的材

料、工程设备的单价以及专业工程的金额。

6. 计日工

计日工是指在施工过程中，承包人完成发包人提出的工程合同范围以外的零星项目或工作，按合同中约定的单价计价的一种方式。

7. 总承包服务费

总承包服务费是指总承包人为配合协调发包人进行的专业工程发包，对发包人自行采购的材料、工程设备等进行保管以及施工现场管理、竣工资料汇总整理等服务所需的费用。

8. 安全文明施工费

安全文明施工费是指在合同履行过程中，承包人按照国家法律、法规、标准等规定，为保证安全施工、文明施工，保护现场内外环境和搭拆临时设施等所采用的措施而发生的费用。

9. 招标控制价

招标控制价是指招标人根据国家或省级、行业建设主管部门颁发的有关计价依据和办法，以及拟定的招标文件和招标工程量清单，结合工程具体情况编制的招标工程的最高投标限价。

10. 投标价

投标价是指投标人投标时响应招标文件要求所报出的对已标价工程量清单汇总后标明的总价。

11. 签约合同价(合同价款)

签约合同价（合同价款）是指发承包双方在工程合同中约定的工程造价，其包括了分部分项工程费、措施项目费、其他项目费、规费和税金的合同总金额。

第二节　工程量清单编制

招标工程量清单由具有编制能力的招标人或受其委托、具有相应资质的工程造价咨询人编制。招标工程量清单以单位(项)工程为单位编制，由分部分项工程项目清单、措施项目清单、其他项目清单、规费和税金项目清单组成。招标工程量清单的编制依据有以下几项：

(1)《建设工程工程量清单计价规范》(GB 50500－2013)和相关工程的国家计量规范(以下简称"计量规范")。

(2)国家或省级、行业建设主管部门颁发的计价定额和办法。

(3)建设工程设计文件及相关资料。

(4)与建设工程有关的标准、规范、技术资料。

(5)拟定的招标文件。

(6)施工现场情况、地勘水文资料、工程特点及常规施工方案。

(7)其他相关资料。

一、分部分项工程项目清单编制

分部分项工程项目清单必须载明项目编码、项目名称、项目特征、计量单位和工程量，见表 4-1 示例。分部分项工程项目清单必须根据"计量规范"规定的项目编码、项目名称、项目特征、计量单位和工程量计算规则进行编制。

表 4-1 分部分项工程项目清单示例

序号	项目编码	项目名称	项目特征	计量单位	工程量
1	040501001001	混凝土管道及基础铺设	1. 土方开挖(综合土质、深度); 2. 排除地下障碍物、工作面内排水、基坑底夯实; 3. 土方回填(密实度≥0.95); 4. 土方场内外运输(运距综合考虑); 5. D250 mm 钢筋混凝土管铺设(承插口管Ⅱ级); 6. 120°商品混凝土(C15)基础; 7. 水泥砂浆接口(或橡胶圈接口)	m	1 000

(一)项目编码

分部分项工程项目清单项目编码栏应根据"计量规范"项目编码栏内规定的 9 位数字另加 3 位顺序码共 12 位阿拉伯数字填写。各位数字的含义为:一、二位为专业工程代码,房屋建筑与装饰工程为 01,仿古建筑为 02,通用安装工程为 03,市政工程为 04,园林绿化工程为 05,矿山工程为 06,构筑物工程为 07,城市轨道交通工程为 08,爆破工程为 09;三、四位为专业工程附录分类顺序码;五、六位为分部工程顺序码;七、八、九位为分项工程项目名称顺序码;十至十二位为清单项目名称顺序码。

在编制工程量清单时应注意对项目编码的设置不得有重码,特别是当同一标段(或合同段)的一份工程量清单中含有多个单项或单位工程且工程量清单是以单项或单位工程为编制对象时,应注意项目编码中的十至十二位的设置不得重码。例如,一个标段(或合同段)的工程量清单中含有三个单项或单位工程,每一单项或单位工程中都有项目特征相同的块料面层,在工程量清单中又需反映三个不同单项或单位工程的块料面层工程量时,此时工程量清单应以单项或单位工程为编制对象,第一个单项或单位工程的块料面层的项目编码为 040203008001,第二个单项或单位工程的块料面层的项目编码为 040203008002,第三个单项或单位工程的块料面层的项目编码为 040203008003,并分别列出各单项或单位工程块料面层的工程量。

(二)项目名称

分部分项工程量清单项目名称栏应按"计量规范"的规定,根据拟建工程实际填写。在实际填写过程中,"项目名称"有两种填写方法:一是完全保持"计量规范"的项目名称不变;二是根据工程实际在"计量规范"项目名称下另行确定详细名称。

(三)项目特征

分部分项工程量清单的项目特征是确定一个清单项目综合单价的重要依据,在编制的工程量清单中必须对其项目特征进行准确和全面的描述。招标人提供的工程量清单对项目特征描述不具体,特征不清、界限不明,会使投标人无法准确理解工程量清单项目的构成要素,导致评标时难以合理的评定中标价;结算时,发、承包双方引起争议,影响工程量清单计价的推进。因此,在工程量清单中准确地描述工程量清单项目特征是有效推进工程量清单计价的重要一环。工程量清单项目特征描述的重要意义如下:

(1)项目特征是区分清单项目的依据。工程量清单项目特征是用来表述分部分项清单项目的实质内容,用于区分"计量规范"中同一清单条目下各个具体的清单项目。没有项目特征的准确描述,对于相同或相似的清单项目名称,就无从区分。

(2)项目特征是确定综合单价的前提。由于工程量清单项目的特征决定了工程实体项目的实质内容,必然直接决定了工程实体的自身价值。因此,工程量清单项目特征描述得准确与否,直接关系到工程量清单项目综合单价的准确确定。

(3)项目特征是履行合同义务的基础。实行工程量清单计价,工程量清单及其综合单价是施工合同的组成部分,因此,如果工程量清单项目特征的描述不清甚至漏项、错误,从而引起在施工过程中的更改,都会引起分歧,导致纠纷。

清单项目特征的描述,应根据"计量规范"附录中有关项目特征的要求,结合技术规范、标准图集、施工图纸,按照工程结构、使用材质及规格或安装位置等,予以详细而准确的表述和说明。可以说离开了清单项目特征的准确描述,清单项目就将没有生命力。例如,我们要购买某一商品,如汽车,我们就首先要了解汽车的品牌、型号、结构、动力、内配等诸方面,因为这些决定了汽车的价格。当然,从购买汽车这一商品来讲,商品的特征在购买时已形成,买卖双方对此均已了解。但相对于建筑产品来说其比较特殊,因此,在合同的分类中,工程发、承包施工合同属于加工承揽合同中的一个特例,实行工程量清单计价,就需要对分部分项工程量清单项目的实质内容、项目特征进行准确描述,就好比我们要购买某一商品,要了解品牌、性能等是一样的。因此,准确地描述清单项目的特征对于准确地确定清单项目的综合单价具有决定性的作用。当然,由于种种原因,对同一个清单项目,由不同的人进行编制,会有不同的描述,尽管如此,体现项目本质区别的特征和对报价有实质影响的内容都必须描述,这一点是无可置疑的。

在进行项目特征描述时,应掌握以下要点:

(1)必须描述的内容。

1)设计正确计量的内容必须描述:如门窗洞口尺寸,如采用"樘"计量时,因为一樘门或窗的面积有多大,直接关系到门窗的价格,故而必须对门窗洞口进行描述。

2)涉及结构要求的内容必须描述:如混凝土构件的混凝土强度等级,是使用 C20 还是 C30 或 C40 等,因混凝土强度等级不同,其价格也不同,必须描述。

3)涉及材质要求的内容必须描述:如油漆的品种:是调和漆,还是硝基清漆等;管材的材质:是碳钢管,还是塑钢管、不锈钢管等;还需对管材的规格、型号进行描述。

4)涉及安装方式的内容必须描述:如管道工程中的钢管的连接方式是螺纹连接,还是焊接;塑料管是粘接连接,还是热熔连接等就必须描述。

(2)可不描述的内容。

1)对计量计价没有实质影响的内容可以不描述:如对现浇混凝土柱的高度、断面大小等的特征规定可以不描述,因为混凝土构件是按"m^2"计量,对此的描述实质意义不大。

2)应由投标人根据施工方案确定的可以不描述:如对石方的预裂爆破的单孔深度及装药量的特征规定,如清单编制人来描述是困难的,由投标人根据施工要求,在施工方案中确定,自主报价比较恰当。

3)应由投标人根据当地材料和施工要求确定的可以不描述:如对混凝土构件中的混凝土拌合料使用的石子种类及粒径、砂的种类及特征规定可以不描述。因为无论混凝土拌合料使用石还是碎石,使用粗砂还是中砂、细砂或特细砂,除构件本身特殊要求需要指定外,主要取决于工程所在地砂、石子材料的供应情况。至于石子的粒径大小主要取决于钢筋配筋的密度。

4)应由施工措施解决的可以不描述：如对现浇混凝土板、梁的标高的特征规定可以不描述。因为同样的板或梁，都可以将其归并在同一个清单项目中，但由于标高的不同，将会导致因楼层的变化对同一项目提出多个清单项目，可能有的会讲，不同的楼层工效不一样，但这样的差异可以由投标人在报价中考虑，或在施工措施中解决。

(3)可不详细描述的内容。

1)无法准确描述的可不详细描述：如土壤类别，由于我国幅员辽阔，南北东西差异较大，特别是对于南方来说，在同一地点，由于表层土与表层土以下的土壤，其类别是不相同的，要求清单编制人准确判定某类土壤的所占比例是困难的，在这种情况下，可考虑将土壤类别描述为综合，注明由投标人根据地勘资料自行确定土壤类别，决定报价。

2)施工图纸、标准图集标注明确，可不再详细描述：对这些项目可描述为见××图集××页号及节点大样等。由于施工图纸、标准图集是发、承包双方都应遵守的技术文件，这样描述，可以有效减少在施工过程中对项目理解的不一致。同时，对不少工程项目，真要将项目特征一一描述清楚，也是一件费力的事情，如果能采用这一方法描述，就可以收到事半功倍的效果。因此，建议这一方法在项目特征描述中能采用的尽可能采用。

3)还有一些项目可不详细描述，但清单编制人在项目特征描述中应注明由招标人自定，如土石方工程中的"取土运距""弃土运距"等。首先要清单编制人决定在多远取土或取、弃土运往多远是困难的；其次，有投标人根据在建工程施工情况统筹安排，自主决定取、弃土方的运距可以充分体现竞争的要求。

(四)计量单位

计量单位应采用基本单位，除各专业另有特殊规定外均按以下单位计量：

(1)以质量计算的项目——吨或千克(t 或 kg)；

(2)以体积计算的项目——立方米(m^3)；

(3)以面积计算的项目——平方米(m^2)；

(4)以长度计算的项目——米(m)；

(5)以自然计量单位计算的项目——个、套、块、樘、组、台……；

(6)没有具体数量的项目——宗、项……。

各专业有特殊计量单位的，再另外加以说明，当计量单位有两个或两个以上时，应根据所编制工程量清单项目的特征要求，选择一个最适宜表现该项目特征并方便计量的单位。

(五)工程量

工程量按照设计图纸尺寸，以清单工程量计算规则为依据，计算工程项目的实物工程量。除另有说明外，所有清单项目的工程量应以实体工程量为准，并以完成后的净值计算。投标人在投标报价时，应在单价中考虑施工中的各种损耗和需要增加的工程量。工程量计算除《市政工程工程量计算规范》(GB 50857—2013)外，还应依据以下文件：

(1)经审定通过的施工设计图纸及说明。

(2)经审定通过的施工组织设计或施工方案。

(3)经审定通过的其他有关技术经济文件。

工程计量时每一项目汇总的有效位数应遵循下列规定。

(1)以"吨"为单位的应保留三位小数,第四位小数四舍五入。
(2)以"立方米""平方米""米""千元"为单位的应保留两位小数,第三位小数四舍五入。
(3)以"个""项""米"为单位的应取整数。

随着工程建设中新材料、新技术、新工艺等的不断涌现,计量规范附录所列的工程量清单项目不可能包含所有项目。在编制工程量清单时,当出现计量规范附录中未包括的清单项目时,编制人应作补充。在编制补充项目时应注意以下三个方面:

(1)补充项目的编码应按计量规范的规定确定。具体做法如下:补充项目的编码由计量规范的代码与B和三位阿拉伯数字组成,并应从001起顺序编制,例如,市政工程如需补充项目,则其编码应从04B001开始起顺序编制,同一招标工程的项目不得重码。

(2)在工程量清单中应附补充项目的项目名称、项目特征、计量单位、工程量计算规则和工作内容。

(3)将编制的补充项目报省级或行业工程造价管理机构备案。

二、措施项目清单编制

措施项目是指完成工程项目施工,发生于该工程施工准备和施工过程中的技术、生活、安全、环境保护等方面的项目。措施项目清单应根"计量规范"的规定编制,并应根据拟建工程的实际情况列项。措施项目清单的编制依据有以下几项:

(1)施工现场情况、地勘水文资料、工程特点。
(2)常规施工方案。
(3)与建设工程有关的标准、规范、技术资料。
(4)拟定的招标文件。
(5)建设工程设计文件及相关资料。

措施项目清单分为两类,一类是措施项目费用的发生与使用时间、施工方法或者两个以上的工序相关,并大都与实际完成的实体工程量的大小关系不大,如安全文明施工费,夜间施工,非夜间施工照明,二次搬运,冬、雨期施工,地上、地下设施,建筑物的临时保护设施,已完工程及设备保护等,宜编制总价措施项目清单与计价表。总价措施项目清单与计价表见表4-2。另一类措施项目则是可以计算工程量的项目,如脚手架工程,混凝土模板及支架(撑)、垂直运输、超高施工增加,大型机械设备进出场及安拆,施工排水、降水等,这类措施项目按照分部分项工程量清单的方式采用综合单价计价,更有利于措施费的确定和调整,宜采用分部分项工程量清单的方式编制。单价措施项目清单与计价表见表4-3。

表4-2 总价措施项目清单与计价表

工程名称:8557警卫室(建筑,装修) 第1页 共1页

序号	项目编码	子目名称	计算基础	费率/%	金额/元	备注
1	011707001001	安全文明施工	分部分项合计	3.97	33 930.8	
2	011707002001	夜间施工				
3	011707003001	非夜间施工照明				
4	011707004001	二次搬运				
5	011707005001	冬、雨期施工				

续表

序号	项目编码	子目名称	计算基础	费率/%	金额/元	备注
6	011707006001	地上、地下设施、建筑物的临时保护设施				
7	011707007001	已完工程及设备保护				

表 4-3 单价措施项目清单与计价表

工程名称：未来科技城北区随路建设电力管道工程　　　标段：第三标段　　　第 1 页　共 2 页

序号	项目编码	项目名称	项目特征描述	计量单位	工程量	金额/元	
						综合单价	合价
1	040402012001	锚杆支护	1. 竖井环向锚管 2. 锚管直径：32 mm 3. 锚管长度：2.5 m 4. 水平间距：1 m 5. 竖直间距：两榀一打，上下错开 6. 注浆	m	3 737		
2	DB031	全断向注浆加固	1. 隧道断面：2.0 m×2.3 m，单孔暗挖隧道 2. 长导管：导管长度及间距依据设计要求及投标方案确定 3. 浆液：根据设计要求及地质情况确定 4. 封掌子面	m	445		

三、其他项目清单编制

其他项目清单是指除分部分项工程量清单、措施项目清单所包含的内容外，因招标人的特殊要求而发生的与拟建工程有关的其他费用项目和相应数量的清单。工程建设标准的高低、工程的复杂程度、工程的工期长短、工程的组成内容、发包人对工程管理要求等都直接影响其他项目清单的具体内容。其他项目清单包括暂列金额，暂估价（包括材料暂估单价、工程设备暂估单价、专业工程暂估价），计日工，总承包服务费。其他项目清单宜按照表 4-4 的格式编制，出现未包含在表格中内容的项目，可根据工程实际情况补充。

表 4-4 其他项目清单与计价汇总表

序号	项目名称	计量单位	金额/元
1	暂列金额	项	
2	暂估价		
2.1	材料暂估价	—	
2.2	专业工程暂估价	项	
3	计日工		
4	总承包服务费		

(一)暂列金额

暂列金额是指招标人在工程量清单中暂定并包括在合同价款中的一笔款项。其适用于工程合同签订时尚未确定或者不可预见的所需材料、工程设备、服务的采购，施工中可能发生的工程变更、合同约定调整因素出现时的合同价款调整，以及发生的索赔、现场签证确认等的费用。无论采用何种合同形式，其理想的标准是，一份合同的价格就是其最终的竣工结算价格，或者至少两者应尽可能接近。我国规定对政府投资工程实行概算管理，经项目审批部门批复的设计概算是工程投资控制的刚性指标，即使商业性开发项目也有成本的预先控制问题，否则，无法相对准确预测投资的收益和科学合理地进行投资控制。但工程建设自身的特性决定了工程的设计需要根据工程进展不断地进行优化和调整，业主需求可能会随工程建设进展出现变化，工程建设过程还会存在一些不能预见、不能确定的因素。消化这些因素必然会影响合同价格的调整，暂列金额正是因这类不可避免的价格调整而设立，以便达到合理确定和有效控制工程造价的目标。设立暂列金额并不能保证合同结算价格就不会再出现超过合同价格的情况，是否超出合同价格完全取决于工程量清单编制人对暂列金额预测的准确性，以及工程建设过程是否出现了其他事先未预测到的事件。暂列金额应根据工程特点，按有关计价规定估算。暂列金额可按照表4-5的格式列示。

表 4-5 暂列金额明细表

工程名称： 标段： 第 页 共 页

序号	项目名称	计量单位	暂定金额/元	备注
1				
2				
3				
4				
5				
6				
7				
合计				

(二)暂估价

暂估价是指招标人在工程量清单中提供的用于支付必然发生但暂时不能确定价格的材料、工程设备的单价以及专业工程的金额，包括材料暂估单价、工程设备暂估单价和专业工程暂估价；暂估价类似于 FIDIC 合同条款中的 PrimeCostItems，在招标阶段预见肯定要发生，只是因为标准不明确或者需要由专业承包人完成，暂时无法确定价格。暂估价数量和拟用项目应当结合工程量清单中的"暂估价表"予以补充说明。为方便合同管理，需要纳入分部分项工程量清单项目综合单价中的暂估价应只是材料、工程设备暂估单价，以方便投标人组价。

专业工程的暂估价一般应是综合暂估价，同样包括人工费、材料费、施工机具使用费、企业管理费和利润，不包括规费和税金。当总承包招标时，专业工程设计深度往往是不够的，一般需要交由专业设计人设计。在国际社会，出于对提高可建造性的考虑，一般由专业承包人负责设计，以发挥其专业技能和专业施工经验的优势。这类专业工程交由专业分包人完成是国际工程的良好实践,目前,在我国工程建设领域也已经比较普遍。公开透明地合理确定这类暂估价的实际开支金额的最佳途径就是通过施工总承包人与工程建设项目招标人共同组织的招标。

暂估价中的材料、工程设备暂估单价应根据工程造价信息或参照市场价格估算,列出明细表;专业工程暂估价应分不同专业,按有关计价规定估算,列出明细表。暂估价可按照表4-6和表4-7的格式列示。

表4-6 材料暂估单价表

工程名称： 标段： 第 页 共 页

序号	材料名称、规格、型号	计量单位	单价/元	备注

注:1. 此表由招标人填写,并在备注栏说明暂估价的材料拟用在哪些清单项目上,投标人应将上述材料暂估单价计入工程量清单综合单价报价中。
2. 材料包括原材料、燃料、构配件以及按规定应计入建筑安装工程造价的设备。

表4-7 专业工程暂估价

工程名称： 标段： 第 页 共 页

序号	工程名称	工程内容	金额/元	备注
	合计			—

注:此表由招标人填写,投标人应将上述专业工程暂估价计入投标总价中。

(三)计日工

计日工是在施工过程中,承包人完成发包人提出的工程合同范围以外的零星项目或工作,按合同中约定的单价计价的一种方式。计日工是为了解决现场发生的零星工作的计价而设立的。国际上常见的标准合同条款中,大多数都设立了计日工(Daywork)计价机制。计日工对完成零星工作所消耗的人工工时、材料数量、施工机械台班进行计量,并按照计日工表中填报的适用项目的单价进行计价支付。计日工适用的所谓零星项目或工作一般是指合同约定之外的或者因变更而产生的、工程量清单中没有相应项目的额外工作,尤其是那些难以事先商定价格的额外工作。

计日工应列出项目名称、计量单位和暂估数量。计日工可按照表4-8的格式列示。

表 4-8　计日工表

工程名称：　　　　　　　　　标段：　　　　　　　　　第　页　共　页

编号	项目名称	单位	暂定数量	综合单价	合价
一	人工				
1					
2					
3					
	人工小计				
二	材料				
1					
2					
3					
	材料小计				
三	材料				
1					
2					
	施工机械小计				
	合计				

注：此表项目名称、数量由招标人填写，编制招标控制价时，单价由招标人按有关计价规定确定；在投标时，单价由投标人自主报价，计入投标总价中。

第三节　清单计价的步骤

清单计价的过程可以总结为四个步骤，即清单列项、清单算量、清单组价、取费汇总。

一、清单列项

根据"计量规范"和实际工程图纸内容完成项目编码、项目名称、项目特征和计量单位的描述。详细的描述方法和要求见本章"第二节工程量清单编制"中相关内容，本处以表 4-9 作为案例演示，呈现清单列项成果格式。清单项目的设置结合实际工程内容和"计量规范"项目表确定，项目编码采用 12 位阿拉伯数字，前面 9 位数按"计量规范"，后面 3 位数按自然流水顺序从 001 开始编号。项目名称按"计量规范"规定的项目名称结合实际工程的内容确定，可以灵活修改名称。表 4-9 中，"计量规范"规定的项目名称是"塑料管"，可以灵活描述为"塑料给水管"。项目特征描述的内容要精简全面，图纸包含的实体工作内容一定要描述清楚，措施项目内容可不描述。表 4-9 中，混凝土管道基础施工时必然要安拆模板，但在项目特征中可不描述模板。计量单位应按"计量规范"规定的计量单位确定。

表 4-9　清单列项示例

序号	项目编码	项目名称	项目特征	计量单位
1	040501004001	塑料给水管	1. 垫层、基础材质及厚度：C15 垫层 100 厚，120 厚 C15 混凝土管道基础 2. 材质及规格：HDPE 管 $DN500$ 3. 连接形式：胶圈接口 4. 铺设深度：3~4 m	m

二、清单算量

根据"计量规范"规定的工程量计算规则，参照实际工程图纸的尺寸信息计算清单工程量。工程量及单位的基本要求见本章第二节相关内容。以"塑料给水管"项目为例，"计量规范"规定的工程量计算规则为"按设计图示中心线长度以延长米计算。不扣除附属构筑物、管件及阀门等所占长度"。因此，塑料给水管清单工程量按管道中心线长度计算，不扣除阀门井、管件及阀门等所占长度。清单工程量计算示例见表 4-10。

表 4-10　清单算量示例

序号	项目编码	项目名称	项目特征	计量单位	工程量	工程量表达式
1	040501004001	塑料给水管	1. 垫层、基础材质及厚度：C15 垫层 100 厚，120 厚 C15 混凝土管道基础 2. 材质及规格：HDPE 管 $DN500$ 3. 连接形式：胶圈接口 4. 铺设深度：3~4 m	m	39	38+1

三、清单组价

清单组价的目标是形成清单子目的综合单价，可分为以下四个步骤。

(一)清单分解

把清单项目所包含的工作内容进行分解，分解到更小更便于计量计价的计价单元，形成多个可以独立计量计价的清单子项。分解后各子项所包含的工作内容必须完全等同于清单项目工作内容，不能多或少，否则会造成综合单价报价不准确。表 4-11 为"塑料给水管"清单分解示例，根据清单项目的工作内容分解成 7 个清单子项。

表 4-11　清单分解示例

序号	项目编码	项目名称	项目特征	计量单位	工程量	工程量表达式
1	040501004001	塑料给水管	1. 垫层、基础材质及厚度：C15 垫层 100 厚，120 厚 C15 混凝土管道基础 2. 材质及规格：HDPE 管 $DN500$ 3. 连接形式：胶圈接口 4. 铺设深度：3~4 m	m	39	38+1

续表

序号	项目编码	项目名称	项目特征	计量单位	工程量	工程量表达式
(1)		垫层　普通商品混凝土 C10				
(2)		混凝土基础垫层模板				
(3)		混凝土平基　混凝土 C15				
(4)		混凝土管座　普通商品混凝土 C15				
(5)		双壁波纹管安装[PVC-U 或 HDPE]（承插式胶圈接口）　管径(mm 以内)500				
(6)		平基　复合木模				
(7)		管座　复合木模				

(二)子项套价

子项套价的目标是获取每个子项的单价，清单子项单价的获取可套用各种定额，也可根据实际成本计算。清单计价鼓励市场竞争，可以结合各单位的实际施工技术水平和工程成本灵活自主报价，也可以套用政府颁布的统一定额，有企业定额的可以套用企业定额，也可以在统一定额基础上调整组价。本书案例统一采用政府造价管理机构颁布的省统一定额《广东省市政工程综合定额(2010)》进行子项套价。子项套价示例见表 4-12。

表 4-12　子项套价示例

子项编号	定额编码	子项名称	单位	单价/元
(1)	D5-3-39	垫层　普通商品混凝土 C10	10 m³	4 801.73
(2)	D5-7-1	混凝土基础垫层模板	100 m²	3 293.15
(3)	D5-3-47	混凝土平基　混凝土 C15	10 m³	5 859.11
(4)	D5-3-53	混凝土管座　普通商品混凝土 C15	10 m³	6 522.44
(5)	D5-1-140	双壁波纹管安装[PVC-U 或 HDPE]（承插式胶圈接口）管径(mm 以内)500	10 m	2 076.43
(6)	D5-7-52	平基　复合木模	100 m²	3 788.62
(7)	D5-7-54	管座　复合木模	100 m²	5 070.41

(三)子项算量

子项套用定额后，根据各子项的定额工程量计算规则，按照图纸的尺寸数量信息计算各子项工程量。计算时首先按物理单位计算出工程量，见表 4-13。计算结果按定额计量单位进行单位转换，见表 4-14。

表 4-13　子项工程量计算

序号	定额子目名称	单位	工程量	工程量表达式
(1)	垫层　普通商品混凝土 C10	m³	4.10	0.1×(0.88+0.1+0.1)×38
(2)	混凝土基础垫层模板	m²	7.60	0.1×2×38
(3)	混凝土平基　混凝土 C15	m³	2.01	0.06×0.88×38

续表

序号	定额子目名称	单位	工程量	工程量表达式
(4)	混凝土管座 普通商品混凝土C15	m³	7.24	[0.229×0.88+0.5×0.88×(0.044+0.5×0.305)−120/360×3.14×0.305×0.305]×38
(5)	双壁波纹管安装[PVC-U 或 HDPE](承插式胶圈接口) 管径(mm以内)500	m	38.00	38
(6)	平基 复合木模	m²	4.56	0.06×2×38
(7)	管座 复合木模	m²	4.06	0.1×(0.229+0.305)×2×38

表 4-14 子项工程量单位转换

子项编号	定额编码	子项名称	单位	工程量	单价/元
(1)	D5-3-39	垫层 普通商品混凝土C10	10 m³	0.41	4 801.73
(2)	D5-7-1	混凝土基础垫层模板	100 m²	0.076	3 293.15
(3)	D5-3-47	混凝土平基 混凝土C15	10 m³	0.201	5 859.11
(4)	D5-3-53	混凝土管座 普通商品混凝土C15	10 m³	0.724	6 522.44
(5)	D5-1-140	双壁波纹管安装[PVC-U 或 HDPE](承插式胶圈接口) 管径(mm以内)500	10 m	3.8	2 076.43
(6)	D5-7-52	平基 复合木模	100 m²	0.045 6	3 788.62
(7)	D5-7-54	管座 复合木模	100 m²	0.040 6	5 070.41

(四)综合单价

综合单价包括完成一个规定清单项目所需的人工费、材料费和工程设备费、施工机具使用费和企业管理费、利润以及一定范围内的风险费用。计算清单子目综合单价,首先根据清单各子项的单价和工程量计算出各子项的合价,汇总各子项合价形成清单合价,再用清单合价除以清单工程量算出综合单价:

$$清单综合单价 = \frac{利润 + \sum 各子项工程量 \times 子项单价}{清单工程量} \qquad (4-1)$$

其中:
$$子项单价 = \sum 人材机定额消耗量 \times 人材机市场价格 + 管理费 \qquad (4-2)$$

$$利润 = 人工费 \times 18\% \qquad (4-3)$$

因此,各子项的单价应包含完成该子项所需的人工费、材料和工程设备费、施工机具使用费和企业管理费、利润以及一定范围内的风险费用。综合单价计算示例,见表4-15。

表 4-15 综合单价计算示例

子项编号	定额编码	子项名称	单位	单价/元	工程量	合价/元
(1)	D5-3-39	垫层 普通商品混凝土C10	m³	480.2	4.10	1 970.74
(2)	D5-7-1	混凝土基础垫层模板	m²	32.93	7.60	250.27
(3)	D5-3-47	混凝土平基 混凝土C15	m³	585.9	2.01	1 175.55
(4)	D5-3-53	混凝土管座 普通商品混凝土C15	m³	652.2	7.24	4 724.10

续表

子项编号	定额编码	子项名称	单位	单价/元	工程量	合价/元
(5)	D5-1-140	双壁波纹管安装[PVC-U 或 HDPE]（承插式胶圈接口） 管径(mm 以内)500	m	207.6	38.00	7 888.80
(6)	D5-7-52	平基 复合木模	m²	37.89	4.56	172.78
(7)	D5-7-54	管座 复合木模	m²	50.7	4.06	205.76
		合计				16 387.99
	综合单价		16 387.99/39			420.20

然后计算清单项目合价，各个清单项目合价相加即形成分部分项工程费。清单项目计价表示例，见表 4-16。

表 4-16 清单项目计价示例

序号	项目编码	项目名称	项目特征	计量单位	工程量	综合单价/元	合价/元
1	040501004001	塑料给水管	1. 垫层、基础材质及厚度：C15 垫层100厚，120 厚 C15 混凝土管道基础 2. 材质及规格：HDPE 管 DN500 3. 连接形式：胶圈接口 4. 铺设深度：3～4 m	m	39	420.2	16 387.8

四、取费汇总

根据工程造价的形成，工程造价由分部分项工程费、措施项目费、其他项目费、规费和税金组成。其计算公式如下：

工程造价＝分部分项工程费＋措施项目费＋其他项目费＋规费＋税金

前面经过清单列项、清单算量和清单组价三步计算出了各清单项目的工程量和综合单价，即可计算出分部分项工程费。其计算公式如下：

$$\text{分部分项工程费} = \sum (\text{清单工程量} \times \text{综合单价})$$

措施项目费由两部分组成，按系数计算的措施项目费和按子目计算的措施项目费。其计算公式如下：

$$\text{按子目计算的措施项目费} = \sum (\text{措施项目清单工程量} \times \text{综合单价})$$

$$\text{按系数计算的措施项目费} = \sum (\text{各项费用的计算基数} \times \text{对应费率})$$

其他项目费包括暂列金额，暂估价（包括材料暂估单价、工程设备暂估单价、专业工程暂估价），计日工，总承包服务费。其计算公式如下：

暂列金额＝分部分项工程费×(10%～15%)

暂估价＝工程材料暂估单价＋工程设备暂估单价＋专业工程暂估价

暂估价只列明本工程材料暂估单价、工程设备暂估单价、专业工程暂估价各自的总额及明细，但暂估价不计入工程总价，应为暂估价的内容已经包含在分部分项工程费中，工程造价汇总时不重复统计。其计算公式如下：

$$计日工 = \sum(各人材机数量 \times 计日工单价)$$

计日工不只包含人工，还包含完成零星工作所需的材料费和机械费。

总承包服务费按分包工程造价为计算基数，乘以相应费率计算。

(1)仅要求对发包人发包的专业工程进行总承包管理和协调时，按专业工程造价的1.5%计算。

(2)要求对发包人发包的专业工程进行总承包管理和协调，并同时要求提供配合和服务，按专业工程造价的3%～5%计算。

(3)配合发包人自行供应材料的，按发包人供应材料价值的1%计算(不含该部分材料的保管费)。

规费费率和税率各地方政策不同，费率不一，以工程所在地相关政府部门规定为准。其计算公式如下：

$$规费 = (分部分项工程费 + 措施项目费 + 其他项目费) \times 规定的费率$$

$$税金 = (分部分项工程费 + 措施项目费 + 其他项目费 + 规费) \times 税率$$

本节习题

一、填空题

1. 招标工程量清单是指表现拟建工程的_____、措施项目、其他项目、规费项目和税金项目的名称和相应数量等的明细清单。

2. 项目编码采用十二位阿拉伯数字表示，一至九位为_____，其中一、二位为_____，三、四位为_____，五、六位为_____，七、八、九位为_____，十至十二位为_____。

3. 工程数量的有效位数应遵守下列规定：以"吨"为单位，应保留小数点后_____位数字，第四位四舍五入。以"立方米""平方米""米"为单位，应保留小数点后_____位数字，第三位四舍五入。以"个""项"等为单位，应_____。

二、多选题(至少有两个正确答案)

1. 清单项目特征的描述要求正确的是(   )。
   A. 涉及正确计量、结构要求的，必须描述
   B. 无法准确描述的、施工图纸或图集标注明确的、注明应由投标人自定的可不详细描述
   C. 对计量计价无实质影响的、应由投标人根据施工方案或当地材料和施工要求确定的，应根据施工方案描述
   D. 涉及安装方式的可不描述

2. 下列表述正确的选项是(   )。
   A. "预制钢筋混凝土桩"计量单位有"m/根"两个计量单位，当以"根"为计量单位，单桩长度应描述为确定值，只描述单桩长度即可；当以"m"为计量单位，单桩长度可以按范围值描述，并注明根数
   B. 措施项目费用的发生与使用时间、施工方法或者两个以上的工序相关，并大都与实际完成的实体工程量的大小关系不大时，宜编制总价措施项目清单与计价表

C. 以质量计算的项目，计量单位按吨或千克(t或kg)计
D. 由于种种原因，对同一个清单项目，由不同的人进行编制，会有不同的描述，尽管如此，体现项目本质区别的特征和对报价有实质影响的内容都必须描述

三、名词解释
1. 综合单价
2. 签约合同价
3. 项目特征
4. 已标价工程量清单

第五章

清单计价应用

> **内容提要**

本章把清单计价原理应用于具体的市政工程中进行工程计量与计价的实操学习。根据市政工程包含的单位工程结合清单规范中项目设置情况，分为土石方工程、道路工程、桥涵工程、管网工程、隧道工程五个项目分别学习。五个项目所采用的计价原理和计价步骤都是一样的，但是不同的单位工程，包含的工程内容不一样，工程量计算规则不一样，计算内容不同。通过五个项目的学习，清单计价原理和步骤进行五轮重复，通过多轮实践强化对理论原理的理解，旨在能举一反三，遇到这五个项目外的其他市政工程项目也能独立应用清单计价原理计量计价。本章中所选用的案例与第三章定额计价应用中案例相同，重复案例工程，升华计价方法，强化对案例工程识图训练的同时节省识图时间，让学习者有更多时间精力去思考计量计价方法。更重要的是可以让学习者通过对比学习，体验同一案例工程，采用清单计价和定额计价两种不同的计价方法，在成果展现和计价过程中的异同。

第一节 土石方工程清单计量与计价

【本节引例】本节引例同第三章第五节，如图 3-20～图 3-22 所示。本项目只针对案例工程中的土石方工程项目进行清单计价。

一、清单列项

根据《市政工程工程量计算规范》(GB 50857—2013)（以下简称"市政计算规范"），土石方工程共分 4 节，土方工程、石方工程、回填方及土石方运输和相关问题及说明。土方工程有 5 个清单项，石方工程有 3 个清单项，回填方及土石方运输有 2 个清单项，共设 10 个清单项。

【例 5-1】根据【例 3-32】所示的排水工程设计文件，列出土石方工程清单项目。

解：根据施工设计文件和施工方案，可知该工程关于土石方工程有两个子目，挖沟槽土方和沟槽土方回填。项目编码的前 9 位按"市政计算规范"要求的统一编号，后三位按自然流水顺序编号 001。计量单位严格按照土石方工程计算规范的单位，挖沟槽土方和沟槽土方回填的计量单位都是 m^2。下面分别分析项目名称和项目特征的编写。

1. 挖沟槽土方

挖沟槽土方项目名称完全按"市政计算规范"中清单项目名称,项目特征要求描述土壤类别和挖土深度,可以扩展一下,把挖土方式也描述清楚,见表5-1。图纸中没有特别注明,施工方案还未明确时,土壤类别按一二类土描述,挖土深度取平均深度值。

表5-1　土方工程清单计价规范表

项目编码	项目名称	项目特征	计量单位	工程量计算规则	工作内容
040101001	挖一般土方			按设计图示尺寸以体积计算	1. 排地表水 2. 土方开挖 3. 围护(挡土板)及拆除 4. 基底钎探 5. 场内运输
040101002	挖沟槽土方	1. 土壤类别 2. 挖土深度	m³	按设计图示尺寸以基础垫层底面积乘以挖土深度计算	
040101003	挖基坑土方				

2. 沟槽土方回填

土方回填项目名称参考"市政计算规范"的项目名称结合项目施工特征稍微修改。规范中项目名称是"回填方",见表5-2,结合该排水工程管沟土方的特征,项目名称编写为"沟槽土方回填"。项目特征要求描述密实度要求,填方材料品种,填方粒径要求,填方来源、运距等特征。填方材料为土时,可以不描述材料名称。填方粒径在无特殊要求情况下,可以不描述。同时扩展描述一下回填土的夯实方式。

表5-2　土方回填清单计价规范表

项目编码	项目名称	项目特征	计量单位	工程量计算规则	工作内容
040103001	回填方	1. 密实度要求 2. 填方材料品种 3. 填方粒径要求 4. 填方来源、运距	m³	1. 按挖方清单项目工程量加原地面线至设计要求标高间的体积,减基础、构筑物等埋入体积计算 2. 按设计图示尺寸以体积计算	1. 运输 2. 回填 3. 压实
040103002	余方弃置	1. 废弃料品种 2. 运距		按挖方清单项目工程量减利用回填方体积(正数)计算	余方点装料运输至弃置点

经过分析规范要求,结合工程图纸内容,清单列项见表5-3。

表5-3　土方列项表

序号	项目编码	项目名称	项目特征	计量单位
1	040101002001	挖沟槽土方	1. 土壤类别:一二类土 2. 管沟土方 3. 挖土深度:3~4 m 4. 机械挖土,就地弃置	m³
2	040103001001	沟槽土方回填	1. 土壤类别:一二类土 2. 管沟土方挖土回填 3. 夯实机夯实	m³

二、清单算量

(1)挖基坑土方、挖基槽土方清单工程量计算规则是按设计图示尺寸以基层垫层底面积乘以挖土深度计算,不包含工作面和放坡的土方工程量。但"市政计算规范"中又同时说明,工作面和放坡的土方工程量是否并入各土方工程量中,按各省市规定实施。根据广东省清单计价指引,工作面和放坡的土方工程量应并入各土方工程量。放坡系数按表5-4计算。

表5-4 土方放坡系数表

土类别	放坡起点/m	人工挖土	机械挖土		
			在沟槽、坑内作业	在沟槽侧、坑边上作业	顺沟槽方向坑上作业
一二类土	1.20	1∶0.50	1∶0.33	1∶0.75	1∶0.50
三类土	1.50	1∶0.33	1∶0.25	1∶0.67	1∶0.33
四类土	2.00	1∶0.25	1∶0.10	1∶0.33	1∶0.25

注:1. 沟槽、基坑中土类别不同时,分别按其放坡起点、放坡系数,依不同土的类别厚度加权平均计算。
   2. 计算放坡时,在交接处的重复工程量不予扣除,原槽、坑做基础垫层时,放坡自垫层上表面开始计算。

【解读】放坡起点是指开挖深度达到起点值时才放坡开挖,未达到放坡起点不需放坡,垂直开挖(图5-1)。计算放坡起点用的开挖深度是从垫层顶开始计算。

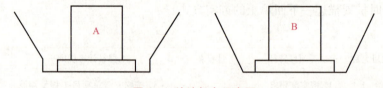

图5-1 放坡起点示意图

(2)放坡自垫层上表面开始计算,如图5-1所示放坡示意图A,工作面从垫层边开始计,放坡从垫层顶开始工作面宽度值按表5-5计算。

表5-5 工作面宽度表   mm

管道结构宽	混凝土管道基础90°	混凝土管道基础>90°	金属管道	构筑物	
				无防潮层	有防潮层
500以内	400	400	300	400	600
1 000以内	500	500	400		
2 500以内	600	500	400		
2 500以上	700	600	500		

注:管道结构宽:有管座按管道基础外缘,无管座按管道外径计算;构筑物按基础外缘计算。

特别说明,本案例中为了对比清单工程量与定额工程量的差异,也为了遵照执行"市政计算规范",清单工程量中不并入工作面和放坡的土方工程量,严格按照清单工程量计算规则执行。

【例5-2】 根据【例3-32】所示的排水工程设计文件和表5-3,计算清单工程量。

解:根据清单工程量计算规则,挖沟槽土方的工程量按设计图示尺寸以基础垫层底面积乘以挖土深度计算。$V=B\times H\times L$，挖土工程量计算见表 5-6，故挖土方工程量为 411.99 m³。

表 5-6　挖土工程量计算表

管段编号	平均挖土深度(H)/m	管长(L)/m	垫层宽(B)/m	挖土方(V)/m³
W1～W2	4.162 5	38	1.08	170.83
W2～W3	4.342	28	1.08	131.30
W3～W4	3.912 5	26	1.08	109.86
合计				411.99

根据清单工程量计算规则，填土清单工程量按挖方项目清单工程量扣减基础、构筑物等埋入体积计算。根据图 3-22 管道基础详图，计算管道外形体积为

[1.08×0.1(垫层)+0.88×0.289(基础)+0.5×0.88×(0.044+0.5×0.61/2)(基础与120°管围闭三角形)+2/3×3.14×(0.78/2)²(2/3管道)]×(38+28+26)(管长)=70.58(m³)

故填土清单工程量=411.99−70.58=341.41(m³)，工程量清单见表 5-7。

表 5-7　土方工程量清单

序号	项目编码	项目名称	项目特征	计量单位	工程量
1	040101002001	挖沟槽土方	1. 土壤类别：一二类土 2. 管沟土方 3. 挖土深度：3～4 m 4. 机械挖土，就地弃置	m³	411.99
2	040103001001	沟槽土方回填方	1. 土壤类别：一二类土 2. 管沟土方挖土回填 3. 夯实机夯实	m³	341.41

三、清单组价

(一)清单分解

【例 5-3】　根据【例 3-32】所示的排水工程设计文件和表 5-7，分解清单子目。

解：首先明确本工程最小计价单位的计价定额为《广东省市政工程综合定额 2010》。根据定额第一册《通用项目》中土石方工程定额说明，机械挖土需人工辅助开挖，按施工组织设计的规定计算工程量；如施工组织设计无规定的，按机械挖土方 94%、人工挖土方 6% 计算。再结合定额子目的设置情况，清单项目"挖沟槽土方"可以分解为机械挖土和人工挖土两个定额子目，清单项目"沟槽土方回填"直接分解为一个定额子目，清单分解见表 5-8。

表 5-8　土方工程量清单分解

序号	项目编码	项目名称	项目特征	计量单位	工程量
1	040101002001	挖沟槽土方	1. 土壤类别：一二类土 2. 管沟土方 3. 挖土深度：3～4 m 4. 机械挖土，就地弃置	m³	411.99
1.1		挖沟槽土方　一二类土　机械挖土		m³	
1.2		挖沟槽土方　人工挖土		m³	

续表

序号	项目编码	项目名称	项目特征	计量单位	工程量
2	040103001001	沟槽土方回填	1. 土壤类别：一二类土 2. 管沟土方挖土回填 3. 夯实机夯实	m³	341.41
2.1			回填土	m³	

(二)子项套价

【例 5-4】 根据【例 5-3】所列成果，对分解后的子项进行套价。

解： 根据清单分解后子项的工作内容套用定额中对应的定额子目，土方工程清单子项套价见表 5-9。

表 5-9　土方工程量清单子项套价

序号	项目编码	项目名称	项目特征	计量单位	工程量
1	040101002001	挖沟槽土方	1. 土壤类别：一二类土 2. 管沟土方 3. 挖土深度：3～4 m 4. 机械挖土，就地弃置	m³	411.99
1.1	D1-1-29	挖沟槽土方　一二类土　机械挖土		1 000 m³	
1.2	D1-1-9	挖沟槽土方　人工挖土深度在 2 m 以内		100 m³	
2	040103001001	沟槽土方回填	1. 土壤类别：一二类土 2. 管沟土方挖土回填 3. 夯实机夯实	m³	341.41
2.1	D1-1-125	回填土　夯实机夯实槽坑		100 m³	

(三)子项算量

【例 5-5】 根据【例 5-4】所列成果，计算清单子项工程量。

解： 清单工程量与定额工程量的计算规则是有差异的，分解后定额子目应按定额工程量计算规则计算工程量。挖沟槽土方清单工程量的计算规则是以垫层底面积乘以挖土深度计算，而定额工程量计算规则要增加工作面和放坡土方量。由于回填土的工程量按挖土体积扣减基础及构筑物体积，挖土工程量不一样，回填土的工程量也不同。计算结果见表 5-10 土方工程清单子项算量。

表 5-10　土方工程清单子项算量

序号	项目编码	项目名称	项目特征	计量单位	工程量
1	040101002001	挖沟槽土方	1. 土壤类别：一二类土 2. 管沟土方 3. 挖土深度：3～4 m 4. 机械挖土，就地弃置	m³	411.99
1.1	D1-1-29	挖沟槽土方　一二类土　机械挖土		1 000 m³	1.805 3
1.2	D1-1-9	挖沟槽土方　人工挖土　深度在 2 m 以内		100 m³	1.152 3

续表

序号	项目编码	项目名称	项目特征	计量单位	工程量
2	040103001001	沟槽土方回填	1. 土壤类别：一二类土 2. 管沟土方挖土回填 3. 夯实机夯实	m³	341.41
2.1	D1-1-125	回填土　夯实机夯实槽坑		100 m³	18.5

(四) 综合单价

【例 5-6】 根据【例 3-32】所示的排水工程设计文件和【例 5-1】、【例 5-2】的计算结果，按照式(4-1)~式(4-3)计算各子目综合单价。主要材料价格信息按表 5-11，其他未列明的人、材、机价格按定额基期价格。

表 5-11　材料价格信息表

序号	材料名称	单位	材料单价/元
1	综合工日	工日	102
2	柴油	kg	8.74
3	电	kW·h	0.86
4	机上人工	工日	102

解： 计算结果见表 5-12 和表 5-13。

表 5-12　综合单价(一)

项目编码	040101002001	项目名称	挖沟槽土方		计量单位	m³		清单工程量		411.99
综合单价分析											
定额编号	定额名称	定额单位	工程数量	单价/元						合价/元
				人工费	材料费	机械费	管理费	利润	小计	
D1-1-9	人工挖沟槽、基坑一二类土深度在 2 m 内	100 m³	1.152 3	2 893.54			128.04	520.84	3 542.42	4 081.93
D1-1-29	挖土机挖沟槽、基坑土方一二类土	1 000 m³	1.805 32	660.96		3 719.83	283.09	118.97	4 782.85	8 634.58
合计										12 716.51
综合单价＝12 716.51/411.99										30.87

表 5-13　综合单价(二)

项目编码	040103001001	项目名称	沟槽土方回填		计量单位	m³		清单工程量		341.41
综合单价分析											
定额编号	定额名称	定额单位	工程数量	单价/元						合价/元
				人工费	材料费	机械费	管理费	利润	小计	
D1-1-125	回填土夯实机夯实槽坑	100 m³	18.499 7	1 140.16		192.14	66.3	205.229	1 603.83	29 670.35
合计										29 670.35
综合单价＝29 670.35/341.41										86.91

四、取费汇总

根据第四章第三节中关于取费汇总的计算方法，计算出涵洞工程的工程造价。清单计价工程造价文件包括封面、编制说明、单位工程投标价（招标控制价）汇总表、分部分项工程报价表、措施项目报价表、其他项目报价表和主要材料设备价格表。该土石方工程造价文件见表 5-14～表 5-21。

表 5-14　封面

_____ 管沟土方 _____ 工程

投　标　价

招　标　人：_____

投标价（小写）：　　　45 623.49

　　　（大写）：　肆万伍仟陆佰贰拾叁元肆角玖分

投　标　人：_____

法 定 代 表 人
或 其 授 权 人：_____
　　　　　　　　　　　　（签字或盖章）

表 5-15　编制说明

工程名称：管沟土方　　　　　　　　　　　　　　　　　　　　　　第 1 页　共 1 页

1. 本报价的编制依据有：
(1)招标方提供的工程量清单；
(2)《广东省市政工程综合定额(2010)》；
(3)施工图设计文件；
(4)本工程的技术标书。
2. 本报价人材机的价格按下表，其他未列项目的价格按定额基期价格。

序号	材料名称	单位	材料单价/元
1	综合工日	工日	102
2	柴油	kg	8.74
3	电	kW·h	0.86
4	机上人工	工日	102

表 5-16　单位投标价汇总表

工程名称：管沟土方　　　　　　　　　　　　　　　　　　　　　　第 1 页　共 1 页

序号	费用名称	计算基础	金额/元
1	分部分项合计	分部分项合计	42 386.66
2	措施合计	安全防护、文明施工措施项目费＋其他措施费	1 229.21
2.1	安全防护、文明施工措施项目费	安全及文明施工措施费	1 229.21
2.2	其他措施费	其他措施费	
3	其他项目	其他项目合计	453.3
3.1	暂列金额	暂列金额	
3.2	暂估价	暂估价合计	
3.3	计日工	计日工	
3.4	总承包服务费	总承包服务费	
3.5	材料检验试验费	材料检验试验费	75.55
3.6	预算包干费	预算包干费	377.75
3.7	工程优质费	工程优质费	
3.8	索赔费用	索赔费用	
3.9	现场签证费用	现场签证费用	
3.10	其他费用	其他费用	
4	规费	规费合计	
5	税金	分部分项合计＋措施合计＋其他项目＋规费	1 554.32
6	总造价	分部分项合计＋措施合计＋其他项目＋规费＋税金	45 623.49

表 5-17　分部分项工程报价表

工程名称：管沟土方　　　　　　　　　　　　　　　　　　　　　　第 1 页　共 1 页

序号	项目编码	项目名称	项目特征	计量单位	工程数量	金额/元 综合单价	合　价
1	040101002001	挖沟槽土方	1. 土壤类别：一二类土 2. 管沟土方 3. 挖土深度：3～4 m 4. 机械挖土，就地弃置	m^3	411.99	30.87	12 718.13
2	040103001001	填方	1. 土壤类别：一二类土 2. 管沟土方挖土回填 3. 夯实机夯实	m^3	341.41	86.9	29 668.53
			分部小计				42 386.66

表 5-18　主要材料设备报价表

工程名称：管沟土方　　　　　　　　　　　　　　　　　　　　　　第 1 页　共 1 页

序号	材料设备编码	材料设备名称	规格、型号等特殊要求	单位	单价/元

表 5-19　措施项目报价表（一）

工程名称：管沟土方　　　　　　　　　　　　　　　　　　　　　　第 1 页　共 1 页

序号	项目名称	计算基础	费率/%	金额/元
1	安全文明施工项目费			
1.1	文明施工与环境保护、临时设施、安全施工	分部分项合计	2.9	1 229.21
	小　计			1 229.21
2	其他措施费			
2.1	夜间施工增加费		20	
2.2	交通干扰工程施工增加费		10	
2.3	赶工措施费	分部分项合计	0	
2.4	文明工地增加费	分部分项合计	0	
2.5	地下管线交叉降效费		0	

表 5-20　措施项目报价表(二)

工程名称：管沟土方　　　　　　　　　　　　　　　　　　　　　　第1页　共1页

序号	项目编码	项目名称	项目特征	计量单位	工程数量	金额/元	
						综合单价	合价
1		安全文明施工项目费					
1.1		综合脚手架		项	1		
1.2		靠脚手架安全挡板		项	1		
1.3		独立安全防护挡板		项	1		
1.4		围尼龙编织布		项	1		
1.5		现场围挡、围墙		项	1		
		小计					
2		其他措施费					
2.1		围堰工程		项	1		
2.2		大型机械设备进出场及安拆		项	1		

表 5-21　其他项目报价表

工程名称：管沟土方　　　　　　　　　　　　　　　　　　　　　　第1页　共1页

序号	项目名称	单位	金额/元	备注
1	暂列金额	项		
2	暂估价	项		
2.1	材料暂估价	项		
2.2	专业工程暂估价	项		
3	计日工	项		
4	总承包服务费	项		
5	材料检验试验费	项	75.55	按分部分项工程费的0.2%计算
6	预算包干费	项	377.75	按分部分项工程费的0~2%计算
7	工程质优费	项		以分部分项工程费为计算基础，国家级质量奖：4%；省级质量奖：2.5%；市级质量奖：1.5%
8	其他费用	项		按实际发生或经批准的施工方案计算
9	现场签证	项		
10	索赔	项		

本节习题

一、简答题

1. 简述挖基坑土方定额工程量计算规则与清单工程量计算规则的区别。
2. 影响土方工程量计算的因素有哪些？

二、计算题

1. 某建筑物基础如图 5-2 所示,二类土,基础长度为 3.5 m,计算人工挖沟槽土方定额工程量和清单工程量。

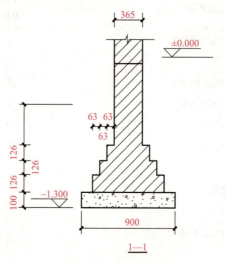

图 5-2 基础结构图

2. 挖方形地坑如图 5-3 所示,工作面宽度为 150 mm,放坡系数为 1∶0.25,四类土。求其定额和清单工程量。

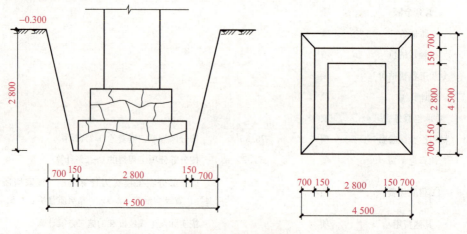

图 5-3 地坑结构图

三、软件操练

在计价软件中完成本节案例工程造价文件编制,并与案例结果进行对比分析,总结差异原因。

第二节 道路工程清单计量与计价

【本节引例】本节引例同第三章第二节,如图 3-3 所示。

一、清单列项

根据《市政工程工程量计算规范》(GB 50857—2013),道路工程共分 5 节,路基处理、道路基层、道路面层、人行道及其他和交通管理设施。路基处理有 23 个清单项,道路基层有 16 个清单项,道路面层有 9 个清单项,人行道及其他有 8 个清单项,交通管理设施有 24 个清单项,共设 80 个清单项。

【例 5-7】 根据图 3-3 所示,列出道路工程清单项目。

解:查阅"市政计算规范"见表 5-22 和表 5-23,项目编码的前 9 位按规范要求的统一编号,后三位按自然流水顺序编号 001。项目名称参考规范的项目名称结合项目施工特征稍微修改,例如,在规范项目名称后面添加"面层""基层"。

表 5-22 道路面层清单规范表

项目编码	项目名称	项目特征	计量单位	工程量计算规则	工作内容
040203001	沥青表面处治	1. 沥青品种 2. 层数	m^2	按设计图示尺寸以面积计算,不扣除各种井所占面积,带平石的面层应扣除平石所占面积	1. 喷油、布料 2. 碾压
040203002	沥青贯入式	1. 沥青品种 2. 石料规格 3. 厚度			1. 摊铺碎石 2. 喷油、布料 3. 碾压
040203003	透层、粘层	1. 材料品种 2. 喷油量			1. 清理下承面 2. 喷油、布料
040203004	封层	1. 材料品种 2. 喷油量 3. 厚度			1. 清理下承面 2. 喷油、布料 3. 压实

表 5-23 道路基层清单规范表

项目编码	项目名称	项目特征	计量单位	工程量计算规则	工作内容
040202001	路床(槽)整形	1. 部位 2. 范围	m^2	按设计道路底基层图示尺寸以面积计算,不扣除各类井所占面积	1. 放样 2. 整修路拱 3. 碾压成型
040202002	石灰稳定土	1. 含灰量 2. 厚度		按设计图示尺寸以面积计算,不扣除各类井所占面积	1. 拌和 2. 运输 3. 铺筑 4. 找平 5. 碾压 6. 养护
040202003	水泥稳定土	1. 水泥含量 2. 厚度			
040202004	石灰、粉煤灰、土	1. 配合比 2. 厚度			
040202005	石灰、碎石、土	1. 配合比 2. 碎石规格 3. 厚度			

道路基层的项目特征要描述厚度、材料类型、配合比等信息,注意基层的厚度是指压实后的厚度,基层施工都需要把基层材料压实平整。计量单位根据规范按 m^2 计量。清单列项成果见表 5-24 道路工程清单列项表。

表 5-24　道路工程清单列项表

序号	项目编码	项目名称	项目特征	计量单位
1	040202002001	石灰稳定土	1. 厚度 15 cm； 2. 含灰量 12%	m²
2	040202004001	二灰土基层	1. 石灰：粉煤灰：土＝12：35：53； 2. 厚度 15 cm	m²
3	040202006001	二灰碎石基层	1. 石灰：粉煤灰：碎石＝10：20：70； 2. 厚度 20 cm	m²
4	040203005001	黑色碎石面层	1. 黑色碎石面层； 2. 厚度 8 cm	m²
5	040203006001	沥青混凝土面层	1. 沥青混凝土路面中粒式； 2. 厚度 4 cm	m²

【随堂练习 5-1】 图 5-4 所示为某道路平面图和断面图，列出道路工程清单项目，见表 5-25。

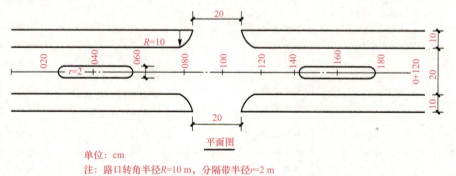

平面图

单位：cm
注：路口转角半径 R=10 m，分隔带半径 r=2 m

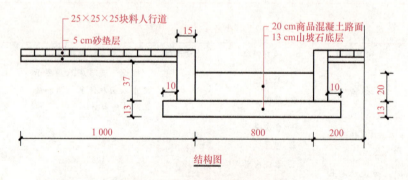

结构图

图 5-4　某道路平面图和断面图

表 5-25　道路工程清单列项表练习

序号	项目编码	项目名称	项目特征	计量单位
1				m²
2				m²
				m²

道路工程列项补充说明

(1)"市政计算规范"中侧石、平石与缘石属于一条清单项,但列项时侧石、平石与缘石应分开列项,注意三者的区别,不要混淆。侧石是指机动车主路与非机动车路之间的隔离带之间用的石块,即露出地面的石块。缘石是指非机动车路与人行路之间的石块,即只露一面的石块。侧平石是指人行路与绿地之间的石块,一般是埋在地下的石块。"市政计算规范"要求见表5-26。

表5-26 人行道与路侧石清单规范表

项目编码	项目名称	项目特征	计量单位	工程量计算规则	工作内容
040204001	人行道整形碾压	1. 部位 2. 范围	m²	按设计人行道图示尺寸以面积计算,不扣除侧石、树池和各类井所占面积	1. 放样 2. 碾压
040204002	人行道块料铺设	1. 块料品种,规格 2. 基础、垫层:材料品种、厚度 3. 图形		按设计图示尺寸以面积计算,不扣除各类井所占面积,但应扣除侧石、树池所占面积	1. 基础、垫层铺筑 2. 块料铺设
040204003	现浇混凝土人行道及进口坡	1. 混凝土强度等级 2. 厚度 3. 基础、垫层:材料品种、厚度			1. 模板制作、安装、拆除 2. 基础、垫层铺筑 3. 混凝土拌和、运输、浇筑
040204004	安砌侧(平、缘)石	1. 材料品种、规格 2. 基础、垫层:材料品种、厚度	m	按设计图示中心线长度计算	1. 开槽 2. 基础、垫层铺筑 3. 侧(平、缘)石安砌

(2)人行道整形碾压和路床整形碾压项目图纸上面未注明,但是施工工艺有要求,施工时必须发生,列项时不能漏项。

二、清单算量

根据道路工程清单工程量计算规则,计算本案例工程应注意以下事项:

(1)各种路基处理的方法,工程量计算规则各不相同。计算时应根据实际工程的路基处理方法,对应相应的工程量计算规则计算,并注明相应的项目特征。

(2)道路工程不需要计算场地平整工程量,但是一定要计算路床整形工程量,设计图纸不会反映路床整形内容,但这是施工工艺要求,不能漏项。

(3)各种类型的道路面层工程量计算都不扣除井所占面积,但应扣除平石所占面积。

(4)各种类型的道路基层工程量计算都不扣除井所占面积。

【例5-8】 根据图3-3的图纸和表5-24,计算清单工程量。

解:根据清单工程量计算规则计算如下,计算方法可参考第三章第二节【例3-14】,计算结果见表5-27。

13 cm山坡石底层:

$20.5×(200+10×2)+4×0.2\ 146×10^2-2×[3.14×(2-0.25)^2+36×(4-0.25×2)]=4\ 324.61(m^2)$

20 cm 混凝土面层：

$20×(200+10×2)+4×0.2\ 146×10^2-2×(3.14×2^2+36×4)=4\ 172.72(m^2)$

25×25×5 块料人行道：

$(10-0.15)×(200-20-10×2)×2+3.14×(10-0.15)^2+2×[3.14×(2-0.15)^2+36×(4-0.15×2)]=3\ 744.54(m^2)$

15×67 路侧石：$2×(200-20-10×2)+3.14×20+2×(36×2+3.14×4)=551.92(m)$

表 5-27 道路工程清单算量

序号	项目编码	项目名称	项目特征	计量单位	工程量
1	040202013001	山皮石底层	1. 厚度为 13 cm； 2. 山皮石底层	m²	4 324.61
2	040203007001	水泥混凝土面层	1. 厚度为 20 cm； 2. C25 商品混凝土	m²	4 172.72
3	040204002001	人行道块料铺设	1. 250 mm×250 mm×50 mm C35 混凝土行道砖 2. 5 cm 厚砂垫层	m²	3 744.54
4	040204004001	安砌侧石	1. 150 mm×670 mm 路侧石 2. 水泥砂浆座砌	m	551.92

三、清单组价

（一）清单分解

根据工程量清单、施工设计文件和施工方案，把道路工程各清单子目包含的工作内容进行分解，分解到定额子目，并保证拆分后所有定额子目所包含的工作内容之和与清单子目所包含的工作内容一致。清单子目按照《广东省市政工程综合定额 2010》定额进行分解。

【例 5-9】 根据【例 5-8】所列工程量清单，分解清单子目。

解：根据定额第二册《道路工程》中定额子目进行分解和计算定额子目工程量。除了"水泥混凝土面层"外，其他清单子目只用分解到一个定额子目，且清单工程量与定额工程量相等。

根据施工方案，混凝土路面接缝设置为：道路中线设置纵向施工缝，纵向施工缝两侧每隔 5 m 设纵向缩缝。横向每隔 5 m 设置横向缩缝，在路口位置与其他道路交接处设置两条胀缝。

缩缝工程量，根据定额工程量计算规则，按长度计算：$200×2+200/5×20=1\ 200(m)$。

胀缝工程量，根据定额工程量计算规则，按长度乘以深度以面积计算：$20×2×0.2=8(m^2)$。

清单子目分解汇总见表 5-28。

表 5-28 道路工程清单分解

序号	项目编码	项目名称	项目特征	计量单位	工程量
1	040202013001	山皮石底层	1. 厚度为 13 cm； 2. 山皮石底层	m²	4 324.61

续表

序号	项目编码	项目名称	项目特征	计量单位	工程量
1.1		山皮石底层		m²	
2	040203007001	水泥混凝土面层	1. 厚度为 20 cm； 2. C25 商品混凝土	m²	4 172.72
2.1		水泥混凝土路面		m²	
2.2		混凝土路面伸缝		m²	
2.3		混凝土路面缩缝		m	
2.4		混凝土路面养生		m²	
3	040204002001	人行道块料铺设	1. 250 mm×250 mm×50 mm C35 混凝土行道砖 2. 5 cm 厚砂垫层	m²	3 744.54
3.1		人行道块料铺设砂垫层		m²	
4	040204004001	安砌侧石	1. 150 mm×670 mm 路侧石 2. 水泥砂浆座砌	m	551.92
4.1		安砌侧石		m	

> **知识拓展**

混凝土路面接缝类型

水泥混凝土路面的面层属于大体积工程，它是由一定厚度的水泥混凝土板组成，当温度发生变化时，水泥混凝土板难免会产生热胀或冷缩。昼夜温度变化，使混凝土板面和板底出现温度坡差，白天混凝土板顶面的中部形成隆起的趋势；夜间当混凝土板的顶面温度低于板底面温度时，会使板的周边及角隅形成翘曲的趋势，当板角隅上翘时，会发生板块同地基相脱空的现象，如图 5-5 所示。

(a)　　　　　　　　(b)

图 5-5　混凝土路面板的翘曲变形
(a)气温升高时；(b)气温降低时

这些变形会受到混凝土面层与垫层之间的摩擦力和粘结力，以及板的自重和车轮荷载等作用，这些荷载应力和温度应力的综合作用，致使板内产生较大的应力，造成混凝土板产生裂缝或拱胀等破坏。

在水泥混凝土路面板划块设缝，使板内应力控制在允许范围内，避免板体产生不规则裂缝。裂缝的类型，根据接缝的构造做法可分为施工缝、伸(胀)缝和缩缝三类；根据与道路中心线的位置关系可分为纵向接缝(纵向施工缝、纵向缩缝)和横向接缝(横向施工缝、横向缩缝、横向胀缝)两类。纵向接缝，无论是施工缝还是缩缝，必须在缝隙处设置拉杆，以保证接缝缝隙不张开。

(1)纵向施工缝[图 5-6(a)]。当一次铺筑宽度小于路面宽度时，必须设置纵向施工缝。

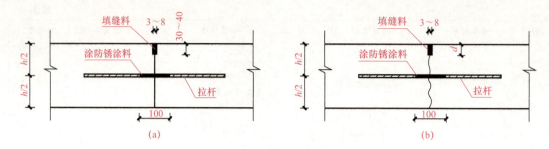

图 5-6 纵向施工缝与缩缝

(a)纵向施工缝；(b)纵向缩缝

(2)纵向缩缝[图 5-6(b)]。当一次摊铺两个或两个以上车道时，路面应设纵向缩缝，其位置按车道宽度而定。纵缝尽量不要设置在车迹线位置。纵向缩缝的构造采用设拉杆的假缝形式。

(3)横向施工缝。每日施工结束或当临时有原因中断施工时，必须设置横向施工缝。一般设在缩缝或胀缝处。

(4)横向缩缝(图 5-7)。为避免混凝土板块由于温度和湿度产生不规则裂缝，必须设置横向缩缝。横向缩缝有假缝形式和设传力杆的假缝形式两种。设置距离一般为 4.5～6 m。

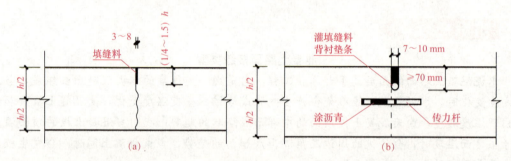

图 5-7 横向缩缝

(a)不设传力杆的假缝型；(b)设传力杆的假缝型

(5)横向胀缝(伸缝)(图 5-8)。在临近桥梁或其他固定构筑物相接处，或者与其他道路相交处，应设置横向胀缝。胀缝必须沿道路断面完全断开，缝宽为 20～25 mm，缝内设置填缝板和可滑动的传杆。

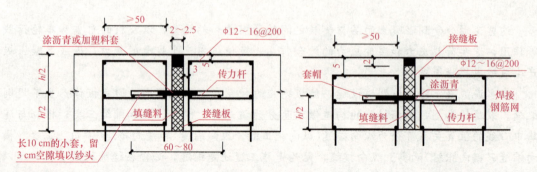

图 5-8 横向胀缝

(二)子项套价

【例 5-10】 根据【例 5-9】所列成果,对分解后的子项进行套价。

解:根据清单分解后子项的工作内容套用定额中对应的定额子目,见表 5-29 所示道路工程清单子项套价。

表 5-29 道路工程清单子项套价

序号	项目编码	项目名称	项目特征	计量单位	工程量
1	040202013001	山皮石底层	1. 厚度为 13 cm; 2. 山皮石底层	m²	4 324.61
1.1	D2-2-208	人机配合铺装山皮石底层 厚度 15 cm		100 m²	
2	040203007001	水泥混凝土面层	1. 厚度为 20 cm; 2. C25 商品混凝土	m²	4 172.72
2.1	D2-3-59 换	水泥混凝土路面 厚度 20 cm 合并制作子目 普通商品混凝土 碎石粒径 20 石 C25		100 m²	
2.2	D2-3-65	伸缩(人工切缝) 沥青玛𤨭脂		10 m²	
2.3	D2-3-67	缩缝		100 延长米	
2.4	D2-3-69	水泥混凝土路面养生 草袋养生		100 m²	
3	040204002001	人行道块料铺设	1. 250 mm×250 mm×50 mm C35 混凝土行道砖 2. 5 cm 厚砂垫层	m²	3 744.54
3.1	D2-4-1	人行道板铺设砂垫层(厚 6 cm) 规格(cm)25×25		100 m²	
4	040204004001	安砌侧石	1. 150 mm×670 mm 路侧石 2. 水泥砂浆座砌	m	551.92
4.1	D2-4-44 换	侧平石铺设 混凝土平石 宽度在 250 mm 内 合并制作子目 砂浆制作 现场搅拌砌筑砂浆 水泥砂浆 M10		100 m	

(三)子项算量

【例 5-11】 根据【例 5-10】所列成果,计算清单子项工程量。

解:根据各子项定额工程量计算规则,按照图纸的尺寸数量信息计算工程量,计算结果按定额计量单位转换单位,结果见表 5-30 所示道路工程清单子项算量。

表 5-30 道路工程清单子项算量

序号	项目编码	项目名称	项目特征	计量单位	工程量
1	040202013001	山皮石底层	1. 厚度为 13 cm; 2. 山皮石底层	m²	4 324.61
1.1	D2-2-208	人机配合铺装山皮石底层 厚度 15 cm		100 m²	43.246 1
2	040203007001	水泥混凝土面层	1. 厚度为 20 cm; 2. C25 商品混凝土	m²	4 172.72
2.1	D2-3-59 换	水泥混凝土路面 厚度为 20 cm 合并制作子目 普通商品混凝土 碎石粒径 20 石 C25		100 m²	41.727 2

续表

序号	项目编码	项目名称	项目特征	计量单位	工程量
2.2	D2-3-65	伸缝(人工切缝) 沥青玛琋脂		10 m²	0.8
2.3	D2-3-67	缩缝		100 延长米	12
2.4	D2-3-69	水泥混凝土路面养生 草袋养生		100 m²	41.727 2
3	040204002 001	人行道块料铺设	1. 250 mm×250 mm×50 mm C35 混凝土行道砖 2. 5 cm 厚砂垫层	m²	3 744.54
3.1	D2-4-1	人行道板铺设 砂垫层(厚6 cm) 规格(cm)25×25		100 m²	37.445 4
4	040204004001	安砌侧石	1. 150 mm×670 mm 路侧石 2. 水泥砂浆座砌	m	551.92
4.1	D2-4-44 换	侧平石铺设 混凝土平石 宽度 250 mm 内 合并制作子目 砂浆制作 现场搅拌砌筑砂浆 水泥砂浆 M10		100 m	5.519 2

(四)综合单价

【例 5-12】 根据【例 5-11】的计算结果,按照式(4-1)~式(4-3)计算各子目综合单价。主要材料价格信息按表 5-31,其他未列明的人、机、材价格按定额基期价格。

表 5-31 材价信息表

序号	材料名称	单位	材料单价/元	序号	材料名称	单位	材料单价/元
1	综合工日	工日	102	6	250 mm×250 mm×50 mm C35 人行道板	m²	54
2	柴油	kg	8.74	7	150 mm×670 mm 麻石花岗岩路侧石	m	320
3	电	kW·h	0.86	8	复合硅酸盐水泥 P·C32.5(R)	t	413.1
4	机上人工	工日	102	9	中砂	m³	89.76
5	C25 商品混凝土	m³	410	10	山皮石	m³	117.3

解:以清单项目"山皮石底层"为例进行讲解。该清单子目分解子目只有一个定额子目,但是定额子目需要调整换算。由于定额中没有厚度为 13 cm 的铺装山皮石底层子目,只能套用厚度为 15 cm 的子目 D2-2-208,需要对定额子目消耗量进行调整。定额子目 D2-2-208 中山皮石的消耗量是 19.89 m³/m²,实际消耗量应调整为 19.89×13/15=17.238 m³/m²,如图 5-9 所示。

定额子目单价 = $\sum$ 人材机定额消耗量 × 人材机市场价格 + 管理费 + 利润

该子目人工费单价 = 0.999×102 = 101.898(元/100 m²)

材料费单价 = 17.238×117.3+2.46×2.8+1 = 2 029.905(元/100 m²)

机械费单价 = 0.03×400.67+0.14×660.64+0.133×791.31 = 209.75(元/100 m²)

管理费 = 25.88 元/100 m²

利润 = 人工费×0.18 = 101.898×0.18 = 18.34(元/100 m²)

定额子目单价 = 101.898+2 029.905+209.75+25.88+18.34 = 2 385.77(元/100 m²)

$$清单综合单价=\frac{\sum 各定额子目工程量\times 定额子目单价}{清单工程量}$$

$$=43.2\,461\times 2\,385.77/4\,324.61=23.86(元/m^2)$$

D2-2-208	人机配合铺装山皮石底层 厚度 15cm		100m2	43.2461	2389.16	[建筑工

工料机显示 | 查看单价构成 | 标准换算 | 换算信息 | 特征及内容 | 工程量明细 | 内容指引 | 查询用户清单 | 说明信息

	编码	类别	名称	规格及型号	单位	损耗率	含量	数量	定额价	市场价	合价
1	0001001	人	综合工日		工日		0.999	43.2029	51	102	4406.7
2	0703001	材	山皮石		m3		17.238	745.476	38	117.3	87444.37
3	3115001	材	水		m3		2.46	106.385	2.8	2.8	297.88
4	9946131	材	其他材料费		元		4.38	189.417	1	1	189.42
5	9913011	机	光轮压路机（内燃）	工作质量8(t	台班		0.03	1.2974	291.89	400.67	519.83
6	994660	机	机上人工		工日		1	1.2974	51	102	132.33
7	994605	机	柴油	(机械用)0#	kg		19.79	25.6755	5.82	8.74	224.4
8	994600	机	折旧费		元		65.3	84.7202	1	1	84.72
9	994601	机	大修理费		元		14.35	18.6177	1	1	18.62
10	994602	机	经常修理费		元		46.06	59.7582	1	1	59.76
11	9913031	机	光轮压路机（内燃）	工作质量15(	台班		0.14	6.0545	484.22	660.64	3999.84
12	994660	机	机上人工		工日		1	6.0545	51	102	617.56
13	994605	机	柴油	(机械用)0#	kg		42.95	260.040	5.82	8.74	2272.76
14	994600	机	折旧费		元		95.1842	576.293	1	1	576.29
15	994601	机	大修理费		元		20.92	126.660	1	1	126.66
16	994602	机	经常修理费		元		67.15	406.559	1	1	406.56
17	9913211	机	平地机	功率90(kW)	台班		0.133	5.7517	585.83	791.31	4551.38
18	994660	机	机上人工		工日		2	11.5034	51	102	1173.35
19	994605	机	柴油	(机械用)0#	kg		35.44	203.840	5.82	8.74	1781.56
20	994600	机	折旧费		元		136.676	786.122	1	1	786.12
21	994601	机	大修理费		元		31.66	182.098	1	1	182.1
22	994602	机	经常修理费		元		109.23	628.258	1	1	628.26
23	9946605	管	管理费		元		25.88	1119.20	1	1	1119.21

图 5-9　山皮石消耗量调整

同理，其他清单项目的综合单价见第四步“取费汇总”中“分部分项计价表”。

【随堂练习 5-2】 根据【例 5-12】的计算方法，列式计算【例 5-10】其他三个子目综合单价的形成过程。

四、取费汇总

根据第四章第三节中关于取费汇总的计算方法，计算出道路工程的工程造价。清单计价工程造价文件包括封面、编制说明、单位工程投标价(招标控制价)汇总表、分部分项工程报价表、措施项目报价表、其他项目报价表和主要材料设备价格表。该道路工程造价文件见表 5-32～表 5-43。

表 5-32 封面

<u>　　　　某道路　　　　</u>工程

招 标 控 制 价

招标控制价(小写)：<u>　　　　1 181 371.73　　　　</u>

（大写）：<u>　壹佰壹拾捌万壹仟叁佰柒拾壹元柒角叁分　</u>

表 5-33 编制说明

工程名称：某道路工程　　　　　　　　　　　　　　　　　　　第 1 页　共 1 页

1. 本报价的编制依据有：
(1) 招标方提供的工程量清单；
(2)《广东省市政工程综合定额(2010)》；
(3) 施工图设计文件；
(4) 本工程的技术标书。
2. 本报价人、材、机的价格按下表，其他未列项目的价格按定额基期价格。

序号	材料名称	单位	材料单价/元	序号	材料名称	单位	材料单价/元
1	综合工日	工日	102	6	250 mm×250 mm×50 mm C35 人行道板	m^2	54
2	柴油	kg	8.74	7	150 mm×670 mm 麻石花岗岩路侧石	m	320
3	电	kW·h	0.86	8	复合普通硅酸盐水泥 P·C32.5(R)	t	413.1
4	机上人工	工日	102	9	中砂	m^3	89.76
5	C25 商品混凝土	m^3	410	10	山皮石	m^3	117.3

表 5-34 单位工程招标控制价汇总表

工程名称：某道路工程　　　　　　　　　　　　　　　　　　　第 1 页　共 1 页

序号	费用名称	计算基础	金额/元
1	分部分项合计	分部分项合计	1 095 085.78
2	措施合计	安全防护、文明施工措施项目费＋其他措施费	31 757.49
2.1	安全防护、文明施工措施项目费	安全及文明施工措施费	31 757.49
2.2	其他措施费	其他措施费	
3	其他项目	其他项目合计	13 141.03
3.1	暂列金额	暂列金额	
3.2	暂估价	暂估价合计	
3.3	计日工	计日工	
3.4	总承包服务费	总承包服务费	
3.5	材料检验试验费	材料检验试验费	2 190.17
3.6	预算包干费	预算包干费	10 950.86
3.7	工程优质费	工程优质费	
3.8	索赔费用	索赔费用	
3.9	现场签证费用	现场签证费用	
3.10	其他费用	其他费用	
4	规费	规费合计	1 139.98
5	税金	分部分项合计＋措施合计＋其他项目＋规费	40 247.45
6	总造价	分部分项合计＋措施合计＋其他项目＋规费＋税金	1 181 371.73
7	人工费	分部分项人工费＋技术措施项目人工费	175 738.83

表 5-35 分部分项工程计价表

工程名称：某道路工程　　　　　　　　　　　　　　　　　　　　　　　　第 1 页　共 1 页

序号	项目编码	项目名称	项目特征	计量单位	工程量	金额/元	
						综合单价	合价
1	040202013001	山皮石	1. 厚度为 13 cm 2. 山皮石底层	m²	4 324.61	23.89	103 314.93
2	040203007001	水泥混凝土	1. 厚度为 20 cm 2. C25 商品混凝土	m²	4 172.72	127.85	533 482.25
3	040204002001	人行道块料铺设	1. 250 mm × 250 mm × 50 mm C35 混凝土行道砖 2. 5 cm 厚砂垫层	m²	3 744.54	73.28	274 399.89
4	040204004001	安砌侧（平、缘）石	1. 150 mm × 670 mm 路侧石 2. 水泥砂浆座砌	m	551.92	333.18	183 888.71
			分部小计				1 095 085.78

表 5-36 综合单价分析表(1)

项目编码	040202013001	项目名称		山皮石			计量单位	m²	清单工程量	4 324.61
综合单价分析											

定额编号	定额名称	定额单位	工程数量	单价/元					合价/元				
				人工费	材料费	机械费	管理费	利润	人工费	材料费	机械费	管理费	利润
借 D2-2-208 换	人机配合铺装山皮石底层厚度为 15 cm	100 m²	0.01	101.9	2 033.29	209.75	25.88	18	1.02	20.33	2.1	0.26	0.18
人工单价			小计						1.02	20.33	2.1	0.26	0.18
综合工日：102 元/工日			未计价材料费										
综合单价										23.89			

材料费明细	主要材料名称、规格、型号	单位	数量	单价/元	合价/元	暂估单价/元	暂估合价/元
	山皮石	m³	0.172 4	117.3	20.22		
	水	m³	0.024 6	2.8	0.07		
	其他材料费	元	0.043 8	1	0.04		
	材料费小计			—	20.33	—	

表 5-37　综合单价分析表(2)

项目编码	040204002001	项目名称	人行道块料铺设			计量单位	m²	清单工程量	3 744.54

综合单价分析											
定额编号	定额名称	定额单位	工程数量	单价/元				合价/元			
				人工费	材料费	机械费	管理费	利润	人工费	材料费	机械费	管理费	利润
借D2-4-1	人行道板铺设 砂垫层(厚度为6 cm) 规格(cm)25×25	100 m²	0.01	985.93	6 102.75		62.11	177	9.86	61.03		0.62	1.77
人工单价			小计						9.86	61.03		0.62	1.77
综合工日：102元/工日				未计价材料费					55.08				
综合单价										73.28			

材料费明细	主要材料名称、规格、型号	单位	数量	单价/元	合价/元	暂估单价/元	暂估合价/元
	水	m³	0.027	2.8	0.08		
	其他材料费	元	0.010 6	1	0.01		
	中砂	m³	0.065 3	89.76	5.86		
	人行道板	m²	1.02	54	55.08		
	材料费小计			—	61.03	—	

表 5-38　综合单价分析表(3)

项目编码	040204004001	项目名称	安砌侧(平、缘)石			计量单位	m	清单工程量	551.92

综合单价分析											
定额编号	定额名称	定额单位	工程数量	单价/元				合价/元			
				人工费	材料费	机械费	管理费	利润	人工费	材料费	机械费	管理费	利润
借D2-4-44换	侧平石铺设 混凝土平石 宽度250 mm内 合并制作子目 砂浆制作 现场搅拌 砌筑砂浆 水泥砂浆M10	100 m	0.01	619.2	32 544.3	4.37	39.64	111	6.19	325.44	0.04	0.4	1.11
人工单价			小计						6.19	325.44	0.04	0.4	1.11
综合工日：102元/工日				未计价材料费					324.8				
综合单价										333.18			

材料费明细	主要材料名称、规格、型号	单位	数量	单价/元	合价/元	暂估单价/元	暂估合价/元
	其他材料费	元	0.003 4	1			
	平石	m	1.015	320	324.8		
	其他材料费			—	0.64	—	
	材料费小计			—	325.44	—	

表 5-39 综合单价分析表(4)

项目编码	040203007001	项目名称		水泥混凝土			计量单位		m²		清单工程量	4 172.72
综合单价分析												
定额编号	定额名称	定额单位	工程数量	单价/元				合价/元			
				人工费	材料费	机械费	管理费	利润	人工费	材料费	机械费	管理费	利润
借D2-3-59换	水泥混凝土路面 厚度为20 cm 合并制作子目 普通商品混凝土 碎石粒径20石 C25	100 m²	0.01	2 909.04	8 467.7	37.82	187.66	524	29.09	84.68	0.38	1.88	5.24
借D2-3-65	伸缝(人工切缝) 沥青玛琋脂	10 m²	0.000 2	269.89	630.7		17	49	0.05	0.12			0.01
借D2-3-67	缩缝	100 延长米	0.002 9	470.02	196.61	495.53	79.4	85	1.35	0.57	1.43	0.23	0.24
借D2-3-69	水泥混凝土路面养生 草袋养生	100 m²	0.01	89.96	149.14		5.67	16	0.9	1.49		0.06	0.16
人工单价			小计					31.39	86.85	1.81	2.17	5.65
综合工日:102元/工日			未计价材料费									
综合单价										127.87			

材料费明细	主要材料名称、规格、型号	单位	数量	单价/元	合价/元	暂估单价/元	暂估合价/元
	水	m³	0.14	2.80	0.39		
	其他材料费	元	0.016 6	1	0.02		
	板方材	m³	0.000 5	1 313.52	0.66		
	铁件(综合)	kg	0.065	5.81	0.38		
	圆钉(综合)	kg	0.002	4.36	0.01		
	普通商品混凝土 碎石粒径20石 C25	m³	0.204	410	83.64		
	石油沥青60~100#	t	0.000 2	1 856	0.37		
	石粉	kg	0.024 4		0.03		
	石棉	kg	0.024 2	3.08	0.07		
	柴油	t		8.74			
	钢锯片 φ300	片	0.000 6	450.58	0.27		
	草袋	个	0.43	2.54	1.09		
	其他材料费			—	86.9	—	

表 5-40　主要材料设备价格表

工程名称：某道路工程　　　　　　　　　　　　　　　　　　　　　第 1 页　共 1 页

序号	材料设备编码	材料设备名称	规格、型号等特殊要求	单位	单价/元
1	0233011	草袋		个	2.54
2	0351001	圆钉	（综合）	kg	4.36
3	0359001	铁件	（综合）	kg	5.81
4	0365281	钢锯片	φ300	片	450.58
5	0401013	复合硅酸盐水泥	P·C32.5	t	413.1
6	0403021	中砂		m³	89.76
7	0503031	板方材		m³	1 313.52
8	0703001	山皮石		m³	117.3
9	1143001	石粉		kg	0.03
10	1155121	石油沥青 60～100#		t	1 856
11	1201001	柴油		t	8.74
12	1301001	石棉		kg	3.08
13	3115001	水		m³	2.8
14	8021904	普通商品混凝土碎石粒径 20 石	C25	m³	410

表 5-41　措施项目计价表（一）

工程名称：某道路工程　　　　　　　　　　　　　　　　　　　　　第 1 页　共 1 页

序号	项目名称	计算基础	费率/%	金额/元
1	安全文明施工项目费			
1.1	文明施工与环境保护、临时设施、安全施工	分部分项合计	2.9	31 757.49
	小计			31 757.49
2	其他措施费			
2.1	夜间施工增加费		20	
2.2	交通干扰工程施工增加费		10	
2.3	赶工措施费	分部分项合计	0	
2.4	文明工地增加费	分部分项合计	0	
2.5	地下管线交叉降效费		0	

表 5-42　措施项目计价表（二）

工程名称：某道路工程　　　　　　　　　　　　　　　　　　　　　第 1 页　共 1 页

序号	项目编码	项目名称	项目特征	计量单位	工程数量	金额/元	
						综合单价	合价
1		安全文明施工项目费					
1.1		综合脚手架		项	1		

续表

序号	项目编码	项目名称	项目特征	计量单位	工程数量	金额/元	
						综合单价	合价
1.2		靠脚手架安全挡板		项	1		
1.3		独立安全防护挡板		项	1		
1.4		围尼龙编织布		项	1		
1.5		现场围挡、围墙		项	1		
2		其他措施费					
2.1		围堰工程		项	1		
2.2		大型机械设备进出场及安拆		项	1		

表 5-43　其他项目计价表

工程名称：某道路工程　　　　　　　　　　　　　　　　　　　第 1 页　共 1 页

序号	项目名称	单位	金额/元	备注
1	暂列金额	项		
2	暂估价	项		
2.1	材料暂估价	项		
2.2	专业工程暂估价	项		
3	计日工	项		
4	总承包服务费	项		
5	材料检验试验费	项	2 190.17	按分部分项工程费的 0.2% 计算
6	预算包干费	项	10 950.86	按分部分项工程费的 0~2% 计算

本节习题

一、填空题

1. 根据清单工程量计算规则，人行道块料铺设按_____计算，不扣除各类井所占面积，但应扣除_____。
2. 根据清单工程量计算规则，道路侧缘石、侧平石安装工程量按_____计算。
3. 根据清单工程量计算规则，砌筑砌筑按_____计算。

二、多选题（至少有两个正确答案）

根据《市政工程工程量计价规范》（GB 50857—2013），沥青混凝土的工作内容包括有（　　）。

A. 拌和　　　　　　B. 洒铺底油　　　　　C. 铺筑　　　　　　D. 碾压
E. 养护

三、计算题

求图 5-10 所示道路交叉口的面积和路缘石长度。

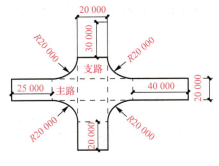

图 5-10 十字交叉路口示意图

四、软件操练

在计价软件中完成本节案例工程造价文件编制,并与案例结果进行对比分析,总结差异原因。

第三节 桥涵工程清单计量与计价

【本节引例】本节引例同第三章第三节,如图 3-4～图 3-11 所示。

一、清单列项

根据《市政工程工程量计算规范》(GB 50857—2013),桥涵工程共分 9 节,桩基、基坑与边坡支护、现浇混凝土构件、预制混凝土构件、砌筑、立交箱涵、钢结构、装饰和其他。"市政计算规范"与广东省定额在桥涵工程包含的章节内容上有区别,"市政计算规范"把桩基、基坑与边坡支护纳入桥涵工程章节,而广东省定额把桩基、基坑与边坡支护纳入通用项目章节。

【例 5-13】 根据图 3-4～图 3-11 所示的工程设计文件,列出桥涵工程清单项目。

解:根据工程图纸内容,本工程所包含的工作项目有混凝土基础、砂垫层、块石墙身、块石底板、预制混凝土盖板、混凝土台帽、支撑梁和涵洞顶板铺装。查阅桥涵工程清单规范,见表 5-44,混凝土基础、混凝土台帽、支撑梁工程量按体积计算,清单项目工作内容包括混凝土的浇捣制作以及模板的安拆。

表 5-44 桥涵混凝土构件清单规范表

项目编码	项目名称	项目特征	计量单位	工程量计算规则	工作内容
040303001	混凝土垫层	混凝土强度等级	m³	按设计图示尺寸以体积计算	1. 模板制作、安装、拆除 2. 混凝土拌和、运输、浇筑 3. 养护
040303002	混凝土基础	1. 混凝土强度等级 2. 嵌料(毛石)比例			
040303003	混凝土承台	混凝土强度等级			
040303004	混凝土墩(台)帽	1. 部位 2. 混凝土强度等级			
040303005	混凝土墩(台)身				
040303006	混凝土支撑梁及横梁				
040303007	混凝土墩(台)壁梁				
040303008	混凝土拱桥拱座				

桥面铺装按面积计算，清单项目工作内容包括混凝土的浇捣制作以及模板的安拆，见表5-45。

表5-45 桥面铺装清单规范表

项目编码	项目名称	项目特征	计量单位	工程量计算规则	工作内容
040303019	桥面铺装	1. 混凝土强度等级 2. 沥青品种 3. 沥青混凝土种类 4. 厚度 5. 配合比	m²	按设计图示尺寸以面积计算	1. 模板制作、安装、拆除 2. 混凝土拌和、运输、浇筑 3. 养护 4. 沥青混凝土铺装 5. 碾压

本涵洞盖板为预制混凝土盖板，工程量按体积计算，清单项目工作内容包括混凝土的浇捣制作、模板的安拆、预制盖板安装以及接头灌缝处理，见表5-46。

表5-46 预制混凝土构件清单规范表

项目编码	项目名称	项目特征	计量单位	工程量计算规则	工作内容
040304001	预制混凝土梁	1. 部位 2. 图集、图纸名称 3. 构件代号、名称 4. 混凝土强度等级 5. 砂浆强度等级	m³	按设计图示尺寸以体积计算	1. 模板制作、安装、拆除 2. 混凝土拌和、运输、浇筑 3. 养护 4. 构件安装 5. 接头灌缝 6. 砂浆制作 7. 运输
040304002	预制混凝土柱				
040304003	预制混凝土板				
040304004	预制混凝土挡土墙墙身	1. 图集、图纸名称 2. 构件代号、名称 3. 结构形式 4. 混凝土强度等级 5. 泄水孔材料种类 6. 滤水层要求 7. 砂浆强度等级			1. 模板制作、安装、拆除 2. 混凝土拌和、运输、浇筑 3. 养护 4. 构件安装 5. 接头灌缝 6. 泄水孔制作、安装 7. 滤水层铺设 8. 砂浆制作 9. 运输

根据"市政计算规范"，项目编码前9位按规范规定，后3位按自然流水顺序从001开始。项目名称和计量单位按规范规定，项目特征根据规范列明的内容结合工程图纸内容描述。清单列项成果见表5-47涵洞工程清单列项表。

表5-47 涵洞工程清单列项表

序号	项目编码	项目名称	项目特征	计量单位
1	040303002001	混凝土基础	1. C20商品混凝土 2. 钢木复合模板	m²

续表

序号	项目编码	项目名称	项目特征	计量单位
2	040305001001	垫层	1. 材料品种、规格：砂 2. 厚度：5 cm	m²
3	040305003001	浆砌块料	1. 部位：挡墙及侧墙 2. 材料品种、规格：块石 3. 砂浆强度等级：水泥砂浆 M10	m²
4	040305003002	浆砌块料	1. 部位：护底 2. 材料品种、规格：块石 3. 砂浆强度等级：水泥砂浆 M7.5	m²
5	040303006001	混凝土支撑梁及横梁	1. 底板支撑梁 2. C20 商品混凝土 3. 木模板	m²
6	040303004001	混凝土墩（台）帽	1. 台帽 2. C20 商品混凝土 3. 木模板	m²
7	040304003001	预制混凝土板	1. 预制盖板 2. C25 商品混凝土 3. 钢木复合模板	m²
8	040303019001	桥面铺装	1. 混凝土强度等级：C25 2. 厚度：8 cm	m²
9	040901001001	现浇构件钢筋	1. 材料种类：圆钢 2. 钢筋规格：直径 10 mm 以内	t
10	040901001002	现浇构件钢筋	1. 材料种类：圆钢 2. 钢筋规格：直径 10 mm 以外	t
11	040901001003	现浇构件钢筋	1. 材料种类：螺纹钢 2. 钢筋规格：直径 10 mm 以外	t
12	040901002001	预制构件钢筋	1. 材料种类：圆钢 2. 钢筋规格：直径 10 mm 以内	t
13	040901002002	预制构件钢筋	1. 材料种类：螺纹钢 2. 钢筋规格：直径 10 mm 以外	t
14	041101001001	综合脚手架	砌筑高度 2 m	m²

由于混凝土清单的工作内容已包含混凝土浇捣制作和模板制作安装，所以，模板不再单独列项，模板费用包含在混凝土子目综合单价内。另外，根据定额《通用项目》中脚手架计算规定，砌筑高度超过 1.2 m 时应计算脚手架，脚手架属于按子目计价的措施项目费，也应列项。

二、清单算量

【例 5-14】 根据图 3-4～图 3-11 所示的工程设计文件和表 5-47，计算清单工程量。

解：本案例清单工程量计算规则与定额工程量计算规则基本一致，详细工程量计算过程可见【例 3-21】和【例 3-22】。这里讲解脚手架工程量计算过程。根据《通用项目》中脚手架计算规定，当砌石高度超过 1.2 m 时应垂直投影面积计算综合脚手架，故

综合脚手架工程量：2.04(高)×9.5(长)×2(数量)＝38.76(m^2)

涵洞清单工程量见表 5-48。

表 5-48　涵洞工程量清单

序号	项目编码	项目名称	项目特征	计量单位	工程量
1	040303002001	混凝土基础	1. C20 商品混凝土 2. 钢木复合模板	m^2	10.1
2	040305001001	垫层	1. 材料品种、规格：砂 2. 厚度：5 cm	m^2	0.83
3	040305003001	浆砌块料	1. 部位：挡墙及侧墙 2. 材料品种、规格：块石 3. 砂浆强度等级：水泥砂浆 M10	m^2	25.19
4	040305003002	浆砌块料	1. 部位：护底 2. 材料品种、规格：块石 3. 砂浆强度等级：水泥砂浆 M7.5	m^2	6.82
5	040303006001	混凝土支撑梁及横梁	1. 底板支撑梁 2. C20 商品混凝土 3. 木模板	m^2	0.4
6	040303004001	混凝土墩(台)帽	1. 台帽 2. C20 商品混凝土 3. 木模板	m^2	4.09
7	040304003001	预制混凝土板	1. 预制盖板 2. C25 商品混凝土 3. 钢木复合模板	m^2	3.8
8	040303019001	桥面铺装	1. 混凝土强度等级：C25 2. 厚度：8 cm	m^2	30.4
9	040901001001	现浇构件钢筋	1. 材料种类：圆钢 2. 钢筋规格：直径 10 mm 以内	t	0.052
10	040901001002	现浇构件钢筋	1. 材料种类：圆钢 2. 钢筋规格：直径 10 mm 以外	t	0.022
11	040901001003	现浇构件钢筋	1. 材料种类：螺纹钢 2. 钢筋规格：直径 10 mm 以外	t	0.091
12	040901002001	预制构件钢筋	1. 材料种类：圆钢 2. 钢筋规格：直径 10 mm 以内	t	0.06
13	040901002002	预制构件钢筋	1. 材料种类：螺纹钢 2. 钢筋规格：直径 10 mm 以外	t	0.497
14	041101001001	综合脚手架	砌筑高度 2 m	m^2	38.76

三、清单组价

(一)清单分解

根据工程量清单、施工设计文件和施工方案,把桥涵工程各清单子目包含的工作内容进行分解,分解到定额子目,并保证拆分后所有定额子目所包含的工作内容之和与清单子目所包含的工作内容一致。清单子目按照《广东省市政工程综合定额(2010)》定额进行分解。

【例 5-15】 根据【例 5-14】所列工程量清单,分解清单子目。

解: 本工程子目定额计价采用的计价定额为《广东省市政工程综合定额(2010)》。根据定额第三册《桥涵工程》中定额子目设置情况,结合工程量清单进行分解,见表 5-49。

表 5-49 涵洞工程清单分解

序号	项目编码	项目名称	项目特征	计量单位	工程量
1	040303002001	混凝土基础	1. C20 商品混凝土 2. 钢木复合模板	m²	10.1
1.1		现浇基础 混凝土 C20			
1.2		混凝土基础模板制作、安装			
2	040305001001	垫层	1. 材料品种、规格:砂 2. 厚度:5 cm	m²	0.83
2.1		现浇基础 中砂垫层			
3	040305003001	浆砌块料	1. 部位:挡墙及侧墙 2. 材料品种、规格:块石 3. 砂浆强度等级:水泥砂浆 M10	m²	25.19
3.1		浆砌块石侧墙			
4	040305003002	浆砌块料	1. 部位:护底 2. 材料品种、规格:块石 3. 砂浆强度等级:水泥砂浆 M7.5	m²	6.82
4.1		浆砌块石 基础护底 水泥砂浆 M7.5			
5	040303006001	混凝土支撑梁及横梁	1. 底板支撑梁 2. C20 商品混凝土 3. 木模板	m²	0.4
5.1		现浇支撑梁 C20			
5.2		现浇混凝土支撑梁模板制作、安装			
6	040303004001	混凝土墩(台)帽	1. 台帽 2. C20 商品混凝土 3. 木模板	m²	4.09
6.1		现浇台帽 C20			
6.2		现浇混凝土台帽模板制作、安装			
7	040304003001	预制混凝土板	1. 预制盖板 2. C25 商品混凝土 3. 钢木复合模板	m²	3.8

续表

序号	项目编码	项目名称	项目特征	计量单位	工程量
7.1		预制板 矩形板 C25			
7.2		预制混凝土模板制作、安装 矩形板			
8	040303019001	桥面铺装	1. 混凝土强度等级：C25 2. 厚度：8 cm	m²	30.4
8.1		桥面混凝土铺装 车行道 C25			
9	040901001001	现浇构件钢筋	1. 材料种类：圆钢 2. 钢筋规格：直径 10 mm 以内	t	0.052
9.1		钢筋制作、安装 现浇混凝土 Φ10 以内			
10	040901001002	现浇构件钢筋	1. 材料种类：圆钢 2. 钢筋规格：直径 10 mm 以外	t	0.022
10.1		钢筋制作、安装 现浇混凝土 Φ10 以外			
11	040901001003	现浇构件钢筋	1. 材料种类：螺纹钢 2. 钢筋规格：直径 10 mm 以外	t	0.091
11.1		钢筋制作、安装 现浇混凝土 Φ10 以外螺纹钢			
12	040901002001	预制构件钢筋	1. 材料种类：圆钢 2. 钢筋规格：直径 10 mm 以内	t	0.06
12.1		钢筋制作、安装 预制混凝土 Φ10 以内			
13	040901002002	预制构件钢筋	1. 材料种类：螺纹钢 2. 钢筋规格：直径 10 mm 以外	t	0.497
13.1		钢筋制作、安装 预制混凝土 Φ10 以外螺纹钢			
14	041101001001	综合脚手架	砌筑高度 2 m	m²	38.76
14.1		综合脚手架（钢管） 高度 2 m			

(二)子项套价

【例 5-16】 根据【例 5-15】所列成果，对分解后的子项进行套价。

解：根据清单分解后子项的工作内容套用定额中对应的定额子目，见表 5-50 涵洞工程清单子项套价。

表 5-50 涵洞工程清单子项套价

序号	项目编码	项目名称	项目特征	计量单位	工程量
1	040303002001	混凝土基础	1. C20 商品混凝土 2. 钢木复合模板	m²	10.1
1.1	D3-3-38	现浇基础 混凝土 合并制作子目 普通商品混凝土 碎石粒径 20 石 C20		10 m³	
1.2	D3-8-2	现浇混凝土模板制作、安装 混凝土基础		10 m²	
2	040305001001	垫层	1. 材料品种、规格：砂 2. 厚度：5 cm	m²	0.83
2.1	D3-3-35	现浇基础 碎石垫层(把碎石换算成中砂)		10 m³	

续表

序号	项目编码	项目名称	项目特征	计量单位	工程量
3	040305003001	浆砌块料	1. 部位：挡墙及侧墙 2. 材料品种、规格：块石 3. 砂浆强度等级：水泥砂浆 M10	m²	25.19
3.1	D3-1-1	浆砌块石　墩台身　合并制作子目　砂浆制作　现场搅拌砌筑砂浆　水泥砂浆 M10		10 m³	
4	040305003002	浆砌块料	1. 部位：护底 2. 材料品种、规格：块石 3. 砂浆强度等级：水泥砂浆 M7.5	m²	6.82
4.1	D3-1-3	浆砌块石　基础护底　合并制作子目　砂浆制作　现场搅拌砌筑砂浆　水泥砂浆 M7.5		10 m³	
5	040303006001	混凝土支撑梁及横梁	1. 底板支撑梁 2. C20 商品混凝土 3. 木模板	m²	0.4
5.1	D3-3-40	现浇承台、支撑梁与横梁　支撑梁　合并制作子目　普通商品混凝土　碎石粒径 20 石　C20		10 m³	
5.2	D3-8-5	现浇混凝土模板制作、安装　支撑梁		10 m²	
6	040303004001	混凝土墩（台）帽	1. 台帽 2. C20 商品混凝土 3. 木模板	m²	4.09
6.1	D3-3-48	现浇墩身、台身　台帽　合并制作子目　普通商品混凝土　碎石粒径 20 石　C20		10 m³	
6.2	D3-8-13	现浇混凝土模板制作、安装台帽		10 m²	
7	040304003001	预制混凝土板	1. 预制盖板 2. C25 商品混凝土 3. 钢木复合模板	m²	3.8
7.1	D3-4-5	预制板　矩形板　合并制作子目　普通商品混凝土　碎石粒径 20 石　C25		10 m³	
7.2	D3-8-42	预制混凝土模板制作、安装　矩形板		10 m²	
8	040303019001	桥面铺装	1. 混凝土强度等级：C25 2. 厚度：8 cm	m²	30.4
8.1	D3-3-76	桥面混凝土铺装　车行道　合并制作子目　普通商品混凝土　碎石粒径 20 石　C25		10 m³	
9	040901001001	现浇构件钢筋	1. 材料种类：圆钢 2. 钢筋规格：直径 10 mm 以内	t	0.052
9.1	D3-2-4	钢筋制作、安装　现浇混凝土　φ10 以内		t	
10	040901001002	现浇构件钢筋	1. 材料种类：圆钢 2. 钢筋规格：直径 10 mm 以外	t	0.022

续表

序号	项目编码	项目名称	项目特征	计量单位	工程量
10.1	D3-2-5	钢筋制作、安装 现浇混凝土 Φ10 以外		t	
11	040901001003	现浇构件钢筋	1. 材料种类：螺纹钢 2. 钢筋规格：直径 10 mm 以外	t	0.091
11.1	D3-2-6	钢筋制作、安装 现浇混凝土 Φ10 以外螺纹钢		t	
12	040901002001	预制构件钢筋	1. 材料种类：圆钢 2. 钢筋规格：直径 10 mm 以内	t	0.06
12.1	D3-2-1	钢筋制作、安装 预制混凝土 Φ10 以内		t	
13	040901002002	预制构件钢筋	1. 材料种类：螺纹钢 2. 钢筋规格：直径 10 mm 以外	t	0.497
13.1	D3-2-3	钢筋制作、安装 预制混凝土 Φ10 以外螺纹钢		t	
14	041101001001	综合脚手架	砌筑高度 2 m	m²	38.76
14.1	D1-6-1	综合脚手架（钢管） 高度 4.5 m 以内		100 m²	

(三)子项算量

【例 5-17】 根据【例 5-16】所列成果，计算清单子项工程量。

解： 根据各子项定额工程量计算规则，按照图纸的尺寸数量信息计算工程量，计算结果按定额计量单位转换单位，结果见表 5-51 所示涵洞工程清单子项算量。

表 5-51 涵洞工程清单子项算量

序号	项目编码	项目名称	项目特征	计量单位	工程量
1	040303002001	混凝土基础	1. C20 商品混凝土 2. 钢木复合模板	m²	10.1
1.1	D3-3-38	现浇基础 混凝土 合并制作子目 普通商品混凝土 碎石粒径 20 石 C20		10 m³	1.01
1.2	D3-8-2	现浇混凝土模板制作、安装 混凝土基础		10 m²	2.376
2	040305001001	垫层	1. 材料品种、规格：砂 2. 厚度：5 cm	m²	0.83
2.1	D3-3-35	现浇基础 碎石垫层（把碎石换算成中砂）		10 m³	0.083
3	040305003001	浆砌块料	1. 部位：挡墙及侧墙 2. 材料品种、规格：块石 3. 砂浆强度等级：水泥砂浆 M10	m²	25.19
3.1	D3-1-1	浆砌块石 墩台身 合并制作子目 砂浆制作 现场搅拌砌筑砂浆 水泥砂浆 M10		10 m³	2.519

续表

序号	项目编码	项目名称	项目特征	计量单位	工程量
4	040305003002	浆砌块料	1. 部位：护底 2. 材料品种、规格：块石 3. 砂浆强度等级：水泥砂浆 M7.5	m²	6.82
4.1	D3-1-3	浆砌块石　基础护底　合并制作子目　砂浆制作　现场搅拌砌筑砂浆　水泥砂浆 M7.5		10 m³	0.682
5	040303006001	混凝土支撑梁及横梁	1. 底板支撑梁 2. C20 商品混凝土 3. 木模板	m²	0.4
5.1	D3-3-40	现浇承台、支撑梁与横梁　支撑梁　合并制作子目　普通商品混凝土　碎石粒径 20 石　C20		10 m³	0.04
5.2	D3-8-5	现浇混凝土模板制作、安装　支撑梁		10 m²	0.399
6	040303004001	混凝土墩（台）帽	1. 台帽 2. C20 商品混凝土 3. 木模板	m²	4.09
6.1	D3-3-48	现浇墩身、台身　台帽　合并制作子目　普通商品混凝土　碎石粒径 20 石　C20		10 m³	0.409
6.2	D3-8-13	现浇混凝土模板制作、安装　台帽		10 m²	4.066
7	040304003001	预制混凝土板	1. 预制盖板 2. C25 商品混凝土 3. 钢木复合模板	m²	3.8
7.1	D3-4-5	预制板　矩形板　合并制作子目　普通商品混凝土　碎石粒径 20 石　C25		10 m³	0.38
7.2	D3-8-42	预制混凝土模板制作、安装　矩形板		10 m²	3.287
8	040303019001	桥面铺装	1. 混凝土强度等级：C25 2. 厚度：8 cm	m²	30.4
8.1	D3-3-76	桥面混凝土铺装　车行道　合并制作子目　普通商品混凝土　碎石粒径 20 石　C25		10 m³	0.243
9	040901001001	现浇构件钢筋	1. 材料种类：圆钢 2. 钢筋规格：直径 10 mm 以内	t	0.052
9.1	D3-2-4	钢筋制作、安装　现浇混凝土　φ10 以内		t	0.052
10	040901001002	现浇构件钢筋	1. 材料种类：圆钢 2. 钢筋规格：直径 10 mm 以外	t	0.022
10.1	D3-2-5	钢筋制作、安装　现浇混凝土　φ10 以外		t	0.022

序号	项目编码	项目名称	项目特征	计量单位	工程量
11	040901001003	现浇构件钢筋	1. 材料种类：螺纹钢 2. 钢筋规格：直径 10 mm 以外	t	0.091
11.1	D3-2-6	钢筋制作、安装　现浇混凝土　Φ10 以外螺纹钢		t	0.091
12	040901002001	预制构件钢筋	1. 材料种类：圆钢 2. 钢筋规格：直径 10 mm 以内	t	0.06
12.1	D3-2-1	钢筋制作、安装　预制混凝土　Φ10 以内		t	0.06
13	040901002002	预制构件钢筋	1. 材料种类：螺纹钢 2. 钢筋规格：直径 10 mm 以外	t	0.497
13.1	D3-2-3	钢筋制作、安装　预制混凝土　Φ10 以外螺纹钢		t	0.497
14	041101001001	综合脚手架	砌筑高度 2 m	m²	38.76
14.1	D1-6-1	综合脚手架（钢管）　高度 4.5 m 以内		100 m²	0.387 6

(四)综合单价

【例 5-18】 根据【例 5-16】和【例 5-17】的计算结果，按照式(4-1)~式(4-3)计算各子目综合单价。主要材料价格信息见表 5-52，其他未列明的人、机、材价格按定额基期价格。

表 5-52　材价信息表

序号	材料名称	单位	材料单价/元	序号	材料名称	单位	材料单价/元
1	综合工日	工日	102	6	C25 商品混凝土	m³	410
2	柴油	kg	8.74	7	HPB300 级钢筋 Φ10 内	t	3 890.68
3	电	kW·h	0.86	8	HPB300 级钢筋 Φ10 外	t	3 995.24
4	机上人工	工日	102	9	HRB335 级钢筋 Φ10 外	t	3 975.91
5	C20 商品混凝土	m³	395	10	中砂	m³	89.76

解： 以清单项目"混凝土基础"为例进行讲解。该清单子目分解子目为两个定额子目，先分别计算出两个定额子目单价。

(1)先计算混凝土制作浇捣子目。

该子目人工费单价 = 6.879 × 102 = 701.658(元/10 m³)

材料费单价 = 5.3 × 2.54 + 3.76 × 2.8 + 10.1 × 395 = 4 013.49(元/10 m³)

机械费单价(注意机械台班单价也已经调整，不再是定额单价)：

0.39 × 220.03 + 1.13 × 198.94 + 0.78 × 12.03 + 0.38 × 14.67 = 325.57(元/10 m³)

管理费 = 98.71 元/10 m³

定额子目单价 = 701.658 + 4 013.49 + 325.57 + 98.71 = 5 139.43(元/10 m³)

子项人工费 = 人工费单价 × 子项工程量 = 701.658 × 1.01 = 708.67(元)

(2)再计算模板制作安装子目。

该子目人工费单价 = 1.818 × 102 = 185.436(元/10 m²)

材料费单价 = 0.03 × 1 313.52 + 1 × 2.83 + 0.5 × 1 + 0.24 × 4.36 + 12.05 × 6.82 + 5.9 ×

4.67＋2.32×4.57＝164.118 4(元/10 m²)

机械费单价(注意机械台班单价也已经调整，不再是定额单价)：

0.147×521.54＝76.666(元/10 m²)

管理费＝25.3 元/10 m²

混凝土子目单价＝185.436＋164.118 4＋76.666＋25.3＝451.52(元/10m²)

子项人工费＝人工费单价×子项工程量＝185.436×2.376＝440.6(元)

(3)计算综合单价。

利润＝人工费×18％＝(708.67＋440.6)×18％＝206.87(元)

$$清单综合单价 = \frac{利润 + \sum 各定额子目工程量 \times 定额子目单价}{清单工程量}$$

＝(206.87＋1.01×5 139.43＋2.376×451.52)/10.1＝640.64(元/m²)

知识拓展

机械台班单价的调整方法

从以上计算中我们发现，模板制作安装子目 D3-8-2，定额项目表中该子目的载货汽车的定额价是 375.38 元/台班，计算时调整单价为 521.54 元/台班，这是怎么来的？机械台班单价要怎么调整？

首先应弄清楚定额价 375.38 元/台班是怎么来的。根据机械台班费用定额，每种机械的台班单价由可变成本和固定成本部分组成。工程计价时，机械台班单价中的可变成本部分随着市场价格变化调整，固定成本部分不变。在机械台班费用定额里面，固定成本部分(折旧费、大修理费、经常修理费、其他费用)直接以总价形式出现，可变成本部分(人工费、燃料动力费)以消耗量形式出现。

以载货汽车(载重量 6 t)为例。

固定成本＝47.66＋7.41＋41.57＋32.38＝129.02(元/台班)

机上人工、柴油的消耗量分别为 1 工日/台班、33.24 kg/台班。

可变成本＝∑消耗量×定额价＝1×51＋33.24×5.82＝244.46(元/台班)

台班单价＝固定成本＋可变成本＝129.02＋244.46＝373.48(元/台班)

然后根据机械台班单价调整方法，我们计算机械台班市场价格。人工和柴油的市场价格为 102 元/工日、8.74 元/kg，固定成本不变，可变成本计算如下：

可变成本＝∑消耗量×市场价＝1×102＋33.24×8.74＝392.52(元/台班)

台班单价＝固定成本＋可变成本＝129.02＋392.52＝521.54(元/台班)

同理，其他清单项目的综合单价见第四步"取费汇总"中"分部分项计价表"。

四、取费汇总

根据第四章第三节中关于取费汇总的计算方法，计算出涵洞工程的工程造价。清单计价工程造价文件包括封面、编制说明、单位工程投标价(招标控制价)汇总表、分部分项工程报价表、措施项目报价表、其他项目报价表和主要材料设备价格表。该桥涵工程造价文件见表 5-53～表 5-73。

表 5-53 封面

<u>　　　　某涵洞　　　　　　</u>工程

招 标 控 制 价

招标控制价(小写)：<u>　　　　　36 793.25　　　　　</u>

（大写）：<u>　叁万陆仟柒佰玖拾叁元贰角伍分　</u>

表 5-54　编制说明

工程名称：某涵洞　　　　　　　　　　　　　　　　　　　　　第 1 页　共 1 页

1. 本报价的编制依据有：
 (1)招标方提供的工程量清单；
 (2)《广东省市政工程综合定额(2010)》；
 (3)施工图设计文件；
 (4)本工程的技术标书。
2. 本报价人、材、机的价格按下表，其他未列项目的价格按定额基期价格。

序号	材料名称	单位	材料单价/元	序号	材料名称	单位	材料单价/元
1	综合工日	工日	102	6	C25 商品混凝土	m³	410
2	柴油	kg	8.74	7	HPB300 级钢筋 φ10 内	t	3 890.68
3	电	kW·h	0.86	8	HPB300 级钢筋 φ10 外	t	3 995.24
4	机上人工	工日	102	9	HRB335 级钢筋 φ10 外	t	3 975.91
5	C20 商品混凝土	m³	395	10	中砂	m³	89.76

表 5-55　单位工程招标控制价汇总表

工程名称：某涵洞　　　　　　　　　　　　　　　　　　　　　第 1 页　共 1 页

序号	费用名称	计算基础	金额/元
1	分部分项合计	分部分项合计	33 574.55
2	措施合计	安全防护、文明施工措施项目费＋其他措施费	1 526.81
2.1	安全防护、文明施工措施项目费	安全及文明施工措施费	1 526.81
2.2	其他措施费	其他措施费	
3	其他项目	其他项目合计	402.9
3.1	暂列金额	暂列金额	
3.2	暂估价	暂估价合计	
3.3	计日工	计日工	
3.4	总承包服务费	总承包服务费	
3.5	材料检验试验费	材料检验试验费	67.15
3.6	预算包干费	预算包干费	335.75
3.7	工程优质费	工程优质费	
3.8	索赔费用	索赔费用	
3.9	现场签证费用	现场签证费用	
3.10	其他费用	其他费用	
4	规费	规费合计	35.5
5	税金	分部分项合计＋措施合计＋其他项目＋规费	1 253.49
6	总造价	分部分项合计＋措施合计＋其他项目＋规费＋税金	36 793.25

表 5-56　分部分项工程计价表

工程名称：某涵洞

序号	项目编码	项目名称	项目特征	计量单位	工程量	金额/元 综合单价	合价
1	040303002001	混凝土基础	1. C20 商品混凝土 2. 钢木复合模板	m³	10.1	640.64	6 470.46
2	040305001001	垫层	1. 材料品种、规格：砂 2. 厚度：5cm	m³	0.83	189.92	157.63
3	040305003001	浆砌块料	1. 部位：挡墙及侧墙 2. 材料品种、规格：块石 3. 砂浆强度等级：水泥砂浆 M10	m³	25.19	387.77	9 767.93
4	040305003002	浆砌块料	1. 部位：护底 2. 材料品种、规格：块石 3. 砂浆强度等级：水泥砂浆 M7.5	m³	6.82	268.24	1 829.4
5	040303006001	混凝土支撑梁及横梁	1. 底板支撑梁 2. C20 商品混凝土 3. 木模板	m³	0.4	1 287.29	514.92
6	040303004001	混凝土墩(台)帽	1. 台帽 2. C20 商品混凝土 3. 木模板	m³	4.09	1 423.74	5 823.1
7	040304003001	预制混凝土板	1. 预制盖板 2. C25 商品混凝土 3. 钢木复合模板	m³	3.8	1 001.5	3 805.7
8	040303019001	桥面铺装	1. 混凝土强度等级：C25 2. 厚度：8 cm	m²	30.4	53.75	1 634
9	040901001001	现浇构件钢筋	1. 材料种类：HPB300 级钢筋 2. 钢筋规格：直径 10 mm 以内	t	0.052	5 648.53	293.72
10	040901001001	现浇构件钢筋	1. 材料种类：HPB300 级钢筋 2. 钢筋规格：直径 10 mm 以外	t	0.022	5 184.69	114.06
11	040901001003	现浇构件钢筋	1. 材料种类：HRB335 级钢筋 2. 钢筋规格：直径 10 mm 以外	t	0.091	4 846.74	441.05
12	040901002001	预制构件钢筋	1. 材料种类：HPB300 级钢筋 2. 钢筋规格：直径 10 mm 以内	t	0.06	5 302.37	318.14
13	040901002002	预制构件钢筋	1. 材料种类：HRB335 级钢筋 2. 钢筋规格：直径 10 mm 以外	t	0.497	4 837.91	2 404.44
			分部小计				33 574.55

表 5-57　综合单价分析表(1)

工程名称：某涵洞　　　　　　　　　　　　　　　　　　　　第 1 页　共 13 页

项目编码	040303002001	项目名称	混凝土基础			计量单位	m³	清单工程量	10.1
综合单价分析									

定额编号	定额名称	定额单位	工程数量	单价/元					合价/元			
				人工费	材料费	机械费	管理费	利润	人工费	材料费	机械费	管理费	利润
借 D3-3-38 换	现浇基础 混凝土 合并制作子目 普通商品混凝土 碎石粒径20石 C20	10 m³	0.1	701.66	4 013.49	325.57	98.71	126	70.17	401.35	32.56	9.87	12.63
借 D3-8-2	现浇混凝土模板制作、安装 混凝土基础	10 m²	0.235 2	185.44	164.12	76.67	25.3	33	43.62	38.61	18.04	5.95	7.85
人工单价			小计						113.79	439.96	50.6	15.82	20.48
综合工日：102元/工日			未计价材料费										
综合单价									640.65			

材料费明细	主要材料名称、规格、型号	单位	数量	单价/元	合价/元	暂估单价/元	暂估合价/元
	草袋	个	0.53	2.54	1.35		
	水	m³	0.376	2.8	1.05		
	普通商品混凝土碎石粒径20石 C20	m³	1.01	395	398.95		
	板方材	m³	0.007 1	1 313.52	9.33		
	脱模剂	kg	0.235 2	2.83	0.67		
	圆钉（综合）	kg	0.056 5	4.36	0.25		
	零星卡具	kg	2.834 7	6.82	19.33		
	组合钢模板	kg	1.388	4.67	6.48		
	钢支撑	kg	0.545 8	4.57	2.49		
	其他材料费			—	0.12	—	
	材料费小计			—	440.02	—	

表 5-58　综合单价分析表(2)

工程名称：某涵洞　　　　　　　　　　　　　　　　　　　第 2 页　共 13 页

项目编码	040305001001	项目名称	垫层				计量单位	m³		清单工程量	0.83
综合单价分析											
定额编号	定额名称	定额单位	工程数量	单价/元				合价/元			
				人工费	材料费	机械费	管理费	利润	人工费	材料费	机械费	管理费	利润
借D3-3-35换	现浇基础碎石垫层	10 m³	0.1	598.64	1 141.39		51.3	108	59.87	114.14		5.13	10.77
人工单价			小计					59.87	114.14		5.13	10.77
综合工日：102元/工日			未计价材料费								
综合单价										189.91		

材料费明细	主要材料名称、规格、型号	单位	数量	单价/元	合价/元	暂估单价/元	暂估合价/元
	中砂	m³	1.271 6	89.76	114.14		
	其他材料费			—	114.14	—	

表 5-59　综合单价分析表(3)

工程名称：某涵洞　　　　　　　　　　　　　　　　　　　第 3 页　共 13 页

项目编码	040305003001	项目名称	浆砌块料				计量单位	m³		清单工程量	25.19
综合单价分析											
定额编号	定额名称	定额单位	工程数量	单价/元				合价/元			
				人工费	材料费	机械费	管理费	利润	人工费	材料费	机械费	管理费	利润
借D3-1-1换	浆砌块石 墩台身 合并制作子目 砂浆制作 现场搅拌砌筑砂浆 水泥砂浆 M10	10 m³	0.1	1 640.27	1 475.86	290.58	175.61	295	164.03	147.59	29.06	17.56	29.52
人工单价			小计					164.03	147.59	29.06	17.56	29.52
综合工日：102元/工日			未计价材料费								
综合单价										387.76		

材料费明细	主要材料名称、规格、型号	单位	数量	单价/元	合价/元	暂估单价/元	暂估合价/元
	水	m³	0.3	2.8	0.84		
	毛石(综合)	m³	1.153	59.16	68.21		
	其他材料费			—	78.53	—	
	材料费小计			—	147.58	—	

表 5-60 综合单价分析表(4)

工程名称：某涵洞　　　　　　　　　　　　　　　　　　　　第 4 页　共 13 页

项目编码	040305003002	项目名称		浆砌块料				计量单位		m³	清单工程量	6.82
综合单价分析												
定额编号	定额名称	定额单位	工程数量	单价/元					合价/元			
				人工费	材料费	机械费	管理费	利润	人工费	材料费	机械费	管理费	利润
借D3-1-3换	浆砌块石 基础护底 合并制作子目 砂浆制作 现场搅拌砌筑砂浆 水泥砂浆 M7.5	10 m³	0.1	952.79	1 408.72	61.74	87.74	172	95.28	140.87	6.17	8.77	17.15
人工单价			小计					95.28	140.87	6.17	8.77	17.15
综合工日：102 元/工日				未计价材料费								
综合单价									268.24			

材料费明细	主要材料名称、规格、型号	单位	数量	单价/元	合价/元	暂估单价/元	暂估合价/元
	水	m³	0.437	2.8	1.22		
	毛石（综合）	m³	1.153	59.16	68.21		
	其他材料费			—	71.44	—	
	材料费小计			—	140.87	—	

表 5-61 综合单价分析表(5)

工程名称：某涵洞　　　　　　　　　　　　　　　　　　　　第 5 页　共 13 页

项目编码	040303006001	项目名称		混凝土支撑梁及横梁				计量单位		m³	清单工程量	0.4
综合单价分析												
定额编号	定额名称	定额单位	工程数量	单价/元					合价/元			
				人工费	材料费	机械费	管理费	利润	人工费	材料费	机械费	管理费	利润
借D3-3-40换	现浇承台、支撑梁与横梁 支撑梁 合并制作子目 普通商品混凝土 碎石粒径 20 石 C20	10 m³	0.1	909.74	4 080.05	237.91	105.37	164	90.98	408.01	23.8	10.53	16.38
借D3-8-5	现浇混凝土模板制作、安装 支撑梁	10 m²	0.9975	297.43	281.69	72.15	34.65	54	296.68	280.99	71.98	34.58	53.4
人工单价			小计					387.66	689	95.78	45.11	69.78
综合工日：102 元/工日				未计价材料费								
综合单价									1 287.33			

续表

材料费明细	主要材料名称、规格、型号	单位	数量	单价/元	合价/元	暂估单价/元	暂估合价/元
	草袋	个	2.145	2.54	5.45		
	水	m³	1.288	2.8	3.61		
	普通商品混凝土 碎石粒径20石 C20	m³	1.01	395	398.95		
	板方材	m³	0.208 5	1 313.52	273.87		
	脱模剂	kg	0.997 5	2.83	2.82		
	圆钉(综合)	kg	0.877 8	4.36	3.83		
	其他材料费			—	0.5	—	
	材料费小计			—	689.03	—	

表 5-62 综合单价分析表(6)

工程名称：某涵洞   第6页 共13页

项目编码	040303004001	项目名称	混凝土墩(台)帽				计量单位	m³	清单工程量	4.09
综合单价分析											

| 定额编号 | 定额名称 | 定额单位 | 工程数量 | 单价/元 |||| 合价/元 ||||
				人工费	材料费	机械费	管理费	利润	人工费	材料费	机械费	管理费	利润
借D3-3-48换	现浇墩身、台身 台帽 合并制作子目 普通商品混凝土 碎石粒径20石 C20	10 m³	0.1	1 043.36	4 028.75	403.62	137.9	188	104.33	402.88	40.36	13.79	18.78
借D3-8-13	现浇混凝土模板制作、安装 台帽	10 m²	0.994 1	327.73	314.18	106.12	41.55	59	325.81	312.34	105.5	41.31	58.64
人工单价			小计					430.14	715.22	145.86	55.1	77.42
综合工日：102元/工日			未计价材料费									
综合单价								1 423.74				

材料费明细	主要材料名称、规格、型号	单位	数量	单价/元	合价/元	暂估单价/元	暂估合价/元
	草袋	个	0.853	2.54	2.17		
	水	m³	0.628	2.8	1.76		
	普通商品混凝土 碎石粒径20石 C20	m³	1.01	395	398.95		
	板方材	m³	0.232 6	1 313.52	305.52		
	脱模剂	kg	0.994 1	2.83	2.81		
	圆钉(综合)	kg	0.795 3	4.36	3.47		
	其他材料费			—	0.5	—	
	材料费小计			—	715.18	—	

表 5-63　综合单价分析表(7)

工程名称：某涵洞

项目编码	040303003001	项目名称	预制混凝土板			计量单位	m³		清单工程量	3.8

综合单价分析

定额编号	定额名称	定额单位	工程数量	单价/元					合价/元				
				人工费	材料费	机械费	管理费	利润	人工费	材料费	机械费	管理费	利润
借D3-4-5换	预制板 矩形板 合并制作子目 普通商品混凝土 碎石粒径20石 C25	10 m³	0.1	1 400.36	4 222.68	407.89	169.3	252	140.04	422.27	40.79	16.93	25.2
借D3-8-42	预制混凝土模板制作、安装 矩形板	10 m²	0.865	183.6	96.98	73.44	24.8	33	158.81	83.89	63.53	21.45	28.51
人工单价			小计						298.85	506.16	104.32	38.38	53.71
综合工日：102元/工日			未计价材料费										
综合单价										1 001.42			

材料费明细	主要材料名称、规格、型号	单位	数量	单价/元	合价/元	暂估单价/元	暂估合价/元
	草袋	个	2.26	2.54	5.74		
	水	m³	0.867	2.80	2.43		
	板方材	m³	0.032	1 313.52	42.03		
	脱模剂	kg	0.865	2.83	2.45		
	圆钉(综合)	kg	0.363 3	4.36	1.58		
	零星卡具	kg	1.020 7	6.82	6.96		
	组合钢模板	kg	1.704 1	4.67	7.96		
	钢支撑	kg	4.013 6	4.57	18.34		
	普通商品混凝土碎石粒径20石C25	m³	1.01	410	414.1		
	其他材料费			—	4.55		
	材料费小计			—	506.14		

表 5-64 综合单价分析表(8)

工程名称：某涵洞　　　　　　　　　　　　　　　　　　　　　第 8 页　共 13 页

项目编码	040303019001	项目名称	桥面铺装			计量单位	m^2	清单工程量	30.4		
综合单价分析											
定额编号	定额名称	定额单位	工程数量	单价/元					合价/元			
				人工费	材料费	机械费	管理费	利润	人工费	材料费	机械费	管理费	利润
借D3-3-76换	桥面混凝土铺装 车行道 合并制作子目 普通商品混凝土 碎石粒径20 石 C25	10 m^3	0.008	1 486.04	4 579.19	236.55	154.51	267	11.88	36.6	1.89	1.24	2.1
人工单价			小计					11.88	36.6	1.89	1.24	2.1
综合工日：102元/工日			未计价材料费								
综合单价										53.75			

材料费明细	主要材料名称、规格、型号	单位	数量	单价/元	合价/元	暂估单价/元	暂估合价/元
	草袋	个	1.029 6	2.54	2.62		
	水	m^3	0.251 8	2.8	0.71		
	板方材	m^3	0.000 1	1 313.52	0.13		
	脱模剂	kg	0.001 2	2.83			
	普通商品混凝土 碎石粒径20 石 C25	m^3	0.080 7	410	33.09		
	其他材料费			—	—		
	材料费小计			—	36.55		

表 5-65 综合单价分析表(9)

工程名称：某涵洞　　　　　　　　　　　　　　　　　　　　　第 9 页　共 13 页

项目编码	040901001001	项目名称	现浇构件钢筋			计量单位	t	清单工程量	0.052		
综合单价分析											
定额编号	定额名称	定额单位	工程数量	单价/元					合价/元			
				人工费	材料费	机械费	管理费	利润	人工费	材料费	机械费	管理费	利润
借D3-2-4	钢筋制作、安装 现浇混凝土 φ10以内	t	1	1 223.69	4 021.4	69.65	113.65	220.19	1 223.69	4 021.4	69.65	113.65	220.19
人工单价			小计					1 223.69	4 021.4	69.65	113.65	220.19
综合工日：102元/工日			未计价材料费								
综合单价										5 648.58			

材料费明细	主要材料名称、规格、型号	单位	数量	单价/元	合价/元	暂估单价/元	暂估合价/元
	HPB235钢筋 φ10以内	t	1.019 2	3 890.69	3 965.38		
	其他材料费			—	52.9		
	材料费小计			—	4 018.28	—	

表 5-66　综合单价分析表(10)

工程名称：某涵洞　　　　　　　　　　　　　　　　　　　　　　　　　　　第 10 页　共 13 页

项目编码	040901001002	项目名称	现浇构件钢筋			计量单位	t		清单工程量	0.022

综合单价分析											
定额编号	定额名称	定额单位	工程数量	单价/元				合价/元			
				人工费	材料费	机械费	管理费	利润	人工费	材料费	机械费	管理费	利润
借D3-2-5	钢筋制作、安装 现浇混凝土 φ10以外	t	1	670.14	4 223.32	99.51	71.53	120.45	670.14	4 223.32	99.51	71.53	120.45
人工单价				小计					670.14	4 223.32	99.51	71.53	120.45
综合工日：102 元/工日				未计价材料费								
综合单价										5 184.95			

材料费明细	主要材料名称、规格、型号	单位	数量	单价/元	合价/元	暂估单价/元	暂估合价/元
	HPB300 级钢筋 φ12～φ25	t	1.040 9	3 995.24	4 158.65		
	低碳钢焊条（综合）	kg	8.881 8	4.9	43.52		
	其他材料费			—	21.15		
	材料费小计			—	4 223.32	—	

表 5-67　综合单价分析表(11)

工程名称：某涵洞　　　　　　　　　　　　　　　　　　　　　　　　　　　第 11 页　共 13 页

项目编码	040901001003	项目名称	现浇构件钢筋			计量单位	t		清单工程量	0.091

综合单价分析											
定额编号	定额名称	定额单位	工程数量	单价/元				合价/元			
				人工费	材料费	机械费	管理费	利润	人工费	材料费	机械费	管理费	利润
借D3-2-6	钢筋制作、安装 现浇混凝土 ⊈10以外螺纹钢	t	1	450.74	4 198.79	66.98	48.98	81.14	450.74	4 198.79	66.98	48.98	81.14
人工单价				小计					450.74	4 198.79	66.98	48.98	81.14
综合工日：102 元/工日				未计价材料费								
综合单价										4 846.63			

材料费明细	主要材料名称、规格、型号	单位	数量	单价/元	合价/元	暂估单价/元	暂估合价/元
	低碳钢焊条（综合）	kg	10.8	4.9	52.92		
	HRB335 级钢筋 ⊈10～⊈25	t	1.039 6	3 975.91	4 133.36		
	其他材料费			—	12.51		
	材料费小计			—	4 198.79	—	

表5-68　综合单价分析表(12)

工程名称：某涵洞　　　　　　　　　　　　　　　　　　　　　第12页　共13页

项目编码	040901002001	项目名称			预制构件钢筋				计量单位	t	清单工程量		0.06
综合单价分析													
定额编号	定额名称	定额单位	工程数量	单价/元					合价/元			
				人工费	材料费	机械费	管理费	利润	人工费	材料费	机械费	管理费	利润
借D3-2-1	钢筋制作、安装 预制混凝土 φ10以内	t	1	946.46	4 024.63	70.88	89.96	170.37	946.46	4 024.63	70.88	89.96	170.37
人工单价				小计					946.46	4 024.63	70.88	89.96	170.37
综合工日：102元/工日				未计价材料费								
综合单价										5 302.30			
材料费明细	主要材料名称、规格、型号			单位		数量		单价/元		合价/元		暂估单价/元		暂估合价/元
	HPB300级钢筋 φ10以内			t		1.02		3 890.68		3 968.49			
	其他材料费								—		56.14		—	
	材料费小计								—		4 024.63		—	

表5-69　综合单价分析表(13)

工程名称：某涵洞　　　　　　　　　　　　　　　　　　　　　第13页　共13页

项目编码	040901002002	项目名称			预制构件钢筋				计量单位	t	清单工程量		0.497
综合单价分析													
定额编号	定额名称	定额单位	工程数量	单价/元					合价/元			
				人工费	材料费	机械费	管理费	利润	人工费	材料费	机械费	管理费	利润
借D3-2-3	钢筋制作、安装 预制混凝土 φ10以外螺纹钢	t	1	436.05	4 203.25	71.65	48.45	78.49	436.05	4 203.25	71.65	48.45	78.49
人工单价				小计					436.05	4 203.25	71.65	48.45	78.49
综合工日：102元/工日				未计价材料费								
综合单价										4 837.89			
材料费明细	主要材料名称、规格、型号			单位		数量		单价/元		合价/元		暂估单价/元		暂估合价/元
	低碳钢焊条(综合)			kg		9.7		4.9		47.53			
	HRB335级钢筋 φ10~φ25			t		1.04		3 975.91		4 134.95			
	其他材料费								—		20.77		—	
	材料费小计								—		4 203.25		—	

表 5-70　措施项目计价表(一)

工程名称：某涵洞　　　　　　　　　　　　　　　　　　　　　第 1 页　共 1 页

序号	项目名称	计算基础	费率/%	金额/元
1	安全文明施工项目费			
1.1	文明施工与环境保护、临时设施、安全施工	分部分项合计	2.9	973.66
	小　计			973.66
2	其他措施费			
2.1	夜间施工增加费		20	
2.2	交通干扰工程施工增加费		10	
2.3	赶工措施费	分部分项合计	0	
2.4	文明工地增加费	分部分项合计	0	
2.5	地下管线交叉降效费		0	
	小计			

表 5-71　措施项目计价表(二)

工程名称：某涵洞　　　　　　　　　　　　　　　　　　　　　第 1 页　共 1 页

序号	项目编码	项目名称	项目特征	计量单位	工程数量	金额/元	
						综合单价	合价
1		安全文明施工项目费					
1.1		综合脚手架		项	1	553.15	553.15
1.2		靠脚手架安全挡板		项	1		
1.3		独立安全防护挡板		项	1		
1.4		围尼龙编织布		项	1		
1.5		现场围挡、围墙		项	1		
2		其他措施费					
2.1		围堰工程		项	1		
2.2		大型机械设备进出场及安拆		项	1		

表 5-72　主要材料设备价格表

工程名称：某涵洞　　　　　　　　　　　　　　　　　　　　　第 1 页　共 1 页

序号	材料设备编码	材料设备名称	规格、型号等特殊要求	单位	单价/元
1	0101041	螺纹钢	Φ10～25	t	3975.91
2	0109031	圆钢	Φ10 以内	t	3 890.68
3	0109041	圆钢	Φ12～25	t	3 995.24
4	0233011	草袋		个	2.54
5	0341001	低碳钢焊条	（综合）	kg	4.9
6	0351001	圆钉	（综合）	kg	4.36
7	0363091	零星卡具		kg	6.82

续表

序号	材料设备编码	材料设备名称	规格、型号等特殊要求	单位	单价/元
8	0401013	复合硅酸盐水泥	P·C32.5	t	317.07
9	0403021	中砂		m^3	89.76
10	0411001	毛石	（综合）	m^3	59.16
11	0503031	板方材		m^3	1 313.52
12	1103251	酚醛红丹防锈漆		kg	18
13	1233041	脱模剂		kg	2.83
14	3001001	钢支撑		kg	4.57
15	3115001	水		m^3	2.8
16	3201031	组合钢模板		kg	4.67
17	3203071	脚手架钢管	中51×3.5	m	17.77
18	3203141	脚手架直角扣	（含螺钉）	套	6.06
19	8021903	普通商品混凝土碎石粒径20石	C20	m^3	395
20	8021904	普通商品混凝土碎石粒径20石	C25	m^3	410

表 5-73　其他项目计价表

工程名称：某涵洞　　　　　　　　　　　　　　　　　　　　　第1页　共1页

序号	项目名称	单位	金额/元	备注
1	暂列金额	项		
2	暂估价	项		
2.1	材料暂估价	项		
2.2	专业工程暂估价	项		
3	计日工	项		
4	总承包服务费	项		
5	材料检验试验费	项	67.15	按分部分项工程费的0.2%计算
6	预算包干费	项	335.75	按分部分项工程费的0~2%计算
7	工程优质费	项		以分部分项工程费为计算基础，国家级质量奖：4%；省级质量奖：2.5%；市级质量奖：1.5%

本节习题

一、填空题

1. 混凝土箱梁清单工程量按设计图示尺寸以体积计算，工作内容包括_____、混凝土拌和运输、浇筑和养护。

2. 桥面铺装清单工程量按_____计算。

3. 浆砌块料清单工程量按设计图示尺寸以体积计算,工作内容包括砌筑、砌体勾缝、_____、泄水孔制作安装、滤层铺设和沉降缝。

二、简答题

"市政计算规范"中桩的计量单位有多种选择方式,编制清单时可以灵活选用不同的计量单位。相对应不同的计量单位分别怎样计算工程量?

三、计算题

某预制盖板长为 1.8 m,宽为 0.6 m,板内钢筋布置如图 5-11 所示,计算该盖板的钢筋工程量并列出工程量清单。

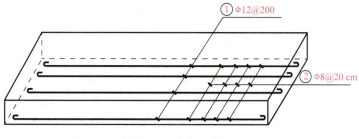

图 5-11 盖板配筋图

四、软件操练

在计价软件中完成本节案例工程造价文件编制,并与案例结果进行对比分析,总结差异原因。

第四节 管网工程清单计量与计价

【本节引例】本节引例同第三章第五节,如图 3-20～图 3-22 所示。

《市政工程工程量计算规范》(GB 50857—2013)与广东省定额在管网工程包含的章节内容上有区别,"市政计算规范"把给水工程、排水工程、燃气工程等合并为管网工程,而广东省定额把给水工程、排水工程、燃气工程分开为三册定额。本教材中管网工程重点讲给水工程和排水工程。

一、清单列项

根据《市政工程工程量计算规范》(GB 50857—2013),管网工程共分 5 节,管道铺设、管件阀门及附件安装、支架制作及安装、管道附属构筑物和相关问题及说明。管道铺设有 20 个清单项,管件阀门及附件安装有 18 个清单项,支架制作及安装有 4 个清单项,管道附属构筑物有 9 个清单项,共 51 个清单项。

【例 5-19】 根据图 3-20～图 3-22 所示的排水工程设计文件,列出管网工程清单项目。

解:根据"市政计算规范",管道铺设区分不同材质设置清单项,同等材质的管道如果管道规格、基础做法、连接方式等项目特征不同时必须分别列项。管道铺设清单子目的工作内容已包含管道基础、基础垫层的施工,所以,管道基础和基础垫层不需单独列项,列项结果见表 5-74。

表 5-74 管网工程列项表

序号	项目编码	项目名称	项目特征	计量单位
1	040501004001	塑料管	1. 垫层、基础材质及厚度：C15 垫层 100 mm 厚；C15 混凝土管道基础，120°； 2. 材质及规格：HDPE 管 DN500； 3. 连接形式：胶圈接口； 4. 铺设深度：3～4 m	m
2	040504001001	砌筑井	1. 垫层、基础材质及厚度：C15 混凝土垫层 150 mm 厚； 2. 砌筑材料品种、规格、强度等级：标准砖 240 mm×115 mm×53 mm，井墙 M7.5 水泥砂浆砌筑； 3. 井盖、井圈材质及规格：Φ700 铸铁井盖； 4. 抹面、勾缝、坐浆均用 1∶2 水泥防水砂浆； 5. 井深 3.3 m； 6. 其他做法详见图集 06MS201-3 第 19 页	座
3	040504001002	砌筑井	1. 垫层、基础材质及厚度：C15 混凝土垫层 150 mm 厚； 2. 砌筑材料品种、规格、强度等级：标准砖 240 mm×115 mm×53 mm，井墙 M7.5 水泥砂浆砌筑； 3. 井盖、井圈材质及规格：Φ700 铸铁井盖； 4. 抹面、勾缝、坐浆均用 1∶2 水泥防水砂浆； 5. 井深 3.68 m； 6. 其他做法详见图集 06MS201-3 第 19 页	座
4	040504001003	砌筑井	1. 垫层、基础材质及厚度：C15 混凝土垫层 150 mm 厚； 2. 砌筑材料品种、规格、强度等级：标准砖 240 mm×115 mm×53 mm，井墙 M7.5 水泥砂浆砌筑； 3. 井盖、井圈材质及规格：Φ700 铸铁井盖； 4. 抹面、勾缝、坐浆均用 1∶2 水泥防水砂浆； 5. 井深 4.12 m； 6. 其他做法详见图集 06MS201-3 第 19 页	座

二、清单算量

根据管网工程清单工程量计算规则，主要工程量的计算规则如下：

(1)管道铺设清单工程量按设计图示中心线长度以延长米计算，不扣除附属构筑物、管件、阀门所占尺寸。管道敷设包含的工作内容很多，每项工作内容都要计算造价，每项工作内容的计量单位不一，所以，还要分别计算每项工作内容的工程量，以便计价。垫层、基础混凝土按体积计算，垫层、基础模板按面积计算，管道敷设、检验实验按长度计算。

(2)管道附件区分不同功能、不同材质分开列项。一般工程中管件附件较多，管件附件的清单子目繁多，每类应注明功能、规格、材质以便区别算量。

(3)附属构筑物区分不同材质分开列项。清单工程量按设计图示数量计算。管道敷设构筑物包含的工作内容很多，每项工作内容都要计算造价，每项工作内容的计量单位不一，所以，还要分别计算每项工作内容的工程量，以便计价。垫层、基础混凝土按体积计算，垫层、基础模板按面积计算，砌筑按体积计算，抹面按面积计算。

【例 5-20】 根据图 3-20～图 3-22 所示的排水工程设计文件和表 5-74，计算清单工程量。

解：根据清单工程量计算规则，管道铺设工程量"按设计图示中心线长度以延长米计算，不扣除附属构筑物、管件及阀门所占长度"，所以，检查井的长度不用扣除，工程量＝38＋28＋26＝92(m)，清单工程量计算见表5-75。

表5-75 管网工程量清单

序号	项目编码	项目名称	项目特征	计量单位	工程量
1	040501004001	塑料管	1. 垫层、基础材质及厚度：C15垫层100 mm厚；C15混凝土管道基础，120°； 2. 材质及规格：HDPE管DN500； 3. 连接形式：胶圈接口； 4. 铺设深度：3～4 m	m	92
2	040504001001	砌筑井	1. 垫层、基础材质及厚度：C15混凝土垫层150 mm厚； 2. 砌筑材料品种、规格、强度等级：标准砖240 mm×115 mm×53 mm，井墙M7.5水泥砂浆砌筑； 3. 井盖、井圈材质及规格：φ700铸铁井盖； 4. 抹面、勾缝、坐浆均用1∶2水泥防水砂浆； 5. 井深3.3 m； 6. 其他做法详见图集06MS201-3第19页	座	2
3	040504001002	砌筑井	1. 垫层、基础材质及厚度：C15混凝土垫层150 mm厚； 2. 砌筑材料品种、规格、强度等级：标准砖240 mm×115 mm×53 mm，井墙M7.5水泥砂浆砌筑； 3. 井盖、井圈材质及规格：φ700铸铁井盖； 4. 抹面、勾缝、坐浆均用1∶2水泥防水砂浆； 5. 井深3.68 m； 6. 其他做法详见图集06MS201-3第19页	座	1
4	040504001003	砌筑井	1. 垫层、基础材质及厚度：C15混凝土垫层150 mm厚； 2. 砌筑材料品种、规格、强度等级：标准砖240 mm×115 mm×53 mm，井墙M7.5水泥砂浆砌筑； 3. 井盖、井圈材质及规格：φ700铸铁井盖； 4. 抹面、勾缝、坐浆均用1∶2水泥防水砂浆； 5. 井深4.12 m； 6. 其他做法详见图集06MS201-3第19页	座	1

三、清单组价

(一)清单分解

根据工程量清单、施工设计文件和施工方案，把管网工程各清单子目包含的工作内容进行分解，分解到定额子目，并保证拆分后所有定额子目所包含的工作内容之和与清单子目所包含的工作内容一致。清单子目按照《广东省市政工程综合定额(2010)》定额进行分解。

【例 5-21】 根据【例 5-20】所列工程量清单，分解清单子目。

解： 本工程子目定额计价采用的计价定额为《广东省市政工程综合定额（2010）》。根据第五册《排水工程》中定额子目设置情况，结合工程量清单进行分解，见表5-76。

表5-76 管网工程量清单分解

序号	项目编码	项目名称	项目特征	计量单位	工程量
1	040501004001	塑料管	1. 垫层、基础材质及厚度：C15垫层100 mm厚；C15混凝土管道基础，120°； 2. 材质及规格：HDPE管 DN500； 3. 连接形式：胶圈接口； 4. 铺设深度：3～4 m	m	92
1.1	垫层 普通商品混凝土 C10				
1.2	混凝土基础垫层模板				
1.3	混凝土平基 混凝土C15				
1.4	混凝土管座 普通商品混凝土C15				
1.5	双壁波纹管安装［PVC-U 或 HDPE］（承插式胶圈接口） 管径(mm以内)500				
1.6	平基 复合木模				
1.7	管座 复合木模				
2	040504001001	砌筑井	1. 垫层、基础材质及厚度：C15混凝土垫层150 mm厚； 2. 砌筑材料品种、规格、强度等级：标准砖240 mm×115 mm×53 mm，井墙M7.5水泥砂浆砌筑； 3. 井盖、井圈材质及规格：φ700铸铁井盖； 4. 抹面、勾缝、坐浆均用1∶2水泥防水砂浆； 5. 井深3.3 m； 6. 其他做法详见图集06MS201-3第19页	座	2
2.1	砖砌圆形污水检查井 适用管径200～600 mm 井径1 000 mm 井深3.3 m				
3	040504001002	砌筑井	1. 垫层、基础材质及厚度：C15混凝土垫层150 mm厚； 2. 砌筑材料品种、规格、强度等级：标准砖240 mm×115 mm×53 mm，井墙M7.5水泥砂浆砌筑； 3. 井盖、井圈材质及规格：φ700铸铁井盖； 4. 抹面、勾缝、坐浆均用1∶2水泥防水砂浆； 5. 井深3.68 m； 6. 其他做法详见图集06MS201-3第19页	座	1
3.1	砖砌圆形污水检查井 适用管径200～600 mm 井径1 000 mm 井深3.68 m				
4	040504001003	砌筑井	1. 垫层、基础材质及厚度：C15混凝土垫层150 mm厚； 2. 砌筑材料品种、规格、强度等级：标准砖240 mm×115 mm×53 mm，井墙M7.5水泥砂浆砌筑； 3. 井盖、井圈材质及规格：φ700铸铁井盖； 4. 抹面、勾缝、坐浆均用1∶2水泥防水砂浆； 5. 井深4.12 m； 6. 其他做法详见图集06MS201-3第19页	座	1
4.1	砖砌圆形污水检查井 适用管径200～600 mm 井径1 000 mm 井深4.12 m				

(二)子项套价

【案例 5-22】 根据【案例 5-21】所列成果，对分解后的子项进行套价。

解：根据清单分解后子项的工作内容套用定额中对应的定额子目，见表5-77 管网工程清单子项套价。

表5-77 管网工程清单子项套价

序号	项目编码	项目名称	项目特征	计量单位	工程量
1	040501004001	塑料管	1. 垫层、基础材质及厚度：C15垫层100 mm厚；C15混凝土管道基础，120°； 2. 材质及规格：HDPE管 DN500； 3. 连接形式：胶圈接口； 4. 铺设深度：3~4 m	m	92
1.1	D5-3-39 换		垫层 混凝土 合并制作子目 普通商品混凝土 碎石粒径20石 C10	10 m³	
1.2	D5-7-1 换		混凝土基础垫层 木模 合并制作子目 砂浆制作 现场搅拌抹灰砂浆 水泥砂浆1:2	100 m²	
1.3	D5-3-47 换		混凝土平基 混凝土 合并制作子目 普通商品混凝土 碎石粒径20石 C15	10 m³	
1.4	D5-3-53 换		混凝土管座 合并制作子目 普通商品混凝土 碎石粒径20石 C15	10 m³	
1.5	D5-1-140		双壁波纹管安装[PVC-U 或 HDPE]（承插式胶圈接口） 管径（mm 以内）500	10 m	
1.6	D5-7-52 换		管、渠道及其他 管、渠道平基 复合木模 合并制作子目 砂浆制作 现场搅拌抹灰砂浆 水泥砂浆1:2	100 m²	
1.7	D5-7-54 换		管、渠道及其他 管座 复合木模 合并制作子目 砂浆制作 现场搅拌抹灰砂浆 水泥砂浆1:2	100 m²	
2	040504001001	砌筑井	1. 垫层、基础材质及厚度：C15 混凝土垫层150 mm厚； 2. 砌筑材料品种、规格、强度等级：标准砖240 mm×115 mm×53 mm，井墙 M7.5 水泥砂浆砌筑； 3. 井盖、井圈材质及规格：Φ700 铸铁井盖； 4. 抹面、勾缝、坐浆均用1:2水泥防水砂浆； 5. 井深3.3 m； 6. 其他做法详见图集06MS201-3 第19页	座	2
2.1	D5-2-8 换		砖砌圆形污水检查井 适用管径200~600 mm 井径1 000 mm 井深3.3 m 砂浆制作 水泥砂浆 M10 水泥防水砂浆1:2 合并制作子目 C15 砂浆制作 水泥砂浆 M7.5	座	

续表

序号	项目编码	项目名称	项目特征	计量单位	工程量
3	040504001002	砌筑井	1. 垫层、基础材质及厚度：C15混凝土垫层150 mm厚； 2. 砌筑材料品种、规格、强度等级：标准砖240 mm×115 mm×53 mm，井墙M7.5水泥砂浆砌筑； 3. 井盖、井圈材质及规格：φ700铸铁井盖； 4. 抹面、勾缝、坐浆均用1:2水泥防水砂浆； 5. 井深3.68 m； 6. 其他做法详见图集06MS201-3第19页	座	1
3.1	D5-2-8 换		砖砌圆形污水检查井 适用管径200～600 mm 井径1 000 mm 井深2.5 m以内 实际深度(m)：3.68	座	
4	040504001003	砌筑井	1. 垫层、基础材质及厚度：C15混凝土垫层150 mm厚； 2. 砌筑材料品种、规格、强度等级：标准砖240 mm×115 mm×53 mm，井墙M7.5水泥砂浆砌筑； 3. 井盖、井圈材质及规格：φ700铸铁井盖； 4. 抹面、勾缝、坐浆均用1:2水泥防水砂浆； 5. 井深4.12 m； 6. 其他做法详见图集06MS201-3第19页	座	1
4.1	D5-2-8 换		砖砌圆形污水检查井 适用管径200～600 mm 井径1 000 mm 井深2.5 m以内 实际深度(m)：4.12	座	

(三)子项算量

【例 5-23】 根据【例 5-22】所列成果，计算清单子项工程量。

解： 根据各子项定额工程量计算规则，按照图纸的尺寸数量信息计算工程量，计算结果按定额计量单位转换单位，结果见表5-78管网工程清单子项算量。本工程计价定额为《广东省市政工程综合定额(2010)》，根据定额第五册《排水工程》工程量计算规则，管道铺设按设计图示井中至井中的中心线长度以延长米计算，并扣除井所占的长度，每座圆形检查井扣除长度为井内径减0.3 m。所以，同样是管道铺设，清单工程量与定额工程量的计算规则是有差异的，定额工程量应扣除检查井所占长度，92－(1－0.3)×4＝89.2 (m)。

表5-78 管网工程清单子项算量

序号	项目编码	项目名称	项目特征	计量单位	工程量
1	040501004001	塑料管	1. 垫层、基础材质及厚度：C15垫层100 mm厚；C15混凝土管道基础，120°； 2. 材质及规格：HDPE管DN500； 3. 连接形式：胶圈接口； 4. 铺设深度：3～4 m	m	92

续表

序号	项目编码	项目名称	项目特征	计量单位	工程量
1.1	D5-3-39 换		垫层 混凝土 合并制作子目 普通商品混凝土 碎石粒径20石 C10	10 m³	0.993 6
1.2	D5-7-1 换		混凝土基础垫层 木模 合并制作子目 砂浆制作 现场搅拌抹灰砂浆 水泥砂浆1:2	100 m²	0.184
1.3	D5-3-47 换		混凝土平基 混凝土 合并制作子目 普通商品混凝土 碎石粒径20石 C15	10 m³	0.485 8
1.4	D5-3-53 换		混凝土管座 合并制作子目 普通商品混凝土 碎石粒径20石 C15	10 m³	2.649
1.5	D5-1-140		双壁波纹管安装[PVC-U 或 HDPE](承插式胶圈接口) 管径(mm 以内)500	10 m	8.92
1.6	D5-7-52 换		管、渠道及其他 管、渠道平基 复合木模 合并制作子目 砂浆制作 现场搅拌抹灰砂浆 水泥砂浆1:2	100 m²	0.110 4
1.7	D5-7-54 换		管、渠道及其他 管座 复合木模 合并制作子目 砂浆制作 现场搅拌抹灰砂浆 水泥砂浆1:2	100 m²	0.098 3
2	040504001002	砌筑井	1. 垫层、基础材质及厚度：C15 混凝土垫层150 mm 厚； 2. 砌筑材料品种、规格、强度等级：标准砖240 mm×115 mm×53 mm，井墙 M7.5 水泥砂浆砌筑； 3. 井盖、井圈材质及规格：Φ700 铸铁井盖； 4. 抹面、勾缝、坐浆均用1:2 水泥防水砂浆； 5. 井深3.3 m； 6. 其他做法详见图集06MS201-3 第19页	座	2
2.1	D5-2-8 换		砖砌圆形污水检查井 适用管径200～600 mm 井径1 000 mm 井深3.3 m 砂浆制作 水泥砂浆 M10 水泥防水砂浆1:2 合并制作子目 C15 砂浆制作 水泥砂浆 M7.5	座	2
3	040504001003	砌筑井	1. 垫层、基础材质及厚度：C15 混凝土垫层150 mm 厚； 2. 砌筑材料品种、规格、强度等级：标准砖240 mm×115 mm×53 mm，井墙 M7.5 水泥砂浆砌筑； 3. 井盖、井圈材质及规格：Φ700 铸铁井盖； 4. 抹面、勾缝、坐浆均用1:2 水泥防水砂浆； 5. 井深3.68 m； 6. 其他做法详见图集06MS201-3 第19页	座	1
3.1	D5-2-8 换		砖砌圆形污水检查井 适用管径200～600 mm 井径1 000 mm 井深2.5 m 以内 实际深度(m)：3.68	座	1

续表

序号	项目编码	项目名称	项目特征	计量单位	工程量
4	040504001001	砌筑井	1. 垫层、基础材质及厚度：C15混凝土垫层150 mm厚； 2. 砌筑材料品种、规格、强度等级：标准砖240 mm×115 mm×53 mm，井墙M7.5水泥砂浆砌筑； 3. 井盖、井圈材质及规格：Φ700铸铁井盖； 4. 抹面、勾缝、坐浆均用1∶2水泥防水砂浆； 5. 井深4.12 m； 6. 其他做法详见图集06MS201-3第19页	座	1
4.1	D5-2-8换		砖砌圆形污水检查井　适用管径200～600　井径1 000　井深2.5 m以内　实际深度(m)：4.12	座	1

(四)综合单价

【例5-24】 根据图3-20~图3-22所示的排水工程设计文件和【例5-19】~【例5-23】的计算结果，按照式(4-1)~式(4-3)计算各子目综合单价。主要材料价格信息按表5-79，其他未列明的人、机、材价格按定额基期价格。

表5-79　材价信息表

序号	材料名称	单位	材料单价/元	序号	材料名称	单位	材料单价/元
1	综合工日	工日	102	6	C15商品混凝土	m³	380
2	标准砖240 mm×115 mm×53 mm	千块	350	7	HDPE双壁波纹管（直管）4 kN/m²	m	175
3	C10商品混凝土	m³	370	8	橡胶圈DN500	个	35
4	中砂	m³	89.76	9	铸铁井盖、井座直径700重型	套	1450
5	C20商品混凝土	m³	395	10	复合硅酸盐水泥P·C32.5(R)	t	413.1

解：计算结果见表5-80~表5-83。

表5-80　综合单价分析表(1)

项目编码	040501004001	项目名称	塑料管	计量单位	m	清单工程量	92
综合单价分析							

定额编号	定额名称	定额单位	工程数量	单价/元						合价/元
				人工费	材料费	机械费	管理费	利润	小计	
借D5-3-39换	垫层　混凝土合并制作子目　普通商品混凝土碎石粒径20石　C10	10 m³	0.993 6	787.54	3 803.3	11.82	57.31	141.76	4 801.73	4 771.00

续表

项目编码	040501004001	项目名称	塑料管	计量单位	m	清单工程量	92		
借D5-7-1换	混凝土基础垫层 木模 合并制作子目 砂浆制作 现场搅拌抹灰砂浆 水泥砂浆1:2	100 m²	0.184	902.42	2 016.58	130.46	82.2	162.44	3 294.10	606.11
借D5-3-47换	混凝土平基 混凝土 合并制作子目 普通商品混凝土 碎石粒径20石 C15	10 m³	0.485 8	1 431.06	3 936.86	116.09	117.51	257.59	5 859.11	2 846.36
借D5-3-53换	混凝土管座 合并制作子目 普通商品混凝土 碎石粒径20石 C15	10 m³	2.649	1 875.78	4 044	116.09	148.93	337.64	6 522.44	17 277.94
借D5-1-140	双壁波纹管安装[PVC-U或HDPE](承插式胶圈接口)管径（mm以内）500	10 m	8.92	167.08	1 845.41	19.33	14.54	30.07	2 076.43	18 521.76
借D5-7-52换	管、渠道及其他管、渠道平基 复合木模 合并制作子目 砂浆制作 现场搅拌抹灰砂浆 水泥砂浆1:2	100 m²	0.110 4	1 644.98	1 480.11	220.93	147.45	296.1	3 789.57	418.37
借D5-7-54换	管、渠道及其他管座 复合木模 合并制作子目 砂浆制作 现场搅拌抹灰砂浆 水泥砂浆1:2	100 m²	0.098 3	2 669.88	1 480.11	220.93	219.86	480.58	5 071.36	4 98.51
				合计						44 940.05
			综合单价＝44940.05/92＝488.48							488.48

表 5-81 综合单价分析表(2)

项目编码	040504001001	项目名称	砌筑井	计量单位	座	清单工程量		2
综合单价分析									
定额编号	定额名称	定额单位	工程数量	单价/元					合价/元
				人工费	材料费	机械费	管理费	利润	小计	
借D5-2-8换	砖砌圆形污水检查井 适用管径200～600 mm 井径1 000 mm 井深 2.5 m内 实际深度(m):3.3	座	2	931.08	2 821.65	17.37	69.48	167.59	4 007.17	8 014.34
合计										8 014.34
综合单价=8 014.34/2										4 007.17

表 5-82 综合单价分析表(3)

项目编码	040504001002	项目名称	砌筑井	计量单位	座	清单工程量		1
综合单价分析									
定额编号	定额名称	定额单位	工程数量	单价/元					合价/元
				人工费	材料费	机械费	管理费	利润	小计	
借D5-2-8换	砖砌圆形污水检查井适用管径200～600 mm 井径1 000 mm 井深 2.5 m内实际深度(m):3.68	座	1	983.2	2 906.83	17.37	73.16	176.98	4 157.54	4 157.54
合计										4157.54
综合单价=4 157.54/1=4 157.54										4157.54

表 5-83 综合单价分析表(4)

项目编码	040504001003	项目名称	砌筑井	计量单位	座	清单工程量		1
综合单价分析									
定额编号	定额名称	定额单位	工程数量	单价/元					合价/元
				人工费	材料费	机械费	管理费	利润	小计	
借D5-2-8换	砖砌圆形污水检查井适用管径200～600 mm 井径1 000 mm 井深 2.5 m内实际深度(m):4.12	座	1	1 035.32	2 992.01	17.37	76.84	186.36	4 307.9	4 307.9
合计										4 307.9
综合单价=4 307.9/1=4 307.9										4 307.9

四、取费汇总

根据第四章第三节中关于取费汇总的计算方法,计算出管网工程的工程造价。清单计价工程造价文件包括封面、编制说明、单位工程投标价（招标控制价）汇总表、分部分项工程报价表、措施项目报价表、其他项目报价表和主要材料设备价格表。该管网工程造价文件见表 5-84～表 5-95。

表 5-84　封面

<u>　　　　　污水管道　　　　　</u>工程

招 标 控 制 价

招标控制价（小写）：<u>　　　　67 084.28　　　　</u>

（大写）：<u>　　陆万柒仟零捌拾肆元贰角捌分　　</u>

表 5-85 编制说明

工程名称：污水管道　　　　　　　　　　　　　　　　　　　　第 1 页 共 1 页

1. 本报价的编制依据有：
(1)招标方提供的工程量清单；
(2)《广东省市政工程综合定额(2010)》；
(3)施工图设计文件；
(4)本工程的技术标书；
2. 本报价人、材、机的价格按下表，其他未列项目的价格按定额基期价格。

序号	材料名称	单位	材料单价/元	序号	材料名称	单位	材料单价/元
1	综合工日	工日	102	6	C15 商品混凝土	m^3	380
2	标准砖 240 mm×115 mm ×53 mm	千块	350	7	HDPE 双壁波纹管（直管）4 kN/m^2	m	175
3	C10 商品混凝土	m^3	370	8	橡胶圈 DN500	个	35
4	中砂	m^3	89.76	9	铸铁井盖、井座 直径 700 重型	套	1450
5	C20 商品混凝土	m^3	395	10	复合硅酸盐水泥 P·C32.5(R)	t	413.1

表 5-86 单位工程招标控制价汇总表

工程名称：污水管道　　　　　　　　　　　　　　　　　　　　第 1 页 共 1 页

序号	费用名称	计算基础	金额/元
1	分部分项合计	分部分项合计	61 419.02
2	措施合计	安全防护、文明施工措施项目费＋其他措施费	2 578.05
2.1	安全防护、文明施工措施项目费	安全及文明施工措施费	2 578.05
2.2	其他措施费	其他措施费	
3	其他项目	其他项目合计	737.03
3.1	暂列金额	暂列金额	
3.2	暂估价	暂估价合计	
3.3	计日工	计日工	
3.4	总承包服务费	总承包服务费	
3.5	材料检验试验费	材料检验试验费	122.84
3.6	预算包干费	预算包干费	614.19
3.7	工程优质费	工程优质费	
3.8	索赔费用	索赔费用	
3.9	现场签证费用	现场签证费用	
3.10	其他费用	其他费用	
4	规费	规费合计	64.73
5	税金	分部分项合计＋措施合计＋其他项目＋规费	2 285.45
6	总造价	分部分项合计＋措施合计＋其他项目＋规费＋税金	67 084.28

表 5-87　分部分项工程计价表

工程名称：污水管道

序号	项目编码	项目名称	项目特征	计量单位	工程量	综合单价	合价
1	040501004001	塑料管	1. 垫层、基础材质及厚度：C15 垫层 100 mm 厚；C15 混凝土管道基础，120°； 2. 材质及规格：HDPE 管 $DN500$； 3. 连接形式：胶圈接口； 4. 铺设深度：3～4 m	m	92	488.47	44 939.24
2	040504001001	砌筑井	1. 垫层、基础材质及厚度：C15 混凝土垫层 150 mm 厚； 2. 砌筑材料品种、规格、强度等级：标准砖 240 mm×115 mm×53 mm，井墙 M7.5 水泥砂浆砌筑； 3. 井盖、井圈材质及规格：φ700 铸铁井盖； 4. 抹面、勾缝、坐浆均用 1∶2 水泥防水砂浆； 5. 井深 3.3 m； 6. 其他做法详见图集 06MS201-3 第 19 页	座	2	4 007.17	8 014.34
3	040504001002	砌筑井	1. 垫层、基础材质及厚度：C15 混凝土垫层 150 mm 厚； 2. 砌筑材料品种、规格、强度等级：标准砖；240 mm×115 mm×53 mm，井墙 M7.5 水泥砂浆砌筑； 3. 井盖、井圈材质及规格：φ700 铸铁井盖； 4. 抹面、勾缝、坐浆均用 1∶2 水泥防水砂浆； 5. 井深 3.68 m； 6. 其他做法详见图集 06MS201-3 第 19 页	座	1	4 157.54	4 157.54
4	040504001003	砌筑井	1. 垫层、基础材质及厚度：C15 混凝土垫层 150 mm 厚； 2. 砌筑材料品种、规格、强度等级：标准砖；240 mm×115 mm×53 mm，井墙 M7.5 水泥砂浆砌筑； 3. 井盖、井圈材质及规格：φ700 铸铁井盖； 4. 抹面、勾缝、坐浆均用 1∶2 水泥防水砂浆； 5. 井深 4.12 m； 6. 其他做法详见图集 06MS201-3 第 19 页	座	1	4 307.9	4 307.9
			分部小计				61 419.02
			本页小计				61 419.02
			合计				61 419.02

表5-88 综合单价分析表(1)

工程名称：污水管道　　　　　　　　　　　　　　　　　　　第1页 共4页

项目编码	040501004001	项目名称	塑料管				计量单位	m	清单工程量	92
综合单价分析											

定额编号	定额名称	定额单位	工程数量	单价/元					合价/元			
				人工费	材料费	机械费	管理费	利润	人工费	材料费	机械费	管理费	利润
借D5-3-39换	垫层混凝土合并制作子目 普通商品混凝土 碎石粒径20 石 C10	10 m³	0.010 8	787.54	3 803	11.82	57.31	142	8.51	41.08	0.13	0.62	1.53
借D5-7-1换	混凝土基础垫层 木模 合并制作子目 砂浆制作 现场搅拌抹灰砂浆 水泥砂浆1:2	100 m²	0.002	902.42	2 017	130.46	82.2	162	1.8	4.03	0.26	0.16	0.32
借D5-3-47换	混凝土平基 混凝土 合并制作子目 普通商品混凝土 碎石粒径20 石 C15	10 m³	0.005 3	1 431.06	3 937	116.09	117.51	258	7.56	20.79	0.61	0.62	1.36
借D5-3-53换	混凝土管座合并制作子目 普通商品混凝土 碎石粒径20 石 C15	10 m³	0.028 8	1 875.78	4 044	116.09	148.93	338	54.01	116.44	3.34	4.29	9.72
借D5-1-140	双壁波纹管安装 [PVC-U或HDPE]（承插式胶圈接口）管径(mm以内)500	10 m	0.097	167.08	1 845	19.33	14.54	30	16.2	178.92	1.87	1.41	2.92
借D5-7-52换	管、渠道及其他 管、渠道平基 复合木模 合并制作子目 砂浆制作 现场搅拌抹灰砂浆 水泥砂浆1:2	100 m²	0.001 2	1 644.98	1 480	220.93	147.45	296	1.97	1.78	0.27	0.18	0.36

续表

项目编码	040501004001	项目名称		塑料管				计量单位		m	清单工程量		92
综合单价分析													
定额编号	定额名称		定额单位	工程数量	单价/元				合价/元			
					人工费	材料费	机械费	管理费	利润	人工费	材料费	机械费	管理费	利润
借D5-7-54换	管、渠道及其他 管座 复合木模 合并制作子目 砂浆制作现场搅拌抹灰砂浆水泥砂浆1:2		100 m²	0.001 12	2 669.88	1 480	220.93	219.86	481	2.85	1.58	0.24	0.23	0.51
人工单价			小计						92.9	364.62	6.72	7.51	16.72
综合工日:102元/工日			未计价材料费								178.36		
综合单价											488.47		

	主要材料名称、规格、型号	单位	数量	单价/元	合价/元	暂估单价/元	暂估合价/元
材料费明细	其他材料费	元	0.335 7	1	0.34		
	水	m³	0.576 2	2.8	1.61		
	普通商品混凝土 碎石粒径20石 C10	m³	0.110 2	370	40.77		
	板方材	m³	0.003 2	1 313.52	4.2		
	圆钉(综合)	kg	0.087	4.36	0.38		
	草袋	个	1.479 8	2.54	3.76		
	普通商品混凝土 碎石粒径20石 C15	m³	0.3476	380	132.09		
	零星卡具	kg	0.05	6.82	0.34		
	木支撑	m³	0.001 4	1 473.56	2.06		
	复合木模板面板	m²	0.004 7	58.73	0.28		
	双壁波纹管	m	0.979 3	175	171.38		
	橡胶圈	个	0.199 7	35	6.99		
	其他材料费			—	0.48	—	
	材料费小计			—	364.68	—	

表 5-89　综合单价分析表(2)

工程名称：污水管道　　　　　　　　　　　　　　　　　　　　　　　　第 2 页　共 4 页

项目编码	040504001001	项目名称		砌筑井			计量单位		座		清单工程量	2
综合单价分析												
定额编号	定额名称	定额单位	工程数量	单价/元					合价/元				
				人工费	材料费	机械费	管理费	利润	人工费	材料费	机械费	管理费	利润
借D5-2-8换	砖砌圆形污水检查井　适用管径200～600 mm　井径1 000 mm　井深2.5 m以内　实际深度(m):3.3　合并制作子目　砂浆制作　现场搅拌砌筑砂浆　水泥砂浆M10　合并制作子目　砂浆制作　现场搅拌抹灰砂浆　水泥防水砂浆1:2　合并制作子目　普通商品混凝土　碎石粒径20石 C15　合并制作子目　砂浆制作　现场搅拌砌筑砂浆　水泥砂浆M7.5	座	1	931.08	2 821.65	17.37	69.48	167.59	931.08	2821.65	17.37	69.48	167.59
人工单价			小计						931.08	2 821.65	17.37	69.48	167.59
综合工日：102元/工日			未计价材料费						1450			
综合单价									4 007.17			

	主要材料名称、规格、型号	单位	数量	单价/元	合价/元	暂估单价/元	暂估合价/元
材料费明细	其他材料费	元	14.78	1	14.78		
	水	m³	1.024	2.8	2.87		
	草袋	个	2.423	2.54	6.15		
	普通商品混凝土　碎石粒径20石　C15	m³	0.296	380	112.48		
	标准砖 240×115×53	千块	1.825	350	638.75		
	铸铁爬梯	kg	36.117	5	180.59		
	煤焦油沥青漆 L01—17	kg	1.461	6	8.77		
	井环盖、井座	套	1	1450	1450		
	其他材料费					—	407.27	—
	材料费小计					—	2 821.66	—

表 5-90　综合单价分析表(3)

工程名称：污水管道　　　　　　　　　　　　　　　　　　　　第 3 页　共 4 页

项目编码	040504001002	项目名称	砌筑井				计量单位	座	清单工程量	1
综合单价分析											

定额编号	定额名称	定额单位	工程数量	单价/元				合价/元			
				人工费	材料费	机械费	管理费	利润	人工费	材料费	机械费	管理费	利润

定额编号	定额名称	定额单位	工程数量	人工费	材料费	机械费	管理费	利润	人工费	材料费	机械费	管理费	利润
借D5-2-8换	砖砌圆形污水检查井　适用管径200～600 mm 井径1 000 mm 井深2.5 m以内 实际深度(m)：3.68	座	1	983.2	2 906.83	17.37	73.16	176.98	983.2	2 906.83	17.37	73.16	176.98
人工单价			小计					983.2	2 906.83	17.37	73.16	176.98
综合工日：102元/工日			未计价材料费					1 450				
综合单价								4 157.54				

材料费明细	主要材料名称、规格、型号	单位	数量	单价/元	合价/元	暂估单价/元	暂估合价/元
	其他材料费	元	14.78	1	14.78		
	水	m³	1.056	2.8	2.96		
	草袋	个	2.423	2.54	6.15		
	普通商品混凝土　碎石粒径20石　C15	m³	0.296	380	112.48		
	标准砖 240×115×53	千块	1.997	350	698.95		
	铸铁爬梯	kg	41.096	5	205.48		
	煤焦油沥青漆 L01-17	kg	1.461	6	8.77		
	井环盖、井座	套	1	1450	1450		
	其他材料费			—	407.26	—	
	材料费小计			—	2 906.83	—	

表 5-91　综合单价分析表(4)

工程名称：污水管道　　　　　　　　　　　　　　　　　　　　　　第 4 页　共 4 页

项目编码	040504001003	项目名称	砌筑井				计量单位	座	清单工程量	1
综合单价分析										
定额编号	定额名称	定额单位	工程数量	单价/元				合价/元			
				人工费	材料费	机械费	管理费	利润	人工费	材料费	机械费	管理费	利润
借D5-2-8换	砖砌圆形污水检查井　适用管径200～600 mm 井径1 000 mm 井深2.5 m以内 实际深度(m)：4.12	座	1	1 035.32	2 992.01	17.37	76.84	186.36	1 035.32	2 992.01	17.37	76.84	186.36
人工单价			小计						1 035.32	2 992.01	17.37	76.84	186.36
综合工日：102元/工日				未计价材料费						1 450			
综合单价										4 307.9			

材料费明细	主要材料名称、规格、型号	单位	数量	单价/元	合价/元	暂估单价/元	暂估合价/元
	其他材料费	元	14.78	1	14.78		
	水	m³	1.088	2.8	3.05		
	草袋	个	2.423	2.54	6.15		
	普通商品混凝土　碎石粒径20石　C15	m³	0.296	380	112.48		
	标准砖 240×115×53	千块	2.169	350	759.15		
	铸铁爬梯	kg	46.075	5	230.38		
	煤焦油沥青漆 L01-17	kg	1.461	6	8.77		
	井环盖、井座	套	1	1 450	1 450		
	其他材料费			—	407.26	—	
	材料费小计			—	2 992.02	—	

表 5-92　主要材料设备价格表

工程名称：污水管道　　　　　　　　　　　　　　　　　　　　第1页　共1页

序号	材料设备编码	材料设备名称	规格、型号等特殊要求	单位	单价/元
1	0233011	草袋		个	2.54
2	0351001	圆钉	（综合）	kg	4.36
3	0357031	镀锌低碳钢丝	Φ2.5～4.0	kg	5.3
4	0363091	零星卡具		kg	6.82
5	0401013	复合普通硅酸盐水泥	P·C 32.5	t	413.1
6	0403021	中砂		m³	89.76
7	0413001	标准砖	240 mm×115 mm×53 mm	千块	350
8	0503031	板方材		m³	1 313.52
9	1111111	煤焦油沥青漆	L01-17	kg	6
10	1159081	防水粉		kg	2
11	3003011	铸铁爬梯		kg	5
12	3115001	水		m³	2.8
13	3201001	复合木模板面板		m²	58.73
14	3203041	木支撑		m³	1 473.56
15	8021901	普通商品混凝土　碎石粒径20石	C10	m³	370
16	8021902	普通商品混凝土　碎石粒径20石	C15	m³	380
17	9946131	其他材料费		元	1
18	0205001	橡胶圈		个	35
19	1431271	双壁波纹管		m	175
20	3301001	井环盖、井座		套	1 450

表 5-93　措施项目计价表（一）

工程名称：污水管道　　　　　　　　　　　　　　　　　　　　第1页　共1页

序号	项目名称	计算基础	费率/%	金额/元
1	安全文明施工项目费			
1.1	文明施工与环境保护、临时设施、安全施工	分部分项合计	2.9	1 781.15
	小计			1 781.15
2	其他措施费			
2.1	夜间施工增加费		20	
2.2	交通干扰工程施工增加费		10	
2.3	赶工措施费	分部分项合计	0	
2.4	文明工地增加费	分部分项合计	0	
2.5	地下管线交叉降效费		0	
2.6	其他费用		0	
	小计			

表 5-94　措施项目计价表(二)

工程名称：污水管道　　　　　　　　　　　　　　　　　　　　　　　第1页　共1页

序号	项目编码	项目名称	项目特征	计量单位	工程数量	金额/元 综合单价	金额/元 合价
1		安全文明施工项目费					
1.1		综合脚手架		项	1	796.9	796.9
1.2		靠脚手架安全挡板		项	1		
1.3		独立安全防护挡板		项	1		
1.4		围尼龙编织布		项	1		
1.5		现场围挡、围墙		项	1		
2		其他措施费					
2.1		围堰工程		项	1		
2.2		大型机械设备进出场及安拆		项	1		
2.3		其他工程		项	1		

表 5-95　其他项目计价表

工程名称：污水管道　　　　　　　　　　　　　　　　　　　　　　　第1页　共1页

序号	项目名称	单位	金额/元	备注
1	暂列金额	项		
2	暂估价	项		
2.1	材料暂估价	项		
2.2	专业工程暂估价	项		
3	计日工	项		
4	总承包服务费	项		
5	材料检验试验费	项	122.84	按分部分项工程费的0.2%计算
6	预算包干费	项	614.19	按分部分项工程费的0~2%计算
7	工程优质费	项		以分部分项工程费为计算基础，国家级质量奖：4%；省级质量奖：2.5%；市级质量奖：1.5%
8	其他费用	项		按实际发生或经批准的施工方案计算
9	现场签证	项		
10	索赔	项		

本节习题

一、多选题（至少有两个正确答案）

1. 根据"市政计算规范"，下列描述正确的是（　　）。
   A. 给水工程与安装工程的界线划分以水表井为界，无水表井者，以碰头点为界
   B. 管件按设计图示数量计算
   C. 混凝土方沟按设计图示尺寸以延长米计算
   D. 管道铺设：按设计图示中心线长度以延长米计算，不扣除附属构筑物、管件阀门等所占长度

2. 混凝土管道铺设的工作内容包括（　　）。
   A. 垫层、基础铺筑及养护　　　B. 模板制作、安装、拆除
   C. 管道铺设　　　　　　　　D. 管道接口

3. 砌筑井项目的工作内容包括（　　）。
   A. 混凝土拌和、运输、浇筑及养护　　B. 模板制作、安装、拆除
   C. 砌筑、勾缝、抹灰　　　　　　　　D. 井圈井盖安装

二、计算题

1. 根据图 5-12 计算排水管的清单工程量并列出工程量清单。

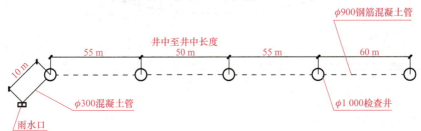

图 5-12　排水管平面图

三、软件操练

在计价软件中完成本节案例工程造价文件编制，并与案例结果进行对比分析，总结差异原因。

第五节　隧道工程清单计量与计价

根据清单计价的四个步骤分步通过案例演示隧道工程计量与计价，清单计价的四个步骤的具体计算原理见第四章第三节"清单计价的步骤"相关内容，本节具体演示实例计算。

【本节引例】图 5-13 所示为某隧道结构图，隧道长度为 10 m，主要设计说明见图中所示。

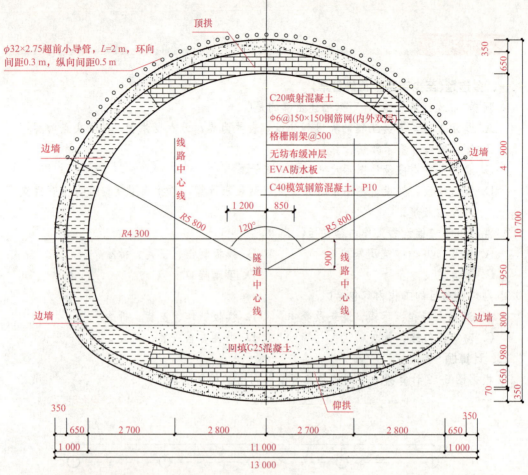

说明:
1. 本图尺寸除注明者外,其余均以毫米计。
2. 本断面采用双侧壁导坑法施工。
3. 主要支护参数:
   (1) 超前支护: φ32超前小导管,壁厚为2.75 mm,长度为2 m,环向间距为300 mm,纵向间距为0.5 m,设于拱部。注浆浆液根据地层情况确定。
   (2) 喷混凝土: C20早强混凝土,厚度为350 mm。
   (3) 回填采用C25混凝土,回填面部采用φ8@150×150。
   (4) 格栅刚架: 刚架纵向间距为0.5 m/榀。
   (5) 二次衬砌: C40防水钢筋混凝土,抗渗等级P10,厚650 mm。

图 5-13　某隧道结构图

一、清单列项

本章包括岩石隧道开挖、岩石隧道衬砌、盾构掘进、管节顶升、旁通道、隧道沉井、混凝土结构、沉管隧道8节计85项。

第一节 D.4.1 隧道岩石开挖,共7个清单项目,用于岩石隧道的开挖。
第二节 D.4.2 岩石隧道衬砌,共19个清单项目,用于岩石隧道的衬砌。
第三节 D.4.3 盾构掘进,共10个清单项目,用于软土地层采用盾构法掘进的隧道。

第四节 D.4.4 管节顶升、旁通道，共12个清单项目，用于采用顶升法掘竖井和主隧道之间连通的旁通道。

第五节 D.4.5 隧道沉井，共7个清单项目。主要用于盾构机吊入、吊出口和沉管隧道两岸连接部分。

第六节 D.4.6 混凝土结构，共8个清单项目，用于城市道路隧道内的混凝土结构。

第七节 D.4.7 沉管隧道，共22个清单项目。

【例 5-25】 图5-13所示为某隧道结构图，隧道长度为10 m，列出隧道工程清单项目。

解：查阅清单计价规范，根据规范项目列项见表5-96。

表5-96 隧道列项表

序号	项目编码	项目名称	项目特征	计量单位
1	040401001001	平洞开挖	矿山法开挖，外运距离自行考虑	m²
2	040401005001	小导管	1. φ32 小导管 2. 壁厚为 2.75 mm，长度为 2.0 m，环向间距为 300 mm，纵向间距为 0.5 m，设于拱部	m
3	040401007001	注浆	材料品种：水泥砂浆	m²
4	040402006001	喷射混凝土	1. 部位：顶拱、仰拱、边墙 2. 材料品种、规格：C20混凝土	m²
5	040402019001	柔性防水层	1. 材料：EVA防水板、无纺布 2. 工艺要求：详细见工程设计文件及图纸要求	m²
6	040402001001	混凝土仰拱衬砌	1. 部位：仰拱 2. C40防水钢筋混凝土；抗渗等级P10	m²
7	040402002001	混凝土顶拱衬砌	1. 部位：顶拱 2. C40防水钢筋混凝土；抗渗等级P10	m²
8	040402003001	混凝土边墙衬砌	1. 部位：边墙 2. C40防水钢筋混凝土；抗渗等级P10	m²

二、清单算量

根据《市政工程工程量计算规范》(GB 50857—2013)，隧道工程清单工程量计算规则解读如下：

(1)岩石隧道开挖分为平洞、斜洞、竖井和地沟开挖。平洞指隧道轴线与水平线之间的夹角在5°以内；斜洞指隧道轴线与水平线之间的夹角为5°~30°；竖井指隧道轴线与水平线垂直；地沟指隧道内地沟的开挖部分。隧道开挖的工程包括开挖、临时支护、施工排水、弃渣的洞内运输外运弃置等全部内容。清单工程量按设计图示尺寸以体积计算，超挖部分由投标者自行考虑在组价内。其是采用光面爆破还是一般爆破，除招标文件另有规定外，均由投标者自行决定。

(2)岩石隧道衬砌包括混凝土衬砌和块料衬砌，按拱部、边墙、竖井、沟道分别列项。

清单工程量按设计图示尺寸计算,如设计要求超挖回填部分要以与衬砌同质混凝土来回填的,则这部分回填量由投标者在组价中考虑。如超挖回填设计用浆砌块石和干砌块石回填的,则按设计要求另列清单项目,其清单工程量按设计的回填量以体积计算。

(3)隧道沉井的井壁清单工程量按设计尺寸以体积计算。工程包括制作沉井的砂垫层、刃脚混凝土垫层、刃脚混凝土浇筑、井壁混凝土浇筑、框架混凝土浇筑、养护等全部内容。

(4)地下连续墙的清单工程量按设计的长度乘以厚度乘以深度,以体积计算。工程包括导墙制作拆除、挖方成槽、锁口管吊拔、混凝土浇筑、养护、土石方场外运输等全部内容。

(5)沉管隧道是新增加的项目,其实体部分包括沉管的预制,河床基槽开挖,航道疏浚、浮运、沉管、下沉连接、压石稳管等均设立了相应的清单项目。但预制沉管的预制场地这次没有列清单项目,沉管预制场地一般用干坞(相当于船厂的船坞)或船台来作为预制场地,这是属于施工手段和方法部分,这部分可列为措施项目。

【例5-26】 根据【例5-25】,计算清单工程量。

解: 由于某隧道图纸为不规则图形,随意各项断面面积由CAD软件中算出。

平洞开挖:开挖量=断面面积×隧道长度=112.2×10 =1 122(m^3)

小导管:总长度=单根长度×根数=2×(3.14×5.5×2/360×120×10)/(0.3×0.5)=1 535(m)

注浆:注浆体积=单孔注浆方量×孔数

$Q=(3.14×120/360)×[(5.5+0.65+0.35+0.8)^2-(5.5+0.65+0.35-0.8)^2]×2×3‰×768=1 003.19(m^3)$。

喷射混凝土:体积=断面面积×隧道长度=12.9×10=129(m^3)

柔性防水层:面积=周长×隧道长度=35.53×10 m=355.3(m^2)

混凝土仰拱衬砌:体积=断面面积×隧道长度=5.229 m^3×10 m=52.29(m^3)

混凝土顶拱衬砌:体积=断面面积×隧道长度=4.821 m^3×10 m=48.21(m^3)

混凝土边墙衬砌:体积=断面面积×隧道长度=12.4 m^3×10 m=124(m^3)

清单工程量见表5-97。

表5-97 隧道工程量清单

序号	项目编码	项目名称	项目特征	计量单位	工程量
1	040401001001	平洞开挖	按50 mm厚超挖,矿山法开挖,外运距离自行考虑	m^3	1 122
2	040401005001	小导管	1. φ32小导管; 2. 壁厚为2.75 mm,长度为2.0 m,环向间距为300 mm,纵向间距为0.5 m,设于拱部	m	1 535
3	040401007001	注浆	材料品种:水泥砂浆	m^3	1003.19
4	040402006001	喷射混凝土	1. 部位:顶拱、仰拱、边墙; 2. 材料品种、规格:C20混凝土	m^3	129
5	040402019001	柔性防水层	1. 材料:EVA防水板、无纺布; 2. 工艺要求:详细见工程设计文件及图纸要求	m^2	355.3

续表

序号	项目编码	项目名称	项目特征	计量单位	工程量
6	040402001001	混凝土仰拱衬砌	1. 部位：仰拱； 2. C40 防水钢筋混凝土；抗渗等级 P10	m³	52.29
7	040402002001	混凝土顶拱衬砌	1. 部位：顶拱； 2. C40 防水钢筋混凝土；抗渗等级 P10	m³	48.21
8	040402003001	混凝土边墙衬砌	1. 部位：顶拱； 2. C40 防水钢筋混凝土；抗渗等级 P10	m³	124

三、清单组价

(一)清单分解

根据工程量清单、施工设计文件和施工方案，把隧道各清单子目包含的工作内容进行分解，分解到定额子目，并保证拆分后所有定额子目所包含的工作内容之和与清单子目所包含的工作内容一致。清单子目按照《广东省市政工程综合定额(2010)》进行分解。

再根据定额工程量计算规则计算分解后的各定额子目工程量。

【例 5-27】 根据【例 5-26】所列工程量清单，分解清单子目，计算定额子目工程量。

解： 本工程子目定额计价采用的计价定额为《广东省市政工程综合定额(2010)》。根据定额第七册《隧道工程》中定额说明和定额工程量计算规则，结合工程量清单进行分解，见表 5-98。

表 5-98 隧道工程量清单分解

序号	项目编码	项目名称	项目特征	计量单位	工程量
1	040401001001	平洞开挖	矿山法开挖，外运距离自行考虑	m³	1 122
1.1		机械开挖隧道 松石			
1.2		隧道土方石清理 需解小			
1.3		石方垂直运输			
1.4		人工装自卸汽车运卸石方 运距 1 km 实际运距(km)：15			
2	040401005001	小导管	1. φ32 小导管 2. 壁厚 2.75 mm，长 2.0 m，环向间距为 300 mm，纵向间距为 0.5 m，设于拱部	m	1 535
2.1		超前小导管 φ32			
3	040401007001	注浆	材料品种：水泥砂浆	m³	1 003.19
3.1		水泥砂浆 预留孔注浆 合并制作子目 砂浆制作 现场搅拌 抹灰砂浆 水泥砂浆 1:2.5			
4	040402005001	喷射混凝土	1. 部位：顶拱、仰拱、边墙 2. 材料品种、规格：C20 混凝土	m³	129
4.1		隧道喷射混凝土 弧形隧道 合并制作子目 普通商品混凝土 碎石粒径 20 石 C20			

续表

序号	项目编码	项目名称	项目特征	计量单位	工程量
5	040402019001	柔性防水层	1. 材料：EVA防水板、无纺布 2. 工艺要求：详见工程设计文件及图纸要求	m²	355.3
5.1		防水卷材　EVA防水板			
5.2		防水卷材　无纺布			
6	040402001001	混凝土仰拱衬砌	1. 部位：仰拱 2. C40防水钢筋混凝土；抗渗等级P10	m³	52.29
6.1		隧道衬砌混凝土　弧形　合并制作子目　普通商品混凝土　碎石粒径20石　C40			
7	040402002001	混凝土顶拱衬砌	1. 部位：顶拱 2. C40防水钢筋混凝土；抗渗等级P10	m³	48.21
7.1		隧道衬砌混凝土　弧形　合并制作子目　普通商品混凝土　碎石粒径20石　C40			
8	040402003001	混凝土边墙衬砌	1. 部位：边墙 2. C40防水钢筋混凝土；抗渗等级P10	m²	124
8.1		隧道衬砌混凝土　弧形　合并制作子目　普通商品混凝土　碎石粒径20石　C40			

(二)子项套价

【例5-28】 根据【例5-27】所列成果，对分解后的子项进行套价。

解： 根据清单分解后子项的工作内容套用定额中对应的定额子目，见表5-99隧道工程清单子项套价。

表5-99　隧道工程清单子项套价

序号	项目编码	项目名称	项目特征	计量单位	工程量
1	040401001001	平洞开挖	矿山法开挖，外运距离自行考虑	m³	1 122
1.1	D7-1-3	机械开挖隧道　松石		m³	
1.2	D7-1-14	隧道土方石清理　需解小		100 m³	
1.3	D1-1-117	石方垂直运输		100 m³	
1.4	D1-1-118	人工装自卸汽车运卸石方　运距1 km　实际运距(km)：15		100 m³	
2	040401005001	小导管	1. φ32小导管 2. 壁厚为2.75 mm，长度为2.0 m，环向间距为300 mm，纵向间距为0.5 m，设于拱部	m	1 535
2.1	D7-1-28	超前小导管 φ32		m	
3	040401007001	注浆	材料品种：水泥砂浆	m³	1 003.19
3.1	D7-1-48	水泥砂浆　预留孔注浆　合并制作子目　砂浆制作　现场搅拌抹灰砂浆　水泥砂浆1∶2.5		m³	

续表

序号	项目编码	项目名称	项目特征	计量单位	工程量
4	040402005001	喷射混凝土	1. 部位：顶拱、仰拱、边墙 2. 材料品种、规格：C20 混凝土	m³	129
4.1	D7-1-16	隧道喷射混凝土 弧形隧道 合并制作子目 普通商品混凝土 碎石粒径20石 C20		m³	
5	040402019001	柔性防水层	1. 材料：EVA 防水板、无纺布 2. 工艺要求：详细见工程设计文件及图纸要求	m²	355.3
5.1	D7-5-6	防水卷材 EVA 防水板		10 m²	
5.2	D7-5-7	防水卷材 无纺布		10 m²	
6	040402001001	混凝土仰拱衬砌	1. 部位：仰拱 2. C40 防水钢筋混凝土；抗渗等级 P10	m³	52.29
6.1	D7-1-49	隧道衬砌混凝土 弧形 合并制作子目 普通商品混凝土 碎石粒径20石 C40		m³	
7	040402002001	混凝土顶拱衬砌	1. 部位：顶拱 2. C40 防水钢筋混凝土；抗渗等级 P10	m³	48.21
7.1	D7-1-49	隧道衬砌混凝土 弧形 合并制作子目 普通商品混凝土 碎石粒径20石 C40		m³	
8	040402003001	混凝土边墙衬砌	1. 部位：边墙 2. C40 防水钢筋混凝土；抗渗等级 P10	m³	124
8.1	D7-1-49	隧道衬砌混凝土 弧形 合并制作子目 普通商品混凝土 碎石粒径20石 C40		m³	

(三)子项算量

【例 5-29】 根据【例 5-28】所列成果，计算清单子项工程量。

解： 根据各子项定额工程量计算规则，按照图纸的尺寸数量信息计算工程量，计算结果按定额计量单位转换单位，结果见表 5-100 隧道工程清单子项算量。

表 5-100 隧道工程清单子项算量

序号	项目编码	项目名称	项目特征	计量单位	工程量
1	040401001001	平洞开挖	矿山法开挖，外运距离自行考虑	m³	1 122
1.1	D7-1-3	机械开挖隧道 松石		m³	1 122
1.2	D7-1-14	隧道土方石清理 需解小		100 m³	11.22
1.3	D1-1-117	石方垂直运输		100 m³	11.22
1.4	D1-1-118	人工装自卸汽车运卸石方 运距1 km 实际运距(km)：15		100 m³	11.22
2	040401005001	小导管	1. φ32 小导管 2. 壁厚为 2.75 mm，长度为 2.0 m，环向间距 300 mm，纵向间距为 0.5 m，设于拱部	m	1 535
2.1	D7-1-28	超前小导管 φ32		m	1 535

续表

序号	项目编码	项目名称	项目特征	计量单位	工程量
3	040401007001	注浆	材料品种：水泥砂浆	m³	1 003.19
3.1	D7-1-48	水泥砂浆 预留孔注浆 合并制作子目 砂浆制作 现场搅拌 抹灰砂浆 水泥砂浆1∶2.5		m²	1 003.19
4	040402005001	喷射混凝土	1. 部位：顶拱、仰拱、边墙 2. 材料品种、规格：C20混凝土	m³	129
4.1	D7-1-16	隧道喷射混凝土 弧形隧道 合并制作子目 普通商品混凝土 碎石粒径20石 C20		m³	129
5	040402019001	柔性防水层	1. 材料：EVA防水板、无纺布 2. 工艺要求：详见工程设计文件及图纸要求	m²	355.3
5.1	D7-5-6	防水卷材 EVA防水板		10 m²	35.53
5.2	D7-5-7	防水卷材 无纺布		10 m²	35.53
6	040402001001	混凝土仰拱衬砌	1. 部位：仰拱 2. C40防水钢筋混凝土；抗渗等级P10	m³	52.29
6.1	D7-1-49	隧道衬砌混凝土 弧形 合并制作子目 普通商品混凝土 碎石粒径20石 C40		m³	52.29
7	040402002001	混凝土顶拱衬砌	1. 部位：顶拱 2. C40防水钢筋混凝土；抗渗等级P10	m³	48.21
7.1	D7-1-49	隧道衬砌混凝土 弧形 合并制作子目 普通商品混凝土 碎石粒径20石 C40		m³	48.21
8	040402003001	混凝土边墙衬砌	1. 部位：边墙 2. C40防水钢筋混凝土；抗渗等级P10	m³	124
8.1	D7-1-49	隧道衬砌混凝土 弧形 合并制作子目 普通商品混凝土 碎石粒径20石 C40		m³	124

(四)综合单价

清单综合单价＝人工费＋材料费＋机械费＋管理费＋利润

其中计算子目定额单价时直接以市场价格计算人、材、机费用，无须计算价差。

【例5-30】 根据【例5-29】的计算结果，计算各子目综合单价。主要材料价格信息按表5-101，其他未列明的人、机、材价格按定额基期价格。

表5-101 材料信息表

序号	材料名称	单位	材料单价/元	序号	材料名称	单位	材料单价/元
1	综合工日	工日	102	6	C40商品混凝土	m³	470
2	柴油	kg	8.74	7	水	m³	4.72
3	电	kW·h	0.86	8	无纺布	m³	6
4	机上人工	工日	102	9	EVA防水板	m³	20.26
5	C20商品混凝土	m³	395	10	复合普通硅酸盐水泥P·O42.5	t	484.5

解：以清单项目"柔性防水层"为例进行讲解。该清单子目分解为两个定额子目，先分别计算出两个定额子目单价。下面以柔性防水层为例。

1. 先计算EVA防水板子目

该子目人工费单价＝$1.566×102=159.73$(元/10 m³)

材料费单价＝$6×0.05+50×2+3.41×1+0.6×9.31+11.6×20.26=344.31$(元/10 m³)

机械费单价（注意机械台班单价也已经调整，不再是定额单价）：

$0.059×190.22+0.5×26.14+0.01×183.58+0.285×237.07=93.69$(元/10 m³)

管理费＝13.25 元/10 m³

利润＝人工费×$0.18=159.73×0.18=28.75$(元/10 m³)

EVA防水板子目单价＝$159.73+344.32+93.69+13.25+28.75=639.74$(元/10 m³)

2. 再计算无纺布子目

该子目人工费单价＝$1.566×102=159.73$(元/10 m²)

材料费单价＝$6×0.05+50×2+4.17×1+11.6×6=174.07$(元/10 m²)

机械费单价（注意机械台班单价也已经调整，不再是定额单价）：

$0.059×190.22+0.01×183.58+0.258×237.07=74.22$(元/10 m²)

管理费＝11.79 元/10 m²

利润＝人工费×$0.18=159.73×0.18=28.75$(元/10 m²)

无纺布子目单价＝$159.73+174.07+74.22+11.79+28.75=448.56$(元/10 m²)

3. 计算综合单价

清单综合单价＝$(35.53×639.74+35.53×448.56)/358.3=108.83$(元/m²)

同理，其他清单项目的综合单价见第四步取费汇总中"分部分项计价表"。

知识拓展

注浆计算方法

实际施工中因钻孔偏差或钻眼内的地质原因，注浆液窜浆或跑浆经常出现。每个注浆管内的注浆量很不均匀，因此，理论单眼注浆量尚不能作为单孔注浆的一个控制指标，应以整排小导管的理论推算总量作为控制指标。故按整排小导管上下各0.5～1.0 m范围内岩土体内均已注浆填充考虑。按以下公式估算注浆总量：

$$Q=\pi×(\theta/360)×[(R+t)^2-(R-t)^2]×\eta×L$$

式中　Q——注浆量(m³)；

　　　θ——拱部小导管布设范围相对于圆心的角度；

　　　R——小导管位置相对于圆心的半径；

　　　t——浆液扩散半径，0.5～1.0 m；

　　　L——小导管有效长度(m)；

　　　η——岩体孔隙率(%)；Ⅱ类3‰～5‰，Ⅲ类硬岩3‰～5‰、软岩2‰～3‰，Ⅳ类硬岩2‰～3‰、软岩1‰～2‰。

按此理可推算同一断面上单排或多排小导管的注浆总量。本案例中：η取3‰，t取0.8 m。

四、取费汇总

根据第四章第三节中关于取费汇总的计算方法，计算出管网工程的工程造价。清单计价工程造价文件包括封面、编制说明、单位工程投标价(招标控制价)汇总表、分部分项工程报价表、措施项目报价表、其他项目报价表和主要材料设备价格表。该隧道工程造价文件见表 5-102～表 5-116。

表 5-102　封面

<u>　　　　　某隧道　　　　　</u>工程

招 标 控 制 价

招标控制价(小写)：<u>　　　　　1 500 293.12　　　　　</u>

　　　　(大写)：<u>　　壹佰伍拾万零贰佰玖拾叁元壹角贰分　　</u>

表 5-103　编制说明

工程名称：某隧道　　　　　　　　　　　　　　　　　　　第 1 页　共 1 页

1. 本报价编制依据：
(1)招标方提供的工程量清单；
(2)《广东省市政工程综合定额(2010)》；
(3)工程设计文件；
(4)本工程技术标书。
2. 本报价人、材、机价格按下表，其他未列项目价格按定额基期价格。

序号	材料名称	单位	材料单价/元	序号	材料名称	单位	材料单价/元
1	综合工日	工日	102	6	C40 商品混凝土	m^3	470
2	柴油	kg	3.74	7	水	m^3	4.72
3	电	kW·h	0.86	8	无纺布	m^2	6
4	机上人工	工日	102	9	EVA 防水板	m^2	20.26
5	C20 商品混凝土	m^3	395	10	硅酸盐水泥 P·O	t	484.5

表 5-104　单位工程招标控制价汇总表

工程名称：管沟土方　　　　　　　　　　　　　　　　　　第 1 页　共 1 页

序号	费用名称	计算基础	金额/元
1	分部分项合计	分部分项合计	1 385 084.63
2	措施合计	安全防护、文明施工措施项目费＋其他措施费	44 867.93
2.1	安全防护、文明施工措施项目费	安全及文明施工措施费	44 867.93
2.2	其他措施费	其他措施费	
3	其他项目	其他项目合计	16 931.29
3.1	材料检验试验费	材料检验试验费	2 821.88
3.2	工程优质费	工程优质费	
3.3	暂列金额	暂列金额	
3.4	暂估价	暂估价合计	
3.5	计日工	计日工	
3.6	总承包服务费	总承包服务费	
3.7	材料保管费	材料保管费	
3.8	预算包干费	预算包干费	14 109.41
3.9	索赔费用	索赔费用	
3.10	现场签证费用	现场签证费用	
4	规费	规费合计	1 472.74
5	税金	分部分项合计＋措施合计＋其他项目＋规费	51 936.53
6	总造价	分部分项合计＋措施合计＋其他项目＋规费＋税金	1 500 293.12
7	人工费	分部分项人工费＋技术措施项目人工费	445 026.04

表 5-105　分部分项工程计价表

工程名称：某隧道　　　　　　　　　　　　　　　　　　　　　第 1 页　共 1 页

序号	项目编码	项目名称	项目特征	计量单位	工程数量	金额/元 综合单价	金额/元 合价
1	040401001001	平洞开挖	矿山法开挖，外运距离自行考虑	m^3	1 122	407.31	45 7001.82
2	040401005001	小导管	1. φ32 小导管 2. 壁厚为 2.75 mm，长度为 2.0 m，环向间距为 300 mm，纵向间距为 0.5 m，设于拱部	m	1 535.11	35.69	54 788.07
3	040401007001	注浆	材料品种：水泥砂浆	m^3	1 056.75	462.82	489 085.04
4	040601005001	喷射混凝土	1. 部位：顶拱、仰拱、边墙 2. 材料品种、规格：C20 混凝土	m^3	129	1 482.05	191 184.45
5	040402019001	柔性防水层	1. 材料：EVA 防水板、无纺布 2. 工艺要求：详见工程设计文件及图纸要求	m^2	355.3	108.83	38 667.30
6	040402001001	混凝土仰拱衬砌	1. 部位：仰拱 2. C40 防水钢筋混凝土；抗渗等级 P10	m^3	52.29	692.81	36 227.01
7	040402002001	混凝土顶拱衬砌	1. 部位：顶拱 2. C40 防水钢筋混凝土；抗渗等级 P10	m^3	48.21	699.32	33 714.22
8	040402003001	混凝土边墙衬砌	1. 部位：边墙 2. C40 防水钢筋混凝土；抗渗等级 P10	m^3	124	680.78	84 416.72
			分部小计				1 385 084.63

表 5-106　综合单价分析表(1)

工程名称：某隧道

项目编码	040401001001	项目名称	平洞开挖			计量单位	m³		清单工程量	1 122
综合单价分析											

定额编号	定额名称	定额单位	工程数量	单价/元					合价/元				
				人工费	材料费	机械费	管理费	利润	人工费	材料费	机械费	管理费	利润
借D7-1-3	机械开挖隧道松石	m³	1	90.47	19.05	38.73	6.83	16	90.47	19.05	38.73	6.83	16.28
借D7-1-14	隧道土方石清理　需解小	100 m³	0.01	4 429.86	418.62	7 366.18	675.67	797	44.3	4.19	73.66	6.76	7.97
借D7-1-117	机械垂直运输石方	100 m³	0.01	539.78	40.48	485.98	52.8	97	5.4	0.4	4.86	0.53	0.97
借D7-1-118换	人工装自卸汽车运卸石方　运距1 km　实际运距(km)：15	100 m³	0.01	1 388.02		6 547.26	505.06	250	13.88		65.47	5.05	2.5
人工单价			小计						154.05	23.64	182.72	19.17	27.72
综合工日：102元/工日			未计价材料费										
综合单价									407.3			

材料费明细	主要材料名称、规格、型号	单位	数量	单价/元	合价/元	暂估单价/元	暂估合价/元
	铁件(综合)	kg	0.063	5.81	0.37		
	热轧空心六角钢(综合)	kg	0.08	4.44	0.36		
	合金钢钻头(综合)	个	0.027	27.13	0.73		
	型钢(综合)	kg	0.5	4.258	2.13		
	水	m³	1.0775	4.72	5.09		
	其他材料费	元	0.834	1	0.83		
	非电毫秒雷管	发	2.265	1.21	2.74		
	胶质炸药	kg	1.335	7.14	9.53		
	硝铵炸药	kg	0.176	6.95	1.22		
	其他材料费			—	0.64	—	
	材料费小计			—	23.64	—	

表 5-107　综合单价分析表(2)

工程名称：某隧道

项目编码	040401005001	项目名称	小导管			计量单位	m		清单工程量	1 535
综合单价分析										
定额编号	定额名称	定额单位	工程数量	单价/元					合价/元	
				人工费	材料费	机械费	管理费	利润	人工费	材料费	机械费	管理费	利润
借D7-1-28	超前小导管 φ32	m	1	8.47	14.79	9.8	1.11	1.5	8.47	14.79	9.8	1.11	1.52
人工单价			小计						8.47	14.79	9.8	1.11	1.52
综合工日：102元/工日			未计价材料费										
综合单价									35.69				

材料费明细	主要材料名称、规格、型号	单位	数量	单价/元	合价/元	暂估单价/元	暂估合价/元
	热轧空心六角钢(综合)	kg	0.014	4.44	0.06		
	合金钢钻头(综合)	个	0.014	27.13	0.38		
	水	m³	0.55	4.72	2.6		
	其他材料费	元	0.28	1	0.28		
	热轧无缝钢管 D32×3.5	kg	2.509	4.4	11.04		
	其他材料费			—	0.44		
	材料费小计			—	14.8		—

表 5-108　综合单价分析表(3)

工程名称：某隧道

项目编码	040401007001	项目名称	注浆			计量单位	m³		清单工程量	1 003.2
综合单价分析										
定额编号	定额名称	定额单位	工程数量	单价/元					合价/元	
				人工费	材料费	机械费	管理费	利润	人工费	材料费	机械费	管理费	利润
借D7-1-48	水泥砂浆 预留孔注浆	m³	1	95.06	13.27	55.97	7.61	17	95.06	13.27	55.97	7.61	17.11
借D3-3-24	砂浆制作 现场搅拌抹灰砂浆 水泥砂浆1:2.5	m³	1.02	33.97	206.95	16.82	4.57	6.1	34.65	211.09	17.16	4.66	6.23
人工单价			小计						129.71	224.36	73.13	12.27	23.34
综合工日：102元/工日			未计价材料费										
综合单价									462.81				

材料费明细	主要材料名称、规格、型号	单位	数量	单价/元	合价/元	暂估单价/元	暂估合价/元
	其他材料费	元	0.13	1	0.13		
	板方材	m³	0.01	1 313.52	13.14		
	其他材料费			—	211.09		
	材料费小计			—	224.36		

表 5-109 综合单价分析表(4)

项目编码	040601005001	项目名称		喷射混凝土			计量单位	m³		清单工程量		129
综合单价分析												
定额编号	定额名称	定额单位	工程数量	单价/元					合价/元			
				人工费	材料费	机械费	管理费	利润	人工费	材料费	机械费	管理费	利润
借D7-1-16	隧道喷射混凝土 弧形隧道	m³	1	562.63	67.25	198.93	38.47	101	562.63	67.25	198.93	38.47	101.27
借802 1903	普通商品混凝土 碎石粒径20石 C20	m³	1.3		395					513.5			
人工单价			小计						562.63	580.75	198.93	38.47	101.27
综合工日:102元/工日			未计价材料费										
综合单价										1 482.05			
材料费明细	主要材料名称、规格、型号			单位	数量		单价/元	合价/元		暂估单价/元		暂估合价/元	
	水			m³	1.781		4.72	8.41				
	其他材料费			元	1.28		1	1.28				
	速凝剂			kg	16.456		2.4	39.49				
	黏稠剂			kg	5.485		2.89	15.85				
	普通商品混凝土 碎石粒径20石 C20			m³	1.3		395	513.5				
	其他材料费						—	2.22	—			
	材料费小计						—	580.75	—			

表 5-110 综合单价分析表(5)

项目编码	040402019001	项目名称		柔性防水层			计量单位	m²		清单工程量		355.3
综合单价分析												
定额编号	定额名称	定额单位	工程数量	单价/元					合价/元			
				人工费	材料费	机械费	管理费	利润	人工费	材料费	机械费	管理费	利润
借D7-5-6	防水卷材 EVA防水板	10 m²	0.1	159.73	344.31	93.69	13.25	29	15.97	34.43	9.37	1.32	2.87
借D7-5-7	防水卷材 无纺布	10 m²	0.1	159.73	174.07	74.22	11.79	29	15.97	17.41	7.42	1.18	2.87
人工单价			小计						31.94	51.84	16.79	2.5	5.74
综合工日:102元/工日			未计价材料费										
综合单价										108.81			
材料费明细	主要材料名称、规格、型号			单位	数量		单价/元	合价/元		暂估单价/元		暂估合价/元	
	其他材料费			元	0.758		1	0.76				
	垫片			个	10		2	20				
	EVA防水板			m²	1.16		20.26	23.5				
	无纺布 400 g/m²			m²	1.16		6	6.96				
	其他材料费						—	0.62	—			
	材料费小计						—	51.84	—			

表 5-111 综合单价分析表(6)

项目编码	040402001001	项目名称	混凝土仰拱衬砌				计量单位	m³		清单工程量	52.29
综合单价分析											
定额编号	定额名称	定额单位	工程数量	单价/元				合价/元			
				人工费	材料费	机械费	管理费	利润	人工费	材料费	机械费	管理费	利润

定额编号	定额名称	定额单位	工程数量	人工费	材料费	机械费	管理费	利润	人工费	材料费	机械费	管理费	利润
借D7-1-49换	隧道衬砌混凝土 弧形	m³	1	142.8	3.36	32	9.55	26	142.8	3.36	32	9.55	25.7
借8021907	普通商品混凝土 碎石粒径20 石 C40	m³	1.02		470					479.4			
人工单价				小计						142.8	482.76	32	9.55	25.7
综合工日:102元/工日				未计价材料费										
综合单价									692.81				

材料费明细	主要材料名称、规格、型号	单位	数量	单价/元	合价/元	暂估单价/元	暂估合价/元
	水	m³	0.66	4.72	3.12		
	其他材料费	元	0.24	1	0.24		
	普通商品混凝土 碎石粒径20 石 C40	m³	1.02	470	479.4		
	其他材料费			—	482.76	—	

表 5-112 综合单价分析表(7)

项目编码	040402002001	项目名称	混凝土顶拱衬砌				计量单位	m³		清单工程量	48.21
综合单价分析											

定额编号	定额名称	定额单位	工程数量	人工费	材料费	机械费	管理费	利润	人工费	材料费	机械费	管理费	利润
借D7-1-49	隧道衬砌混凝土 弧形	m³	1	148.31	3.36	32	9.55	27	148.31	3.36	32	9.55	26.7
借8021907	普通商品混凝土 碎石粒径20 石 C40	m³	1.02		470					479.4			
人工单价				小计						148.31	482.76	32	9.55	26.7
综合工日:102元/工日				未计价材料费										
综合单价									699.32				

材料费明细	主要材料名称、规格、型号	单位	数量	单价/元	合价/元	暂估单价/元	暂估合价/元
	水	m³	0.66	4.72	3.12		
	其他材料费	元	0.24	1	0.24		
	普通商品混凝土 碎石粒径20 石 C40	m³	1.02	470	479.4		
	材料费小计			—	482.76	—	

表 5-113 综合单价分析表(8)

项目编码	040402003001	项目名称	混凝土边墙衬砌				计量单位	m³		清单工程量		124
综合单价分析													
定额编号	定额名称	定额单位	工程数量	单价/元				合价/元			
				人工费	材料费	机械费	管理费	利润	人工费	材料费	机械费	管理费	利润
借D7-1-49换	隧道衬砌混凝土 弧形	m³	1	132.6	3.36	32	9.55	24	132.6	3.36	32	9.55	23.87
借802 1907	普通商品混凝土 碎石粒径20石 C10	m³	1.02		470					479.4			
人工单价				小计					132.6	482.76	32	9.55	23.87
综合工日：102元/工日				未计价材料费								
综合单价										680.78			

材料费明细	主要材料名称、规格、型号	单位	数量	单价/元	合价/元	暂估单价/元	暂估合价/元
	水	m³	0.66	4.72	3.12		
	其他材料费	元	0.24	1	0.24		
	普通商品混凝土 碎石粒径20石 C40	m³	1.02	470	479.4		
	材料费小计			—	482.76	—	

表 5-114 措施项目计价表(一)

工程名称：某隧道　　　　　　　　　　　　　　　　　　　　　　第1页 共1页

序号	项目名称	计算基础	费率/%	金额/元
1	安全文明施工措施费			
1.1	文明施工与环境保护、临时设施、安全施工	分部分项合计	3.18	44 867.93
	小计			44 867.93
2	其他措施费			
2.1	文明工地增加费	分部分项合计	0	
2.2	夜间施工增加费		20	
2.3	赶工措施	分部分项合计	0	

表 5-115 主要材料设备价格表

工程名称：某隧道　　　　　　　　　　　　　　　　　　　　　　第1页 共1页

序号	材料设备编码	材料设备名称	规格、型号等特殊要求	单位	单价/元
1	0100011	型钢	(综合)	kg	4.258
2	0115011	热轧空心六角钢	(综合)	kg	4.44
3	0227111	无纺布	400 g/m²	m²	6

续表

序号	材料设备编码	材料设备名称	规格、型号等特殊要求	单位	单价/元
4	0359001	铁件	（综合）	kg	5.81
5	0365121	合金钢钻头	（综合）	个	27.13
6	0401013	复合普通硅酸盐水泥	P·C32.5	t	317.07
7	0403021	中砂		m³	49.98
8	0423041	速凝剂		kg	2.4
9	0503031	板方材		m³	1 313.52
10	1171011	EVA防水板		m²	20.26
11	1233251	黏稠剂		kg	2.89
12	1405471	热轧无缝钢管	D32×3.5	kg	4.4
13	1731001	垫片		个	2
14	3105011	硝铵炸药		kg	6.95
15	3105061	非电毫秒雷管		发	1.21
16	3105071	胶质炸药		kg	7.14
17	3115001	水		m³	4.72
18	8021903	普通商品混凝土 碎石粒径20石	C20	m³	395
19	8021907	普通商品混凝土 碎石粒径20石	C40	m³	470

表 5-116 其他项目计价表

工程名称：某隧道　　　　　　　　　　　　　　　　　　　　　　　　第1页 共1页

序号	项目名称	单位	金额/元	备注
1	材料检验试验费	项	2 821.88	按分部分项工程费的0.3%计算
2	工程优质费	项		以分部分项工程费为计算基础，国家级质量奖：4%；省级质量奖：2.5%；市级质量奖：1.5%
3	暂列金额	项		
4	暂估价	项		
4.1	材料暂估价	项		
4.2	专业工程暂估价	项		
5	计日工	项		
6	总承包服务费	项		
7	材料保管费	项		按照材料、设备价格的1.5%收取
8	预算包干费	项	14 109.41	按分部分项工程费的0~2%计算

本节习题

一、单选题

采用排水下沉方法施工的矩形盾构井,其沉井外围平面尺寸为 35 m×20 m,下沉深度为 20 m,则该盾构井下沉的土方工程量为( )m³。

A. 14 000 B. 14 280 C. 14 350 D. 147 003

二、多选题(至少有两个正确答案)

关于《隧道工程》下列说法中正确的是( )。

A. 定额已综合考虑超挖因素,所有超挖数量不得计入开挖工程量
B. 平洞开挖出渣,采用人力装渣,轻轨斗车运输,运距按斜道长度计,分别乘以坡度调整系数
C. 洞内施工排水,排水量按自重排水 10 m³/h 计,排水量超过时抽水机台班乘以调整系数
D. 隧道内衬现浇混凝土边墙、拱部均考虑了施工操作平台,竖井采用的脚手架已在定额中综合考虑,不得另行计算
E. 沉井触变泥浆的工程量,按沉井外壁所围的平面投影面积乘以下沉深度,并乘以相应的土方回淤系数。

三、软件操练

在计价软件中完成本节案例工程造价文件编制,并与案例结果进行对比分析,总结差异原因。

附 录
"营改增"后工程造价计价程序调整案例

📌 内容提要

  2016 年 5 月 1 日起,在全国范围内全面推开营业税改征增值税试点,建筑业、房地产业、金融业、生活服务业等全部营业税纳税人,纳入试点范围,由缴纳营业税改为缴纳增值税。建筑业"营改增"对工程造价的计价程序产生了重大影响,广东省住房和城乡建设厅发文调整广东省建设工程计价依据(粤建市函〔2016〕1113 号),广州市随即发文落实"营改增"后工程造价的调整办法(穗建造价〔2016〕31 号文)。由于营业税和增值税税种的差异大,计价依据的调整非常复杂。本章基于营业税和增值税的差异,根据粤建市函〔2016〕1113 号文和穗建造价〔2016〕31 号文的调整依据,从应用实践的角度通过案例详细解读工程造价计价程序的调整方法。

粤建市函〔2016〕
1113 号文

穗建造价〔2016〕
31 号文

一、营业税与增值税浅析

  营业税(Business tax)是对在中国境内提供应税劳务、转让无形资产或销售不动产的单位和个人,就其所取得的营业额征收的一种税。营业税属于价内税,税金包含在商品或劳务价格中。应纳税额计算公式为

$$应纳税额 = 营业额(含营业税) \times 税率 \tag{1}$$

建筑业税率为 3%,建筑业营业税应纳税额计算公式应为

$$应纳税额 = 营业额(不含营业税) \times 3\% / (1 - 3\%) \tag{2}$$

  增值税是以商品(含应税劳务)在流转过程中产生的增值额作为计税依据而征收的一种流转税。从计税原理上说,增值税是对商品生产、流通、劳务服务中多个环节的新增价值或商品的附加值征收的一种流转税。增值税属于价外税,税金附加在商品或劳务价格之外。

一般计税方法为

$$应纳税额＝当期销项税额－当期进项税额 \qquad (3)$$

销项税额是指纳税人发生应税行为按照销售额和增值税税率计算并收取的增值税额，建筑业增值税税率为11％，销项税额计算公式为

$$销项税额＝销售额(不含销项税额)\times 11\%$$

进项税额是指纳税人购进货物、加工修理修配劳务、服务、无形资产或者不动产，支付或者负担的增值税额。建筑施工企业向材料供应商购买材料所取得的增值税发票上的增值税额、向劳务发包方购买劳务取得的增值税发票上的增值税额、向设备供应商购买设备机械所取得的增值税发票上的增值税额等都属于建筑施工企业的进项税额。

工程造价由分部分项工程费、措施项目费、其他项目费、规费和税金组成。"营改增"后工程造价中的税金是指计入工程造价内的增值税销项税额。

二、工程造价计算基础公式

根据粤建市函〔2016〕1113号文的规定，营改增后，工程造价按以下公式计算：

$$工程造价＝税前工程造价\times (1+增值税税率) \qquad (4)$$

税前工程造价为不包含进项税额的人工费、材料费、施工机具使用费、企业管理费、利润和规费之和。根据税务部门规定，建筑业增值税税率为11％。因此，"营改增"后重点是如何计算税前工程造价，如何计算不含进项税额的各项费用。目前，广东省定额基价中的人工费、材料费、施工机具使用费、企业管理费、利润和规费等都是包含了进项税额的价格，所以，首先应考虑如何把定额基价调整为不含进项税额的价格。其次，价差调整时也要采用不含进项税额的材价信息。

三、定额基价的调整

广东省定额基价包括人工费、材料费、施工机具使用费和企业管理费，现行定额中这四项费用都是包含了进项税额的价格，调整定额基价应分别调整这四项费用，各组成费用的调整办法如下。

1. 人工费调整方法

根据粤建市函〔2016〕1113号文的规定，人工单价仍按编制期定额基价计算，即人工费不调整。根据扣除进项税额的原则，人工费应该要调减，但考虑到新规定把企业管理费中的工会经费、职工教育经费改列入人工费，人工费又相应要调增，一减一增，相互抵消，故人工费不调整。

2. 材料费调整方法

材料费应扣除现行定额中材料价格包含的进项税额，扣除进项税额后的材料价称为除税材料价格，计算公式如下：

$$除税材料价格＝材料价格/(1+综合折税率) \qquad (5)$$

各类材料的综合折税率见附表1。

附表1 各类材料综合折税率

序号	材料名称	综合折税率
1	建筑用和生产建筑材料所用的砂、土、石料、自来水、商品混凝土(仅限于水泥为原料生产的水泥混凝土); 以自己采掘的砂、土、石料或其他矿物连续生产的砖、瓦、石灰(不含黏土实心砖、瓦)	2.92%
2	人工种植和天然生长的各种植物(乔木、灌木、苗木、花卉、草、竹、藻类植物,以及棕榈衣、树枝、树叶、树皮、藤条、麦秸、稻草、天然树脂、天然橡胶等); 煤炭、煤气、石油液化气、天然气	12.63%
3	序号1和序号2以外的材料、设备	16.52%
4	其他材料费(定额以"元"为单位)	0

3. 施工机具使用费调整方法

施工机具使用费应扣除现行定额中机械台班价格包含的进项税额:

$$除税机械台班单价 = \sum [机械台班单价构成项目金额/(1+税率)] \quad (6)$$

$$除税仪器仪表台班单价 = (仪器仪表摊销费 + 维修费)/(1+16.32\%) \quad (7)$$

各类机械台班单价构成项目适用税率见附表2,由表可知,停滞费使用税率为6%,安拆费及场外运输费、人工费、车船税费和其他费用不扣税,其他构成项目适用税率均为17%。

附表2 各类机械台班单价构成项目适用税率

序号	费用构成项目	调整方法及适用税率	税率
1	第一类费用		
1.1	折旧费	以购进货物适用的税率扣税	17%
1.2	大修费	以接受修理修配劳务适用的税率扣税	17%
1.3	经常修理费	以接受修理配劳务适用的税率扣税	17%
1.4	安拆费及场外运输费	按自行安拆运输考虑,一般不予扣税	0
2	第二类费用		
2.1	人工费	不予扣税	0
2.2	燃料动力费	以购进货物适用的相应税率或征收率扣税	17%
3	车船税费	税收费率,不予扣税	0
4	其他费用	定额以元为单位,以购进货物适用的税率扣税	0
5	停滞费	以接受服务的税率扣税	6%

4. 企业管理费调整方法

营改增后,企业管理费中的工会经费、职工教育经费改列入人工费,同时把城市维护建设税、教育费附加和地方教育费附加暂列入企业管理费。企业管理费还应扣除现行定额中企业管理费包含的进项税额，管理费调整公式如下：

$$除税管理费＝定额管理费×综合调整系数 \tag{8}$$

以人工费、机械费之和为基数计算企业管理费的，综合调整系数为1.14；以人工费为基数计算企业管理费的，综合调整系数为1.09。

5. 案例调整

本文案例采用第三章第二节道路工程项目中道路基层子目D2-2-34，调整前定额基价基本情况见附表3。

附表3　子目D2-2-34调整前定额基价基本情况

子目名称：拌合机拌和石灰土基层 厚度为15 cm 含灰量为12％						定额单位：100 m²		
定额编号	定额基价/元	材机费用明细/元						
		水、生石灰	其他材料	履带式推土机	光轮压路机(12 t)	光轮压路机(15 t)	平地机	稳定土拌合机
D2-2-34	1133.47							
人工费	160.19							
材料费	683.42	677.61	5.81					
机械费	239.5			86.08	21.81	23.24	45.24	63.12
管理费	50.36							

(1) 人工费不调。

(2) 材料费调整。子目D2-2-34中有四种材料，分别是素土、生石灰、水和其他材料费。素土是未计价材料，即定额基价中不包含该材料价，因此，不需要调整。其他材料费根据附表1，综合折税率为0，即不调整。生石灰、水属于第1类材料，查附表1可知综合折税率为2.92％。材料费调整如下：

生石灰、水：677.61/(1＋2.92％)＝658.39(元)

其他材料费：5.81/(1＋0)＝5.81(元)

调整后的材料费为：658.39＋5.81＝664.2(元)

(3) 机械费调整。子目D2-2-34中有五种机械，分别是履带式推土机、光轮压路机(12 t)、光轮压路机(15 t)、平地机和稳定土拌合机，这五种机械台班单价的构成项目有折旧费、大修理费、经常修理费、机上人工和柴油，其中机上人工不扣税，其他构成项目扣税税率均为17％。

案例定额子目中的机械不存在停滞费，机械费调整如下：

履带式推土机：13.67＋(86.08－13.67)/(1＋17％)＝75.56(元)

光轮压路机(12 t)：2.75＋(21.81－2.75)/(1＋17％)＝19.04(元)

光轮压路机(15 t)：2.45＋(23.24－2.45)/(1＋17％)＝20.22(元)

平地机：5.51＋(45.24－5.51)/(1＋17％)＝39.47(元)

稳定土拌合机：9.18＋(63.12－9.18)/(1＋17％)＝55.28(元)

调整后的机械费为：75.56＋19.04＋20.22＋39.47＋55.28＝209.57(元)

(4) 管理费调整。子目D2-2-34属于《广东省市政工程综合定额(2010)》第二册《道路工程》，本册定额管理费计算基础为定额人工费＋定额机械费，故综合调整系数为1.14，根据公式(8)，调整后的管理费为

企业管理费：50.36×1.14＝57.41(元)

(5)综上所述，该案例子目调整后的定额基价为：160.19＋664.2＋209.57＋57.41＝1 091.36(元)。

调整后定额子目基价情况见附表4。

附表4 子目D2-2-34"营改增"调整后定额基价基本情况

子目名称：拌合机拌和石灰土基层 厚度为15 cm 含灰量为12%　　　定额单位：100 m²

定额编号	定额基价/元	材机费用明细/元						
		水、生石灰	其他材料	履带式推土机	光轮压路机(12 t)	光轮压路机(15 t)	平地机	稳定土拌合机
D2-2-34	1091.36							
人工费	160.19							
材料费	664.20	658.39	5.81					
机械费	209.57			75.56	19.04	20.22	39.47	55.28
管理费	57.41							

四、分部分项工程费计算

根据广州市计价程序表，分部分项工程费由定额分部分项工程费、价差和利润三部分组成，下面分别计算。

1. 定额分部分项工程费

第三章第二节道路工程项目中石灰土基层工程量为1 000 m²，定额单位为100 m²，则定额工程量为10。定额分部分项工程费＝定额工程量×调整后的定额基价＝10×1 091.36＝10 913.6(元)。

2. 价差

调整价差用的信息价必须采用不含税价格，2016年第一季度广州市发布了营改增版的常用材料税前综合价格，本案例按2016年第一季度广州地区调整价差。税前综合价格含税价格是有差异的，同一种材料的税前综合价格要低于含税价格。

2016年第一季度广州地区材料税前价格(营改增版)

2016年第一季度广州地区材料综合价格

(1)人工价差。人工价差的计算公式为

人工价差＝(信息价中工日单价－定额基价中工日单价)×工日消耗量×定额工程量　(9)

根据公式(9)本案例子目的人工价差为：(106－51)×3.141×10＝1727.6(元)。

(2)材料价差。材料价差的计算公式为

材料价差＝定额工程量×∑(信息价中材料价格－定额基价中材料价格)×材料消耗量

(10)

必须注意公式(10)中材料价格应采用税前价格(即不含税价格),信息价采用2016年第一季度广州市营改增版的常用材料税前综合价格,可以直接引用。定额基价中的材料价格必须先除税。本案例中三种材料中素土考虑就地取材不需购买,根据公式(10)调整其他两种材料价差。

生石灰:$10\times(235.38-219.3/1.0292)\times3.06=682.44$(元)

水:$10\times(4.58-2.8/1.0292)\times2.34=43.51$(元)

其中,219.3/1.029 2、2.8/1.029 2为定额基价中材料价格的税前价格。因此,本案例的材料价差为:682.4+43.51=725.95(元)。

(3)机械台班价差。机械台班价差计算公式为

$$机械台班价差=定额工程量\times\sum 机械台班单价差\times 机械台班消耗量 \quad (11)$$

机械台班单价由固定成本和可变成本组成,调整价差时,固定成本部分不调整,只调整可变成本部分。折旧费、大修理费和经常修理费属于固定成本,机上人工和燃油动力费属于可变成本。因此,机械台班单价差主要是计算机上人工和燃油费价差。首先,分别计算出各种机械台班单价差。

$$机械台班单价差=台班内机上人工数量\times(工日差价)+台班内燃油数量\times(燃油差价)$$
$$(12)$$

注意燃油属于材料,燃油差价计算时必须采用税前价格。本案例中五种机械的燃油都是柴油,柴油2016年第一季度税前价格是4.62,定额基价中价格是5.82,柴油属于第3类材料,根据附表1可知,柴油的综合折税率是16.52%。

1)履带式推土机。根据公式(12)得,履带式推土机台班单价差为

$$2\times(106-51)+53.99\times(4.62-5.82/1.1652)=89.76(元)$$

2)光轮压路机(12 t):

根据公式(12)得,光轮压路机(12 t)台班单价差为

$$1\times(106-51)+32.09\times(4.62-5.82/1.1652)=42.97(元)$$

3)光轮压路机(15 t):

根据公式(12)得,光轮压路机(15 t)台班单价差为

$$1\times(106-51)+42.95\times(4.62-5.82/1.1652)=38.9(元)$$

4)平地机:

根据公式(12)得,平地机台班单价差为

$$2\times(106-51)+54.97\times(4.62-5.82/1.1652)=89.39(元)$$

5)稳定土拌合机:

根据公式(12)得,稳定土拌合机台班单价差为

$$2\times(106-51)+59.11\times(4.62-5.82/1.1652)=87.84(元)$$

根据公式(11)可知机械台班价差为

$$10\times\sum(89.76\times0.134+42.97\times0.054+38.9\times0.048+89.39\times0.054+87.84\times0.09)=28.95(元)$$

综上所述,价差=人工价差+材料价差+机械台班价差
$$=1727.6+725.95+28.95=2482.5(元)$$

3. 利润

根据广州市计价程序表,利润以人工费为基数,按费率18%计算。

$$利润＝工日消耗量×工日单价×定额工程量×18\%$$
$$＝3.141×106×10×0.18＝599.30(元)$$

4. 分部分项工程费

综上所述，分部分项工程费＝定额分部分项工程费＋价差＋利润
$$＝10\,913.6＋2\,482.5＋599.30＝13\,995.4(元)$$

五、措施项目费计算

措施项目费分两种，按定额子目计算的措施项目费和按系数计算的措施项目费。"营改增"后按定额子目计算的措施项目费的调整方法同分部分项工程费的调整方法。按系数计算的措施项目费除安全文明施工费应调整外，其余不调整。安全文明施工费的调整应结合内含的进项税额与计算基数的变化，按下式调整：

$$除税安全文明施工费费率＝定额安全文明施工费费率×综合调整系数 \quad (13)$$

以分部分项费用为计算基数的，综合调整系数为1.22；以人工费为计算基数的，综合调整系数为1.09。本案例市政工程中安全文明施工费是以分部分项费用为计算基数，故综合调整系数取1.22。根据公式(13)得，本案例安全文明施工费费率为2.9%×1.22＝3.538%。

故本案例安全文明施工费＝分部分项工程费×费率
$$＝13\,995.4×3.538\%＝495.2(元)$$

六、工程造价汇总计算

工程造价中规费不调整，税金由原来的综合税金3.527调整为增值税率11%。

最终本案例营改增前后的工程造价对比表见附表5。

附表5 工程造价计价程序表("营改增"前后对比)

序号	费用名称	"营改增"后		"营改增"前	
		费率	金额/元	费率	金额/元
1	分部分项工程费		13 995.40		15 705.84
1.1	定额分部分项工程费		10 913.60		11 334.70
1.2	价差		2 482.50		3 771.84
1.3	利润	0.18	599.30	0.18	599.30
2	措施项目费		495.16		499.45
2.1	安全文明施工费		495.16		499.45
2.1.1	按定额子目计算的安全文明施工费				
2.1.1.1	定额安全文明施工费				
2.1.1.2	价差				
2.1.1.3	利润				
2.1.2	按系数计算措施项目费	0.035 38	495.16	0.03	499.45
2.2	其他措施项目费				
2.2.1	按定额子目计算的其他措施项目费				
2.2.1.1	定额其他措施项目费				
2.2.1.2	价差				

续表

序号	费用名称	"营改增"后		"营改增"前	
		费率	金额/元	费率	金额/元
2.2.1.3	利润				
2.2.2	措施其他项目费				
2.2.2.1	夜间施工增加费				
2.2.2.2	交通干扰工程施工增加费				
2.2.2.3	赶工措施费				
2.2.2.4	文明工地增加费				
2.2.2.5	地下管线交叉降效费				
2.2.2.6	其他费用				
3	其他项目费		153.95		172.76
3.1	暂列金额				
3.2	暂估价				
3.3	计日工				
3.4	总承包服务费				
3.5	材料检验试验费	0.001	14.00	0.001	15.71
3.6	预算包干费	0.01	139.95	0.01	157.06
3.7	工程优质费				
3.8	其他费用				
4	规费	0.001	14.64	0.001	16.38
5	不含税工程造价		14 659.15		16 394.43
6	税金	0.11	1 612.51	0.035 27	578.23
7	含税工程造价		16 271.66		16 972.66

从这个案例来看，"营改增"后工程造价总价略有增加。

七、小结

"营改增"后广东省工程造价计价依据同步调整，将引发广东省工程造价行业的一系列计价工具急速调整。首先，广东省2010版计价定额需要调整，定额基价需要全部调整为不含税基价。其次，信息价的组成内容需要调整，造价管理部门定期发布的信息价必须是不含税价格。最后，各类型的计价软件需要同步调整升级。只有这些计价工具符合"营改增"政策的计算规则后，广大造价从业人员才能迅速准确地按新政策计算工程造价。否则，造价从业人员将大大增加工作量，同时会因为对政策的解读差异造成计算规则不统一，引起造价纠纷。

参 考 文 献

[1] 国家标准. GB 50500—2013 建设工程工程量清单计价规范[S]. 北京：中国计划出版社，2013.

[2] 袁建新. 市政工程计量与计价[M]. 3 版. 北京：中国建筑工业出版社，2014.

[3] 广东省住房和城乡建设厅. 广东省市政工程综合定额 2010[S]. 北京：中国计划出版社，2010.

[4] 国家标准. GB 50857—2013 市政工程工程量计算规范[S]. 北京：中国计划出版社，2013.

[5] 全国造价工程师执业资格考试培训教材编审委员会. 建设工程计价(2013 年版)[M]. 北京：中国计划出版社，2013.

[6] 石灵娥. 市政工程计量与计价[M]. 北京：机械工业出版社，2012.

[7] 广东省建设工程造价管理总站. 建设工程计价应用与案例——市政工程 2011[M]. 北京：中国建筑工业出版社，2011.